愛因斯坦冰箱

從科學家故事看物理概念
如何環環相扣，形塑現代世界

U0029930

中原大學物理學系教授
高崇文 著

推薦序

　　高崇文教授是我看過整合物理與歷史最厲害的狠角色！不同於現今書市常見，針對相同的軼事重複呢喃，或是專挑迷人的課題吸引眼球，阿文教授以專業的眼光，帶你穿越時空的隔閡，彷彿搭乘時光機，重回歷史現場觀看科學的發展，活生生地！

　　阿文教授可不是當了教授，才有如此宏大的科學史觀；話說我可是從高中就跟他同班，到了大學又同班，當兵受訓居然又同在兵工學校，從少年阿文到中年阿文，除了稍稍增加點君子重以外，對於歷史的熱情，始終如一。在升學壓力下，大家聽阿文同學講歷史，活靈活現就像市集的說書人，是枯燥學生生活的一抹生氣。

　　我們活在「中國通史」是大一必修的時代，初入大學校園的我，如劉姥姥進大觀園，有這麼多好玩的人事物，自然沒有花多少時間在這門課上，偏偏老師從率性解析延拓到任性的名師，當人當得意氣風發的；一學期就一次期末考，出十個題目選一題答；答案寫一頁即可。有同學問道：「那可以寫超過一頁嗎？」老師回答：「除非你的答案有超過讓我閱讀一頁的價值。」到了期末，什麼都不知道的我，只好向好友阿文求救，請他幫我惡補一下。

　　阿文同學果真是才氣萬千，從春秋戰國一路講起，好不神氣，不才如我勉強記得兩件事：東漢宦官外戚士大夫的三腳督，以及安祿山胖到跳舞轉圈圈時，頭先轉正，肥嘟嘟的肚子才跟上。阿文那時還沒當教授，不過應該已經被這等學生氣到臉歪吧！隔天期末考，我目光快速掃過所有題目，就看到「黨錮之禍」這一題，我就用亦秀亦豪的字跡把阿文跟我說過的故事一五一十地謄寫到答案卷上。

　　後來發考卷時，我拿到全班最高的95分，阿文拿到全班第二高的90分，一堆同學慘兮兮地被死當。阿文盯著我的考卷嘆道：「唉，盜版考贏正版。」老師有藝術眼光，我也沒辦法，誰叫我字寫得漂亮呢！我笑著回他說：「95 + 90 = 185，你是有史以來中國通史最高分！」

　　回頭想想，我拿著成績說嘴時，倒沒想到阿文讀考卷的掙扎，他肯定也讀了所有的題目，想到歷史爛到爆的我，大概只記得東漢那些囂張的死太監跟安祿山肥滋滋的肚子，只好咬著牙選別的題目寫了。

　　我的好友阿文就是這樣，有這麼深遠的歷史觀、這麼專業的科學智識，還有一顆溫暖的心（有時溫暖得像活火山啦）。這樣的科學家寫歷史，你不讀讀，那可真是可惜了！

林秀豪

國立清華大學物理系教授

推薦序

　　一篇好的歷史故事，可能讓我們回到文章中所描述的年代，跟著作者的一筆一字深刻地體驗每一個場景。一篇好的歷史故事，會串起當時的經濟、社會及文化，讓我們可以一覽全局。一篇好的歷史故事，文章中的主角不會一直都是好人或壞人，而是帶有感情，帶有愛恨情仇。記憶中最令你難忘的一篇歷史故事是什麼？也許挑來選去，就是說不出一篇跟科學有關的故事。在很多時刻，我們總是習慣將歷史與科學分成兩個風馬牛不相干的領域，而在學習科學發展的過程中，我們所觸及的物理史故事，大多著墨在科學家的偉大貢獻，使得每一篇科學史故事都是一個獨立個體；因此，科學史故事不再那麼有趣，沒辦法像連載小說一般，那麼吸引人並深刻人心。但遇見了阿文老師的物理史文章，一切都開始不一樣了！

　　2016年《物理雙月刊》面臨轉型，當時我心中打著的如意算盤是「讓許多討厭物理的人透過不同方式重新看見、接納並喜歡物理。」我並不打算讓這些人會計算很多的物理問題，也並非想讓人人變成物理專家，而只是單純地讓大多數的人不再那麼畏懼物理。很幸運的是，我很快找到了一位可以將物理史說得精彩的作者高崇文。

　　阿文老師從古羅馬時代、伊斯蘭世界的物理發展，一路寫到近代物理的發展，文章包含東方與西方的物理史以及兩者之間的交流。每一位物理學家在阿文老師的筆下，都是有血有肉的平凡人，對於科學有執著但也自私；每一篇物理史在阿文老師的筆下，都具備了與當代社會、文化與經濟緊緊相扣的場景，這些元素的組合，科學發展的脈絡逐一清楚地被建構起來，就像一部精彩的連載物理史小說。

　　過去的三年多，我跟著阿文老師在《物理雙月刊》的專欄〈阿文開講〉一步步重新認識物理學的發展，重新認識這些物理學家們，遠比物理觀念更重要的東西，清楚地在文章中浮現——科學的發展是一種集體的行為，而非獨立個體。

陳惠玉

國立中興大學物理系教授
《物理雙月刊》總編輯

推薦序

　　本書由上古的天文學出發，系統性地說明天文學的發展與傳承；接著進入到中世紀至近世的衝突年代中，提及那些由戰爭所發展出的學問，如熱兵器到熱核武器；後續又在筆下生動地側寫那些在動盪年代中，浮沉於戰亂的科學家。現今電磁科學所帶來的許多生活便利性，均築基於十八世紀以來的發展。在本書中的許多篇幅中，詳盡的描繪當代引領風騷的傳奇人物，他們又是如何在一次次的實驗中，找出相應的電磁物理法則。當整個歐陸帶領著人類科學文明快速向前邁進時，在遠東的東北島鏈上，又有另一個民族的科學家們掙扎地奮起直追，冀望能帶領整個國家脫亞入歐。這些科學家奮鬥的故事，相當值得我們借鏡與深思。

　　今日人類文明的昌盛，是由許多科學發展與突破所累計而成。先民由仰望星空、敬畏大自然開始，試圖尋找宇宙或是神靈所留下的規則，並由代代的觀察與整理，傳下文明的火炬。由洪荒世紀代迄今，許多當代的智者大哲奉獻其一生，將科學知識不斷地向前推進與演化。某些學問，在特定的時代與人物催化下綻放異彩，成為當代的科學里程碑。另有些分支，則是默默地在歷史的洪流中沉靜的演化，厚積而薄發。直到某天被新世代的學者再次發現與推展，重新地站上科學的舞台。

　　科學研究的發展，總是伴隨著社會背景與歷史事件演進，從來不是單一個人能夠橫空出世，獨創而成。因此要正確地了解科學的演進，勢必需要認識當代科學家所處的環境，包含他的社會、家庭背景、從事的工作與人生境遇，甚至好友、敵人、情人、親友、上司、下屬的影響，都會造成重大的影響。本書由這個角度去切入科學家的生平介紹，讓每一個被描述的人物，均生動地活現起來。他們代表的並非是一條條冰冷方程式，也不是毫無瑕疵的完美聖人，他們與你我一樣，都是努力活在當代人物，或者其生命過得激昂、也許終生活得平淡，但對人類文明的貢獻卻絕對不會平凡。

　　書中沒有什麼令人望而生畏的方程式，有的只是滿滿的歷史情懷。在本書中可以看到新手科學家令人驚豔的創見，也有讓人惋惜的早逝天才，許多人物鮮為人知的背景故事，一份份少見的史料祕辛，都會在本書中忠實呈現，是一本值得好好玩味與一再閱讀的佳作。

楊仲準

中原大學物理系副教授
台灣中子科學學會副理事長

理外無物，物中有理

　　周易繫辭說：「古者包犧氏之王天下也，仰則觀象於天，俯則觀法於地。」這段話雖然講得是伏羲氏制作八卦，卻與整個自然科學的發展若合符節。人類最早發現大自然運作規則之處，正是頭頂上這片星空。牛頓的力學系統就是從研究行星運動而來的。只有掌握天上星球運行的法則之後，人類才有信心將大河山川，乃至冰雪雲霧，鳥獸百草逐一納入自己打造的知識宏廈之中，所以要講物理學的演進，當然要從天文學講起。

　　一般說起天文學都是從哥白尼的日心說開始，然而把眼光看得更長遠一點，曾經稱霸知識界的托勒密系統才真的算是天文學的濫觴。而在托勒密系統與哥白尼之間，伊斯蘭世界的天文學家們扮演著重要的橋樑，這段來龍去脈很少被提及，所以我在書中特地寫了兩篇文章介紹伊斯蘭天文學家的功業。

　　哥白尼的日心說在克卜勒行星運動三大定律的加持下，穩穩地成為天文學的基礎，然而行星運動背後的機制為何？這還有待當代最偉大的科學家牛頓加以披露，而相關的鉅作《自然哲學的數學原理》之所以能順利問世，卻要歸功於愛德蒙・哈雷，他與牛頓、格林威治天文台台長約翰・弗蘭斯蒂德之間的恩怨，以及與其他當代的科學家們的互動都饒富趣味，「愛德蒙・哈雷與他的慧星」就是在介紹這些軼事。

　　既然提到了格林威治天文台，當然也不能不提與之較勁好幾個世紀的巴黎天文台，「英法天文台的子午線之爭」就是這兩個天文台相互競爭的故事。「打破蒼穹界限的赫歇爾家族」是介紹發現天王星的英國天文學家威廉・赫歇爾與他的妹妹卡蘿琳，以及威廉的兒子約翰一家的故事。而「天體力學的先驅巴宜與拉普拉斯」介紹的則是曾擔任巴黎市長的法國天文學家巴宜，以及他如

何被捲入大革命漩渦而喪命的故事；作為對照的是拉普拉斯如何在變換莫測的世局下成為一代大師的經歷。

英法兩國在天文學的較勁跟他們在海外殖民事業的競爭可以說毫不遜色，最激烈的是誰先發現了海王星的論戰，雙方為了海王星的命名權爭得臉紅脖子粗，也是科學史上難得的一段趣事，這些都收錄在「英法千年恩仇錄，誰先發現海王星」中。當然，海王星的發現象徵著牛頓力學系統最輝煌的一次勝利，藉著天王星軌道的異常，人類發現了極為遙遠、影像極為模糊的海王星的身影，克卜勒與牛頓等人可以含笑九泉了。

取得了在天上的勝利，科學家們自然將眼光挪到自身的周遭，最切身的莫過於我們所居住的地球了。然而即使到了十八世紀中葉，我們對地震的認識還停留在近乎原始人的想像呢！「里斯本大地震，震出一頁新文明史」這一篇以十八世紀中的里斯本大地震為引子，試圖鉤勒出啟蒙運動的歐洲樣貌，也藉此介紹哲學家康德年輕時如何醉心於牛頓的世界體系，進而構造出令人嘆為觀止的批判哲學。

過了五十年後，啟蒙運動終於發酵成了革命的火種，造成法國大革命爆發，一舉廢除舊制度，速度量衡也一律更新，他們制定一公尺是子午線的一千萬分之一，為了測量子午線，他們送出年輕的科學家從事這項艱辛的事業，這段故事就寫在「熱愛物理的法國總統阿拉戈」當中。無獨有偶就在同一個時期，日本一位退休的酒商為了滿足自己的求知慾，展開徒步丈量日本的大事業，這個故事就在「丈量日本的伊能忠敬」中加以介紹。看來東西方還真是有志一同。

然而到了十九世紀，西歐列強卻藉著船堅砲利在全世界攻城掠地，無往不利，這背後科學到底扮演了什麼角色呢？在「砲利之道，從腓特烈大帝到拿破崙」一文中，讀者可以自行思索這其中的關係。事實上，數學與力學的相互刺激，讓科學家發展出精妙的數學，上至天上的彩虹，下至海岸的波浪，全都能透徹地理解，無愧萬物之靈的名號，這些在「斯托克斯用數學描述森羅萬象」中可以窺其一二。

牛頓的世界體系看來橫行無阻，一路來到了十九世紀。隨著科學家孜孜

不倦的努力，更多的現象被涵蓋進來，由此物理學又多了兩門學問：電磁學與熱力學。電學與磁學原本是獨立的兩門學問，一開始嘗試將電荷的作用力數學化的是一位退伍的法國工兵上尉庫倫。接著米蘭的化學家伏打發現利用不同的金屬堆在一起會產生穩定的電流，這就是電池的原型。穩定的電流來源，加速電學的進步，更重要的是丹麥的厄斯特在1820年發現電流生磁的奇妙現象；電與磁不再被認為是兩個獨立的現象。

短短幾個月內，法國的數學家安培就寫出描述電流磁力的安培定律，這開啟了接下來一波波的新發現；像是法拉第發現電磁感應，歐姆發現電阻定律，韋伯與亨利等人嘗試的電訊；最後百川納於大河，著名的馬克士威方程式徹底揭露了電與磁的本質；更進一步，馬克士威還指出光的本質就是電磁波。這樣一來，光學與電磁學就合而為一了！

二十年後，德國的赫茲甚至利用電磁振盪製造出波長比可見光長上許多的微波，開創未來的無線通訊時代。另一方面，電磁學的發展也開啟電力的時代，在著名的電流大戰中，力主使用交流電的特斯拉也是值得一提的人物。這些科學家的姓名後來都成了電磁學的單位，統稱為電磁單位後的英雄們。

另一個在十九世紀被納入古典物理的現象是熱。十九世紀初，科學家們普遍把熱想像成物質，法國的年輕工程師卡諾在熱質說的前提下，開始思索熱機效率極限的問題，開啟熱力學的大門。二十年後，英國的焦耳以實驗證明，熱不是物質而是一種能量的形式。焦耳的想法激發了當時英國最有創意的天才開爾文男爵，讓他提出熱力學的第二定律。

無獨有偶的是，幾乎就在同時，普魯士出身的克勞修斯也提出不同版本的熱力學第二定律。克勞修斯持續地研究，整整花了十五年的光陰，終於提出熱力學中最為費解但也最為核心的概念：熵。熱力學第二定律基本上就是說封閉系統的熵不會變小。

隨著氣體動力論的發展，奧地利的科學家波茲曼與美國的科學家吉布斯，兩人獨立建立起現代的統計力學的架構。在微觀的角度下，熵與系統可能的狀態數有關，可以看作是系統無序程度的一種量測。最後再附上第一位解出二維易辛模型的鬼才昂山格當作尾聲。這六篇文章可以看成是熱力學的一部簡史。

　　進入到二十世紀之後，物理經歷一番天翻地覆的改變，最著名的莫過於改變我們對時空理解的相對論，相對論的來龍去脈請看「現代物理背後的推手羅倫茲」。而整個人類文明也同樣經歷了一番驚濤駭浪，在一戰戰場中折損了一代的年輕人，其中包含利用X光研究確立原子序重要性的英國物理學家的莫里斯，與第一個解出廣義相對論的嚴格解的德國科學家史瓦西，他們的事跡就在「隕落在一戰戰場上的科學家」。

　　在第二次世界大戰中，因緣際會下被造來的原子彈，可以看作是一個血淋淋的象徵，圍繞在原子彈計畫有許多故事，分別寫在「發現中子的查德威克」、「大英帝國的原子彈計畫」、「諤諤雙士」、「日本的原子彈計畫」、「F計畫」。

　　戰爭帶來巨大的毀滅，但弔詭的是戰爭也帶來許多技術飛躍成長，像是為了發展雷達而帶來微波技術的進步，進而開發出磁核共振成為醫療利器造福人類，另一方面也刺激了量子電動力學的發展，這些都在「核磁共振之父拉比」以及「孤高的物理學家許文格」有詳盡的介紹。

　　此外，伴隨著許多新粒子的發現，粒子物理在戰後也有驚人的發展，舉例來說，質子、中子被發現是由更小的粒子夸克所組成的，日本物理學家坂田昌一對此功不可沒，特別在此介紹這位名古屋學派的祖師爺；前陣子得到諾貝爾獎肯定的微中子振盪實驗就與坂田有密切的關係。而這幾年物理界最大的新聞，則是首次探測到重力波。重力波這個根基於愛因斯坦提出的廣義相對論的現象，在被預測之後百年終於被證實了，這百年的追尋是怎樣一個過程，則在「重力波的前世今生」中有詳細的介紹。

　　書中的四十篇文章，原是刊在《物理雙月刊》的〈阿文開講〉的專欄中，承蒙雙月刊總編輯陳惠玉教授的鼎力支持，這個專欄前後已連續刊載三年之久；在此將部分文章集結成書，希望能讓讀者們感受到物理研究的樂趣，以及在物理學背後的歷史長河。此外也要感謝最早邀我在《中原知識通訊》寫稿的楊仲準教授，讓我開始有機會提筆為文。最後還要向長期鼓勵我的清華大學物理系教授林秀豪致謝，沒有他的鼓勵，向來把「蓋文章，經國之大業，不朽之盛事」掛在嘴上的我，恐怕遲遲還擠不出半個字來呢！

第一部

天文中的物理

人類最早發現大自然的運作規則是源自對浩瀚星空觀察。哥白尼的日心說在克卜勒行星運動三大定律的加持下，穩穩地成為天文學的基礎。而牛頓的力學系統就是從研究行星運動而來的，所以要了解物理學的演進，就要從天文學開始。

尖塔下的星空（一）
從巴格達到開羅

　　天文學淵遠流長，最早從古代巴比倫時代，人類就開始記錄行星的運動。古希臘人則是第一個建立模型來預測行星位置的文明。公元一世紀亞歷山大里亞的托勒密所完成的行星系統稱霸達一千四百多年，直到哥白尼的日心說為止。其實西歐的天文學不是直接從希臘，而是藉穆斯林之手輾轉學來的。現代天文學的面貌其實有不少來自伊斯蘭學者的努力，但卻少有人提及。

伊斯蘭與天文學

　　天文學在伊斯蘭文明中得到重視是由於伊斯蘭宗教獨特的需求所造成的。首先穆斯林每天需要祈禱五次，稱為「禮拜」。為了準時舉行禮拜，從先知穆罕默德的時代起就有所謂的穆安津（muezzin），即宣禮員，負責呼喚信徒禮拜，信徒的準確祈禱時間取決於他。後來發展出穆拉奎特（muwaqqit）的職位，這是一個專門負責以天象來決定禮拜時間的工作。所以天文學自然成了宗教生活中重要的一環。

　　做禮拜時必須面向麥加的宗教聖殿「克爾白」（意譯為「天房」，在麥加大清真寺廣場中央，殿內供有神聖黑石），這個方向稱為基卜拉（qibla），所以穆安津與穆拉奎特的工作也包含向信徒指出正確的基卜拉。在後來的幾個世紀裡，穆拉奎特和專業的天文學家們運用已知的地理

學的數據，再利用數學技巧來決定基卜拉。這使得穆斯林逐漸發展出充足的球面三角幾何的知識。球面三角在天文學扮演著重要的角色。

另外一個促使伊斯蘭文明需要發展天文學的原因是因為古蘭經規定了獨特的伊斯蘭曆法。伊斯蘭曆是純陰曆，一年有十二個月，新月為朔。這使得伊斯蘭的節日與其他宗教完全兜不在一起。而由於伊斯蘭曆完全與季節無關，穆斯林統治者必須採用波斯陽曆來徵稅，政教採用兩種曆法的結果，讓天文學成為宮廷民間都需要的學問。為了滿足伊斯蘭宗教的種種需求，穆斯林逐漸從被他們征服的人民身上吸收希臘、波斯甚至印度的天文知識。到了阿巴斯王朝[1]，穆斯林終於發展出自己獨特的天文學了。

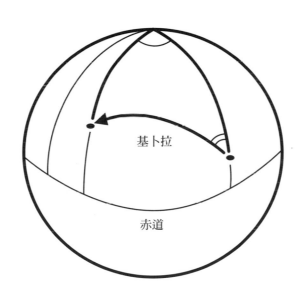

基卜拉

赤道

球面三角幾何

球面三角學是球面幾何學的一部分，主要在處理多邊形（特別是三角形）在球面上的角與邊的關係。在球表面，最短的距離是大圓，也就是圓弧的圓心與球殼的球心是同一點。例如：地球上的子午線和赤道都是大圓。在球面上，由大圓的弧所包圍的區域稱為球面多邊形。圖上黑線即是大圓。

〰〰 巴格達的智慧宮與托勒密系統

阿巴斯王朝第二任哈里發[2] 曼蘇爾（al-Mansur）執政時，在底格里斯河畔營建了新都巴格達，並於公元762年遷都至此。該城建築宏偉壯觀，人口眾多，貿易繁盛，與當時大唐的長安、拜占庭帝國的君士坦丁堡齊名。巴格達自然也成為當時的知識文化中心。阿巴斯王朝在第五任哈里發哈倫·拉西德（Harun al-Rashid）和他的兒子第七任哈里發馬蒙（Al-Ma'mūn）執政時期，是阿巴斯帝國的盛世。馬蒙將其父在巴格達所建設的圖書館加以擴充，命名為「智慧宮」（Bait al-Hikma），使其官員朝臣能夠從事古希臘學術研究與希臘文獻的翻譯。智慧宮在推廣希臘學術方面之功實不可沒，學者們借鑒波斯、印度及希臘的文獻，包括數學、天文學、醫學、化學、動物學及地理，積累了世界的各種知識，並根據他們的發現再加以擴展。

這段時間可說是希臘思想在伊斯蘭世界最為風行的時期。托勒密集古希臘天文學之大成的扛鼎之作《偉大的著作》（*Hē Megalē Syntaxis*）就在此時被伊本·畢謝爾（Sahl ibn Bishr）翻譯為阿拉伯文，後來傳回西歐，被稱為《大成》（*Almagest*）。

〰〰 第一本解決一次方程及一元二次方程的系統著作

而第一個稱得上伊斯蘭天文學家的花拉子米（Abu Ja'far Muhammad ibn Musa al-Khwarizmi）就是在智慧宮展開他的研究生涯。學者們對他的出身到今天還是眾說紛紜，但他的成就則得到世人一致的推崇。

花拉子米最著名的數學著作是約在公元830年寫成的《關於計算和會計的簡明大綱》（*Hisab al-jabr w'al-muqabala*），這是歷史上第一本解決一次方程及一元二次方程的系統著作。「代數」一詞是由該書裡描述的一個基本運算方式引申而來。

　　這書後來在十二世紀被切斯特的羅伯特（Robert of Chester）以及克雷莫納的傑拉德（Gerard of Cremona）[3] 譯成拉丁文，拉丁書名為《*Liber algebrae et almucabala*》，因而衍生出代數的英語Algebra。而花拉子米的天文學著作《依據信得編成之星表》（*Zij al-Sindhind*）[4]，雖然採用原先由梵文翻來的資料而加以濃縮，卻不是單純地照抄，而是參照其他天文學，如托勒密等的著作揉合而成；這一著作標誌著伊斯蘭天文學的轉捩點，在不同傳統的影響下，伊斯蘭天文學逐漸出現自己獨特的風貌。

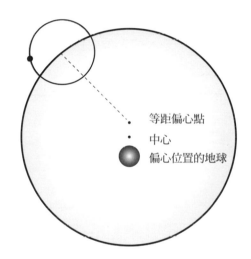

等距偏心點

中心

偏心位置的地球

托勒密系統

亞歷山大里亞的托勒密（Claudius Ptolemy）在公元一世紀將地心說的模型發展完善，且為了解釋某些行星的逆行現象（即在某些時候，從地球上看那些星體的運動軌跡，有時這些星體會往反方向行走），因此他提出本輪的理論；即這些星體除了繞地軌道外，還會沿著一些小軌道運轉。托勒密最大的貢獻是引入Equant，在托勒密系統中，地球不在均輪中心，而行星繞著做等速轉中心的點稱為 Equant（等距偏心點）。Equant 與地球，均輪中心在一直線上，而且地球與均輪中心的距離等於均輪中心到 Equant 的距離。

⋀⋀⋀⋙ 伊斯蘭世界的第一位哲學家

在此同時，巴格達的智慧宮尚有許多能人異士。如果花拉子米是伊斯蘭世界第一位天文學家，那麼肯迪（Abu Yūsuf Ya'qūb ibn'Isḥāq aṣ-Ṣabbāḥ al-Kindī）被稱為伊斯蘭世界的第一位哲學家也毫不為過，他是第一位嘗試將希臘哲學，特別是新柏拉圖主義與伊斯蘭信仰結合的哲學家。肯迪來自顯赫的阿拉伯部族，年輕時在巴格達受教育，他在智慧宮的主要任務就是負責將希臘文的科學以及哲學的著作翻譯成阿拉伯文。

肯迪無條件接受托勒密系統為正確的天文系統，這個複雜的系統是古典文明登峰造極的成就，學者利用托勒密系統來推算未來的行星位置達千年之久。而整個伊斯蘭天文學就奠基在托勒密系統上。但是伊斯蘭世界並不盲信托勒密系統，而是不斷地測量天象來修正，甚至是質疑與挑戰托勒密系統，這成了伊斯蘭天文學的基調。

⋀⋀⋀⋙ 測量地球的穆薩三兄弟

穆薩三兄弟（Banū Mūsā）也是智慧宮中的重要人物，老大賈法·穆罕默德（Jafar Muhammad）擅長幾何與天文，二弟阿馬德（Ahmad）在機械方面頗有貢獻，老么哈珊（al-Hasan）則專注於幾何。據說三兄弟的父親原來是打劫旅客的江洋大盜，後來卻成了天文學家，還成了馬蒙尚未登基時的親信。穆薩三兄弟將希臘科學，特別是阿幾米德的著作引入伊斯蘭世界。他們深受馬蒙的信任，被委以重任去測量地球周長。穆薩三兄弟召集人馬，分成兩隊，在沙漠中一隊往南，一隊往北，邊走邊記錄，利用天象決定緯度，走了一度緯度後回頭走回出發點，以此決定相當準確的數值。

此外當馬蒙下令在巴格達建天文台來重新測量日月位置時，也是由他們來完成。穆薩三兄弟雖然著作等身，但論到影響力最大的還是他們合

著的《平面與球狀的測量》（*Kitab marifat masakhat al-ashkal*），因為這本書後來被克雷莫納的傑拉德翻譯成拉丁文《三兄弟的幾何學》（*Liber trium fratrum de geometria*）傳入西歐。西歐學者就是從這本書學到阿基米德發明的求積法。

〰 法甘尼與巴塔尼

當穆塔瓦基勒（al-Mutawakkil）在公元847年成為哈里發後，卻一改前任哈里發的政策，開始拆毀巴格達城中的基督教教堂與猶太教會堂，強迫非穆斯林改信伊斯蘭教。穆薩三兄弟被穆塔瓦基勒委以許多重任，像是在埃及建造龐大的尼羅河水位計以及在新都迪阿法理亞（al-Djafariyya）

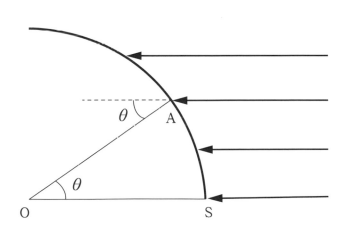

利用天象決定緯度

由上圖知只要量測出從 A 到 S 的距離，再加上 θ（角 AOS），就可以推算地球半徑 OA=AS 弧長 / θ。而 θ 即為 A 點緯度減去 S 點緯度。只要在 A 點與 S 點量測北極星的仰角即是當地的緯度。

建造運河。這些計畫其實都是由天文學家法甘尼（al-Farghānī）負責。據說在建造運河時由於法甘尼計算錯誤，導致運河工程無法完成，幸虧穆塔瓦基勒哈里發在公元861年被身旁的突厥侍衛暗殺身亡，所以穆薩三兄弟和法甘尼才躲過嚴厲的懲罰，然而阿巴斯王朝的黃金時代也一去不復返了。

法甘尼留下的著作《星學大綱》也稱為《關於天體運動的天文學原本》（*Elements of astronomy on the celestial motions*）是一本托勒密天文學大成的詮釋。它在十二世紀被翻譯成拉丁文後傳入西歐，變成當時西歐天文學者奉之為圭臬的教科書[5]。

雖說阿巴斯朝逐漸走下坡，四方割據勢力逐漸取代巴格達的中央政府，然而伊斯蘭世界的學術活動依然十分活躍。像是出生在哈蘭（Harran）的巴塔尼（al-Battānī），他的主要著作《星表之書》（*Kitāb az-Zīj*），在公元1116年由提符爾的柏拉圖（Plato of Tivol）翻譯成拉丁文《星之運行》（*De Motu Stellarum*）。這本書對後代天文學者影響很大，哥白尼就曾在天球運行論中提到巴塔尼不下二十三次之多。

〰〰 天文學家蘇菲

阿巴斯王朝一路衰微，到了公元945年，自裏海南岸發跡的布育德（Buyid）家族打下了巴格達，阿巴斯朝的穆斯塔克菲（al-Mustakf）哈里發成了傀儡。布育德家族中最熱衷支持學術活動的法納·庫斯萊（Fannā Khusraw）被哈里發授以「王朝的棟樑」的榮銜，他在伊斯法罕的宮廷成了當時的學術中心。天文學家蘇菲（Abd al-Rahman al-Sufi）就是寄身於此。蘇菲精於觀測，除了辨認出在葉門才能看見的大麥哲倫星雲（在麥哲倫於十六世紀展開環球之旅前，歐洲人從未見過這星雲）；並在公元964年留下了最早對仙女座星雲[6]觀察的紀錄，他形容仙女座星雲為「朦朧斑點」（nebulous spot）、「小雲」（small cloud），這是人類首次從地球

觀察到的銀河系之外的星系。蘇菲最大的貢獻是修正托勒密的星表，並加入自己對星星亮度和星等的估計；這些數字都與托勒密作品中的數字有所差別。蘇菲的主要著作是在公元964年撰寫的《恆星之書》（*kitab suwar al-kawakib*）。它在十二世紀時在西西里被翻譯成拉丁文《恆星位置之書》（*Liber de locis stellarum fixarum*），對西歐的恆星命名有很大的影響。蘇菲也撰寫過有關星盤（Astrolabe）[7]的文章，在文章中他描述了超過一千不同的用法。蘇菲後來安享高壽，享年八十三。

ᐓᐬᐧ 海什木的視覺理論

除了布育德王朝，另一個不吝於贊助學術的是法提瑪（Fatimid）王朝，這是由激進的什葉派伊斯瑪儀教團在公元909年在摩洛哥建立的新政權，也就是所謂的「綠衣大食」。公元969年埃及落入法提瑪王朝的手中，首都也遷到位於尼羅河三角洲新建的開羅。在哈里發穆伊茲（al-Mu'izz）和其子阿齊茲（al-Aziz）開明的治理下，開羅很快成了伊斯蘭世界新興的學術重鎮並達到巔峰。但是阿齊茲的兒子哈基姆（al-Ḥākim）卻是埃及史上最傳奇的「瘋王」。他十一歲登基，自認是神的化身，在位期間三番兩次無端地殺害重臣，然而因為他篤信占星術，便極力贊助學者，尤其是天文學，也大力推廣教育，但他三十六歲時卻乘著駱駝離開皇宮，消失於沙漠之中，不知所終。

哈基姆在公元1005年成立了教育年輕人各式各樣知識的答阿列姆（Dar al-Alem）以及答阿希克馬（Dar al-Hikma），這兩處還擁有藏書豐富的圖書館。所以許多學者慕名而來，最重要的莫過於海什木（Ibn al-Haytham）。他其實不是埃及人，而是出生於伊拉克的巴斯拉。他到埃及後被招募去從事尼羅河的水利工程，但實地勘驗後，他發現哈基姆的計畫難以實現。為了避免遭到哈基姆的毒手，據說他裝瘋躲在家中整整十年，直到哈基姆神祕失蹤為止。之後海什木一直待在開羅直到七十五歲過世。

　　海什木最大的貢獻是他的「視覺理論」。他在《光學》（*Kitab al-Manazir*）一書中主張只有垂直眼睛表面的光才是視覺來源，這些垂直進入眼睛的光可以看成一個光錐，頂端正是眼睛。所以我們可以理解為何近的東西看起來比遠的東西大，因為近的東西所形成的光錐頂角比較大。而且一個物體的任何一點都可以發出一條光線垂直進入眼中，依此建立一對一的對應，由此產生清晰的視覺。更重要的是，他在書中提出許多實驗的方法來證實自己的主張，或是駁倒對立的主張；比如他常利用暗箱[8]作光學實驗，也曾撰文分析針孔的原理。《光學》對西歐的學者有非常巨大的影響，尤其是在書中他嚴謹地利用實驗來論證的方式，更是影響深遠。

　　據說海什木寫了兩百本書，流傳至今的有五十多本，主要是數學、天文以及光學的著作。他曾打破傳統希臘的思維，主張必須以物理的原則來了解行星的運動，他甚至還寫了一本《質疑托勒密》（*Doubts on Ptolemy*）來挑戰許多托勒密系統的弱點。海什木也反對亞里斯多德的「自然厭惡真空」的理論，企圖用幾何學來論證沒有物質的空間是有意義的概念。

　　伊斯蘭的科學至此已經不只是承襲古代文明遺產而已，而是一股活潑富有生氣的新力量。

上知天文下知地理的比魯尼

　　另一位與海什木約同時期的伊斯蘭重要學者比魯尼（al-Bīrūnī）在伽色尼王朝（Ghaznavid dynasty）的宮廷中擔任占星師，但是從他留下來的著作來看，他對占星術興趣缺缺，卻對天文學與測地術情有獨鍾。比魯尼提出站在高山頂峰測量水平線與地平線之間的夾角，就足以得到地球的半徑。

　　他在旁遮普的納答那（Nandana）要塞就照著這個方法測量，得到的數值與現在通行的地球半徑的平均值（因為地球其實是橢球）只差了百分

之二。得意的比魯尼還揶揄馬蒙哈里發時在沙漠辛苦測量的壯舉！他也曾經認真考慮過地球自轉的可能性，他在百科全書式的著作《獻給蘇丹馬蘇地的大典》（*Mas'udi Canon*）中雖然接受傳統的地心說，卻也提出許多疑點；像是太陽近地點並非固定，來挑戰托勒密系統。

比魯尼對光與熱一直非常好奇，他與大學者伊本·西那（Ibn Sīnā）就曾針對太陽光中的熱如何傳播有過一番討論。比魯尼甚至還設計出一些測量密度的方法，他的靈感來自阿基米德的著作，這些設計後來收錄在卡志尼（al-Khazini）的書中，而在伊斯蘭世界廣為人知。比魯尼還設計過用許多齒輪作成的天文鐘以及可以計時的星盤；與海什木相同的是，他們都不盲信古代學者的權威，並且開始設計實驗來支持或駁斥相關的理論。無怪乎他們被視為現代科學方法的先驅，可謂實至名歸。

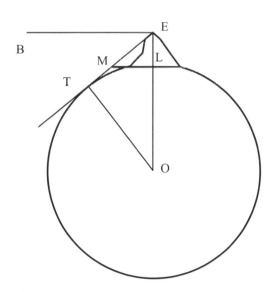

地球半徑 OL

比魯尼發現只要到 E 點量測角 BEM 以及 EL 長，就可以推算地球半徑 OL。
T 點是直線 EM 與圓的切點

注釋

① 阿巴斯王朝是建立於西元 750 年的伊斯蘭帝國，阿巴斯王室是伊斯蘭教先知穆罕默德的叔父阿巴斯‧伊本‧阿卜杜勒‧穆塔里卜的後裔，阿巴斯王朝旗幟多為黑色，所以新舊唐書稱之為黑衣大食。1258 年，旭烈兀西征時率領的 12000 大軍攻陷阿拉伯帝國首都巴格達，哈里發穆斯台綏木投降後被殺，阿巴斯王朝滅亡。

② 哈里發（Caliph）是伊斯蘭教的宗教及世俗的最高統治者的稱號，本意為繼承者，指先知穆罕默德的繼承者。在穆罕默德死後，其弟子以 Khalifat Rasul Allah（安拉使者的繼承者）為名號，繼續領導伊斯蘭教，隨後被簡化為「哈里發」。在伍麥亞帝國以及阿巴斯帝國鼎盛時期，哈里發擁有最高權威，管理著龐大的伊斯蘭帝國。阿拉伯帝國滅亡之後，「哈里發」的頭銜，僅作為伊斯蘭教宗教領袖的名稱。

③ 十二世紀活躍於西班牙托雷多的義大利翻譯家，他們將許多阿拉伯文的典籍翻譯成拉丁文，其中包含許多先前被翻譯成阿拉伯文的古代希臘著作，最著名的就是托勒密的天文學鉅著《大成》。

④ 信得（Sindhind）為古代流傳於印度的天文計算方法，後傳入伊斯蘭世界為穆斯林採用。

⑤ 但丁的鉅著《神曲》中許多天文學知識都是取之於法甘尼的著作。哥倫布採用法甘尼著作中的地球半徑的數值，來鼓吹橫渡大西洋到日本的計畫；但是哥倫布把單位搞錯了，所以他的數值比實際數值小了三分之一。

⑥ 仙女座星系（Andromeda Galaxy，舊文獻中曾經稱為仙女座星雲）是一個螺旋星系，距離地球大約 250 萬光年，是除麥哲倫雲（地球所在的銀河系的伴星系）以外最近的星系。位於仙女座的方向上，是人類肉眼可見（3.4 等星）最遠的深空天體。仙女座星系被相信是本星系群中最大的星系，直徑約 20 萬光年，外表頗似銀河系。

⑦ 星盤是古代天文學家、占星師和航海家用來進行天文測量的一項重要天文儀器，用途非常廣泛，包括定位和預測太陽、月亮、金星、火星相關天體在宇宙中的位置，確定本地時間和經緯度，三角測距等。

⑧ 原始的暗箱只是利用一間黑暗的房子的一堵牆上的孔，將外面的景物投射到平面上。實際上，camera obscura 的字面意思就是「黑暗的房子」。海什木利用針孔裝置，對日食進行觀察。在十五世紀，藝術家們開始利用暗箱作繪畫的輔助工具。暗箱的工作原理是光線通過鏡頭，經過反光鏡的反射，到達磨沙玻璃，並產生一個影像。把半透明的紙張放在玻璃上，即可勾畫出景物的輪廓。

尖塔下的星空（二）
從撒馬爾干到伊斯坦堡

　　當阿巴斯王朝衰微之後，群雄並起，但是伊斯蘭的學術並沒有隨之萎縮，反而進入百家爭鳴的黃金時代。到了公元1040年，一個新的突厥部族塞爾柱人逐漸成為伊斯蘭中土的霸主。在第三任蘇丹馬立克–沙一世（Malik-Shah I）治下，塞爾柱帝國國勢達到頂峰，而當時最偉大的學者，眾人心中偉大的詩人奧瑪·開儼[1]（Omar Khayyam）就是任職於馬立克–沙一世的宮廷中。其實奧瑪·開儼不只是詩人，他一生研究各種學問，尤其專精數學與天文學。馬立克–沙一世非常器重奧瑪·開儼，委以他改革曆法的重任。1079年所實行的新曆亞拉里曆（Jalali calendar）就是包含奧瑪·開儼在內八名天文學家的心血結晶。而他那本關於三次方程式的著作更是數學史上重要的里程碑。

　　奧瑪·開儼出生於呼羅珊省的首府內沙布爾（Nishapur），從少年時期就在當時最優秀的學者也是什葉派伊瑪目莫瓦伐克（Mowaffaq Nishapuri）門下學習。名聲遠播的奧瑪·開儼後來被邀請到塞爾柱帝國的新都伊斯法罕負責建造天文台，用來改革曆法。

〰〰 亞拉里曆法

　　為什麼要改革曆法呢？波斯的曆法歷史非常悠久，最早可以上溯到古老的索羅亞斯德的時代，而流傳至今最早的是亞凱曼尼帝國時期的曆法，

當時採行的是十二個月,每個月三十天,最後再加五天,稱之為「額外之日」。而波斯的新年叫納吾肉孜節(nowruz),一定是在春分那一天。因為這一天白晝的時間開始超過黑夜,象徵光明勝過黑暗。這一天不僅是新年,更是索羅亞斯德教最神聖的節日。後來王朝迭更,從塞流卡斯王朝到安息王國,再到薩珊帝國,慶祝納吾肉孜節一直都是波斯文明圈中的盛事,而歷代歷朝也都費盡心思讓曆法上的納吾肉孜節與天文學上的春分同日。但由於一個回歸年並非是太陽日的整數倍,所以總是需要調整曆法。

當穆斯林征服波斯之後,雖然伊斯蘭依照古蘭經規定必須使用陰曆,但是當時的哈里發並沒有廢掉波斯的曆法,主要的原因是使用陽曆較方便秋收時的收稅。塞爾柱的蘇丹雖然血統是突厥人,文化上卻早已深受波斯深厚文化的影響,他自然也想改革曆法,在波斯的歷史上留下一席。這件任務最終在公元1079年大功告成。

這個曆法原則上以太陽通過黃道的宮位來決定一個月的長度,然而當時的天文學還沒有發展到能準確預測未來太陽的運動,所以奧瑪·開儼以2820年為一個周期,其中包含21個128年的周期,再加上1個132年的周期,而128年的周期中又分成1個29年的子周期,再接著3個33年的子周期。132年的那個周期則分成1個29年的周期,再接著2個33年的周期,然後接著1個37年的周期。決定閏年的方式則是在子周期中以四除餘一,不含第一年,為閏年。這樣一來,2820年就包含了1,029,983天,平均一年有365.2419858天。如果以一個回歸年有365.24219的現代值來估算,大概每116,529年會產生一天的誤差。比起十六世紀西歐開始使用的葛列哥里曆,每3226年產生一天的誤差相比,亞拉里曆更為準確呢!

不過其實由於地球和月球重力的攝動和地球在橢圓形的公轉軌道上速度不均,地球在軌道上的運動不規則。此外,晝夜平分點在軌道上的位置也會因為歲差而改變,結果是一個回歸年的長度會與在黃道上所選擇的太陽必須回歸的點有關聯。所以現代的天文學家定義的「平回歸年」是黃道上所有點的回歸年的平均長度,與「分點年」有些微差距,所以當我們說

亞拉里曆比葛列哥里曆準確的說法時，也要小心其中的微妙之處。

可惜的是，奧瑪·開儼在伊斯法罕的好日子隨著蘇丹馬立克–沙一世的死而終結。失去了蘇丹的保護後，奧瑪·開儼成了宗教學者打擊的目標，因為他的詩集以及哲學著作都讓宗教學者視他為眼中釘，他只好以朝聖為名逃到麥加。後來他接到馬立克–沙一世兒子艾哈邁德·桑賈爾（Ahmad Sanjar）的邀請而到梅爾夫（Merv）擔任宮廷的占星師。之後他告老還鄉，回到內沙布爾，終老於此，享壽八十三，也算是善終了。

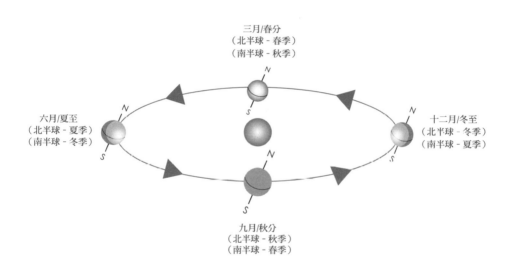

由於地球和月球重力的攝動和地球在橢圓形的公轉軌道上速度不均，地球在軌道上的運動不規則，因此太陽連續兩次通過黃道上選定點所花的時間會因為選定點的不同而改變。

晝夜平分點在軌道上的位置也會因為歲差而改變，結果是一個回歸年的長度會與在黃道上所選擇的太陽必須回歸的點有關聯（在測量時，會與分點的移動一起改變），所以天文學家定義的「平回歸年」是黃道上所有點的回歸年的平均長度365.24219 日（公制）。

回歸年以黃道上的特殊點作了明確定義：最特別的是春分點年，以太陽在春分點做為起點與終點，它的長度是 365.2424 天。

∿ 波斯中世紀最偉大的學者納西爾丁‧圖西

　　塞爾柱帝國在馬立克–沙一世死後也開始走下坡，桑賈爾被新興的花拉子模帝國擊敗，各地諸侯紛自立，又回到群雄並立的局面。波斯中世紀最偉大的學者納西爾丁‧圖西（Muhammad ibn Muhammad ibn al-Hassan al-Tūsī）就降生在呼羅珊的圖斯一個信奉什葉伊斯蘭的十二伊瑪目派的家庭中。他年幼失怙，依照父親遺願四處尋訪名師求學，因此邏輯、數學、天文，甚至生物、醫學樣樣精通。他最為後人津津樂道的成就「**圖西對**」（**Tusi couple**），**是讓一個小圓在一個半徑是小圓半徑兩倍的大圓中沿著周長滾動，假如鎖定小圓的周長上的某一點，就會發現這個點沿著直徑在做來回的直線運動。這個精巧的裝置可以取代托勒密的等距偏心點**（**Equant**）。

　　圖西是在尼查里派控制的領地，也就是阿剌模忒堡（Alamut state）任職時發明圖西對。當時他為了躲避蒙古人的鐵蹄而藏身於阿剌模忒堡。在阿剌模忒堡的時期是圖西最富生產力的時期，然而好景不常，一直被認為是固若金湯的阿剌模忒堡最終還是抵擋不了蒙古騎兵的鐵蹄，當旭烈兀率領蒙古大軍橫掃西亞時，阿剌模忒堡要塞都落入蒙古人之手。幸運的是圖西沒有淪為蒙古軍的階下囚，甚至成了旭烈兀的座上賓，後來還成了旭烈兀倚重的顧問呢。兩年後旭烈兀攻下巴格達，巴格達的淪陷落象徵了伊斯蘭黃金時代的落幕。

　　然而伊斯蘭世界的學術發展並沒有停止，旭烈兀在隔年就批准圖西興建天文台的計畫。新的天文台就蓋在旭烈兀的新都馬拉蓋（Maragheh）的西郊，在公元1262年完成，天文台內有一具四米寬的四分儀以及圖西自己設計的一些儀器，旁邊還蓋了一座圖書館，裡面有四萬冊各類的書籍。

　　馬拉蓋天文台在圖西的主持下逐漸成為伊兒汗國內的學術中心，各地俊彥之士都來到此地。圖西利用馬拉蓋天文台量得的資料，特別是行星運行的資料編成《伊兒星表》（Zij-i ilkhani），裡頭有預測未來行星位置的

表和眾多恆星的位置與名稱，這本書編成時圖西已經七十一歲。

　　圖西將自己發明的圖西對運用到行星模型，除了水星以外，圖西都成功地以圖西對取代托勒密系統的等距偏心點，使得他的行星模型更符合希臘哲學的要求。這是天文學的一大創舉，而他的行星模型則是在沙提爾（Ibn al-Shatir）手中臻入完美之境。《天文學隨筆：眾多評論》（*Al-Tadhkirah fi'ilm al-hay'ah*）是圖西最重要的天文學著作，他在書中大膽地假設銀河應該是許多遙遠星星的集合。當時尚未有望遠鏡，光憑肉眼是無法證實的。

　　公元1274年，圖西與他的一群學生離開馬拉蓋，遷到重建的巴格達，到了巴格達後不久他就過世了，享壽七十四。

〰️ 大馬士革的沙提爾

　　沙提爾是大馬士革伍麥亞清真寺的穆拉奎特，他的工作就是負責以天象來決定禮拜的時間。他在《關於修正天體運行原則的最終要求》（*kitab nihayat al-sul fi tashih al-usul*）中將托勒密系統中的偏心圓跟等距偏心點這些礙眼的東西一掃而空，沙提爾模型還是以地球為中心。雖然對太陽與行星而言，新的模型比起舊模型沒有更精確，但是月球的部分則比舊模型來得更好；但是伊斯蘭世界對沙提爾的行星模型的成就視而不見。但我們可以看出伊斯蘭世界的科學界生命力即使在蒙古西征之後也依然相當地強韌。

　　就在沙提爾的晚年，另一股風暴在中亞形成並吹向伊斯蘭的中土，公元1369年西察合台汗國的一位將領帖木兒（Timur）殺死西察合台汗忽辛，宣稱自己是察合台汗國的繼承人，建立了帖木兒帝國，並在首都撒馬爾罕創立經學院取代巴格達，成為穆斯林的學術中心。帖木兒死後，四子沙哈魯在內戰中戰勝而登上帖木兒帝國皇帝寶座，把赫拉特（Herat）設為國都，並將舊都撒馬爾罕交給長子烏魯伯格（Ulugh Beg）管理，烏魯

伯格後來成為十五世紀伊斯蘭世界最重要的天文學家。

烏魯伯格接管撒馬爾罕時首先蓋了一個烏魯伯格經學院（Ulugh Beg Madrasah）研究機構，但只有烏魯伯格邀請來的學者才能在此工作，最興旺時大概有六十到七十名學者在此工作，其中最著名的是魯米以及卡沙尼[2]，烏魯伯格還親自開班授課呢。

公元1424年，年輕的烏魯伯格王子開始興建撒馬爾罕天文台，直到公元1429年才蓋好；天文台擁有一具巨大的六分儀，安裝在離地面時一米深，兩米寬的坑道中，每一度分隔七十厘米。撒馬爾罕的天文學家運用這些製作精美又龐大的天文儀器用心地檢驗《伊兒星表》的結果。

公元1437年，《蘇丹星表》（Zij-Sultani）終於完成，其中詳細地記錄了992顆星的位置。此外烏魯伯格決定了一個回歸年的長度是365日5小時49分15秒，這個數值比哥白尼使用的數值還要更精準；他還決定了地球傾角是23度30分17秒；蘇菲《恆星之書》的謬誤也一一被糾正；這份星表後來在1655年傳入歐洲，稱為《烏魯伯格觀察的恆星的經緯度表》（Tabulae longitudinis et latitudinis stellarum fixarum ex observatione Ulugbeighi）。

當沙哈魯在公元1447年過世時，烏魯伯格繼承了帝國，但不幸在後來的叛變中被自己的兒子所弒。撒馬爾罕的天文台就被廢棄了，原本聚集在撒馬爾罕的天文學家們也做鳥獸散。

曇花一現的伊斯坦堡天文台

統治波斯的帖木兒帝國四分五裂後，繼之而起的奧斯曼帝國的首都伊斯坦堡[3]也成為當時世界的學術中心。這個時代最重要的天文學家非塔居丁・穆罕默德・伊本・馬魯夫（Taqī al-Dīn ibn Ma'rūf）莫屬，公元1571年他被任命為宮廷的御用天文學家。蘇丹穆拉德三世在他的聲恩下興建新的天文台，在公元1579年完工。巧合的是就在約莫同個時期，丹麥的第谷[4]

也正在興建他私人出資的烏拉尼爾保（Uranienborg）天文台。伊斯坦堡天文台的儀器雖然與第谷的天文台有些相仿，但規模乃至於精準度都略勝一籌。

伊斯坦堡的天文台有一座很棒的機械鐘用來計時，還有一座圖書館和十六個助手。伊本‧馬魯夫利用新天文台觀測的資料拿來校正《蘇丹星表》的數值，此外他還決定了太陽的近地點每年移動63秒，比起哥白尼的數值（24秒）與第谷的數值（45秒），伊本‧馬魯夫的數值更接近現代的數值（61秒）。

但是伊斯坦堡天文台就像曇花一現，僅僅使用三年，就因伊本‧馬魯夫對彗星的占星預測激起一些朝臣的不滿，而在公元1580年就被廢棄了！這短短三年的測量成果都記錄在伊本‧馬魯夫所寫的《有關天球旋轉王國的眾思想之大成》（*Sidrat Muntahā'l-Afkār fī Malakūt al-Falak al-Dawwār*）。而天文台廢棄五年後伊本‧馬魯夫就過世了。

奧斯曼帝國的天文學似乎停滯了一般，自此沉寂。而西方的天文學在十六世紀的哥白尼、伽利略、克卜勒等人的努力下，建立現代天文學的基礎，伊斯蘭世界只能望之興嘆了。

注釋

1 19世紀，英國作家費茲傑拉德（Edward Fitzgerald）將奧瑪‧開儼的《魯拜集》(*Rubaiyat*) 翻譯、改寫成英文，由於譯文十分精彩，因此奧瑪‧開儼的名聲也在西方世界變得響亮了起來。

2 兩人都是烏魯伯格的重要助手。魯米（Qāḍī Zāda al-Rūmī）曾將sin 1°算到小數點下十二位。卡沙尼（al-Kāshānī）在數學上的代表作是《算術之鑰》（*Miftāh al-hisāb*），完成於公元1427年。

3 伊斯坦堡的最初名稱為「拜占庭」，公元330年君士坦丁大帝將其定為羅馬帝國的新東部首都，此地也開始被稱作「君士坦丁堡」。而在公元1453年奧斯曼帝國征服該城之後，它成為了伊斯蘭教的中心和鄂圖曼帝國哈里發的駐地。

4 第谷‧布拉赫（Tycho Brahe，1546~1601），丹麥貴族，天文學家兼占星術士。克卜勒曾擔任他的助手。他是望遠鏡發明之前最偉大的觀測天文學家。

愛德蒙‧哈雷與他的慧星

　　愛德蒙‧哈雷（Edmond Halley，1656～1742）出生在倫敦，他的父親是一位富裕的肥皂製造商。1673年，十七歲的小哈雷進入牛津的皇后學院就讀，小小年紀卻已經是個天文專家，還擁有一套父親買給他的亮晶晶的天文觀測器材。

到南半球去

　　1675年哈雷還在牛津念書的時候，被引薦給第一任英國皇家天文學家約翰‧弗蘭斯蒂德（John Flamsteed）。當時弗蘭斯蒂德正在編纂一份新的星表，得知消息的哈雷因而萌生到南半球去觀測南天恆星的念頭，於是乎他在1676年離開牛津，搭船到南大西洋上的聖海倫娜島，並在那裡研究南天星空[1]。

　　哈雷在聖海倫娜島待了十八個月，不但完成包含341顆星的南天星表外，還改良了六分儀，蒐集到可觀的海洋與大氣的資料。他發現擺在赤道地區會變慢，由此得知重力在此變小。更幸運地是，1677年11月7日，他量到一次完整的水星凌日。1678年5月哈雷帶著豐碩的成果回到英國，12月就被選為皇家學院的院士，國王也直接下令授予他學位，當時他年僅二十二歲。

水星凌日

當水星運行至地球和太陽之間，如果三者能夠連成直線，便會產生水星凌日現象。觀測時會發現一黑色小圓點橫向穿過太陽圓面，黑色小圓點就是水星。水星的軌道是傾斜的，與地球並不在同一軌道平面上，所以水星經常從地球和太陽之間的上方或下方略過，無法形成凌日。

隔年，皇家學會派哈雷去但澤市，任務是去檢查天文學家同時也是但澤市長的赫維留斯（Johannes Hevelius）用裸眼觀測的天文資料，並且說服他使用望遠鏡。從但澤市回英國後，哈雷發表包含341顆南天恆星的詳細數據的《南天星表》（*Stellarum Australium*）。因為這份星表加上附屬的星圖，他獲得與丹麥天文學家第谷同樣崇高的聲譽。1680年，哈雷又去了一趟歐洲，在法國加萊觀測到一顆彗星；在巴黎，他與巴黎天文台長卡西尼（Giovanni Domenico Cassini）一起繼續觀測這顆彗星，想要決定它的軌道。1682年他回到英國，並娶了瑪莉・圖給（Mary Tooke）；這時他的父親也娶了續弦。他與新婚妻子定居在倫敦的伊斯林頓（Islington），同時潛心研究天文，也持續觀測這顆彗星；但他大概沒想到日後這顆彗星會以他命名。

〰 關於行星運動的爭論

1684年1月24日哈雷在皇家學會會議上發表「克卜勒第三定律可以推出重力與距離平方成反比」的見解[2]。當時許多皇家學會院士，包括當時任職於學會的虎克（Robert Hooke），之前擔任皇家學會主席並設計聖保羅大教堂的維恩（Christopher Wren）以及哈雷，都積極想要從遵循反平方律的重力來導出克卜勒行星運動三大定律。當時虎克號稱他已經得到完整的證明，還宣稱正式發表前，他不想給哈雷與維恩看。維恩為此還懸賞給反平方力的引力會造成橢圓軌道的證明，但是虎克卻遲遲拿不出令維恩以及哈雷滿意的證明來。這令兩人非常光火。顯然虎克這傢伙是在故弄玄

虛，分明是做不出來嘛！

但是這個爭議卻被一件意料外的悲劇所打斷，哈雷的父親失蹤了！事實上老哈雷的再婚是一場災難，五周後確定老哈雷已經身亡，為了處理父親的身後事與家中的產業等問題，哈雷搞得身心俱疲，無暇他顧。五個月後，哈雷才終於結束俗事纏身的狀態，前去劍橋拜訪艾薩克·牛頓（Isaac Newton），沒想到這一趟旅行竟然改變了他們兩個人的人生。

∿ 和牛頓的命運相會

為什麼哈雷會想去拜訪牛頓呢？雖然牛頓之前曾對天文學下過功夫，但是他並沒有將他的研究公諸於世[3]。而且1671年他公開的色彩理論遭到虎克的嚴厲批評，此事讓他勃然大怒，不再與皇家學會來往。

1679年11月，虎克曾寫了一封公開信給牛頓，希望他能將最近的研究成果與學會分享；牛頓回信提到或許可以靠測量垂直落體到達地面的水平位移（向東）來證明地球的自轉。不料虎克馬上寫信指正除了向東之外還會有向南的位移，並且提醒牛頓，重力並非均勻，靠近中心時重力會變大。虎克還提到物體拋下的軌跡看起來應該像是橢圓，但沒有給出任何具體的數學證明；並在最後一封信中提到重力應該與距離成反比，他的理由是在重力影響下運動的物體速度與距離成反比；這其實是不對的。

牛頓在與虎克的通信中逐漸了解向心力可以導出克卜勒第二定勒，但一如往常地沒有公開。不過基於牛頓精通數學的名聲，哈雷相信牛頓幫得上忙，他就冒險去劍橋跟這位素來以不好相處聞名的怪咖討教了。

當哈雷一開口問，如果重力是反平方力，那麼行星軌道應該為何時？牛頓居然毫不假思索地馬上回說：「是橢圓軌道。」哈雷馬上要求看證明，牛頓在紙堆裡找來找去卻找不到，於是他答應重算一次再寄給哈雷。

到了11月牛頓就將這份證明的短文《關於在軌道中的物體運動》（*De motu corporum in gyrum*）寄給哈雷。如獲至寶的哈雷馬上再去劍橋拜訪

牛頓，並說服牛頓將這些結果分享給皇家學會。至今皇家學會還保留著這件文件的複本。

　　哈雷進一步說服牛頓將結果擴充並將成果出版成《自然哲學的數學原理》（*Philosophiæ Naturalis Principia Mathematica*），這本書被認為是科學史上最重要的論著之一。原本牛頓打算寫兩卷，沒想到寫到後來變成三卷；全書第一卷《論物體的運動》（*De motu corporum*）研究物體在無阻尼環境中的運動，牛頓證明了物體在受到遵從平方反比定律的力作用下沿圓錐曲線軌道運動。第二卷主要討論物體在阻尼介質中運動的內容分離出來；牛頓寫這一卷是要反駁笛卡兒的理論。笛卡兒認為行星的運動是由於受到宇宙間的巨大漩渦的帶動，而牛頓指出漩渦理論與天文觀測結果完全不合。第三卷《論宇宙的系統》（*De mundi systemate*）則是將萬有引力運用到各種天文現象上。

> 勒內・笛卡兒（René Descartes）提倡渦旋理論，假設空間完全充滿了各種狀態下的物質，圍著太陽旋轉。他試圖通過碰撞粒子的「渦旋」理論來說明重力。他的嘗試對於十七世紀後期的進一步研究非常有影響力。

　　牛頓在書中提到兩位歐陸的科學家——伊斯梅爾・布里阿德與喬瓦尼・阿方索・博雷利[4]，他們都比虎克還早提出反平方引力，但是都沒有證明。後來法國科學家亞歷克西斯・克萊羅（Alexis Clairaut）在參詳相關文獻後這麼說：

　　「瞥見一項真理與證明它相差何止千里。」

∿ 史上第一份氣象學的地圖

　　1691年，牛津大學的薩維爾（Savilian）天文學講座教手出缺，自信滿滿的哈雷提出申請，沒想到卻碰了一鼻子灰，反對最力的人居然是學生時代對他讚譽有加的弗蘭斯蒂德。原來弗蘭斯蒂德對牛頓沒有在《原理》

一書中對他和「他的天文台」的功勞表達感謝感到很不滿，連帶地對哈雷也很不爽。不過他打出冠冕堂皇的理由，居然是哈雷的基督教信仰有問題。他寫信給牛津，甚至宣稱哈雷是「敗壞青年」呢！

求職受挫並沒有影響哈雷旺盛的求知欲與行動力。1685~1693年，他在《自然科學會報》擔任編輯，1686年他出版一份「季風與信風的地圖」[5]，這是史上第一份氣象學的地圖。1693年，哈雷發表一篇關於人壽保險的文章，他基於一個德國小城的完整數據紀錄，來分析死亡年齡。這篇文章為英國政府出售人壽保險提供了堅實的基礎，英國政府因此確定一個合理的價格。哈雷的這篇文章對保險統計科學有深刻的影響，該成就現在被視為人口學史上的一件大事。

〽️ 量測地磁

1696年，牛頓被任命為皇家鑄幣廠廠長，他很講義氣地讓哈雷當他的副手，負責在契斯特（Chester）鑄幣廠當副審計長。哈雷做了兩年，直到這個職位被取消為止。1698年，英王威廉三世任命哈雷擔任一艘探險船的船長，目的是研究地球的磁場。船出發沒多久，哈雷就發現他手下的水手們根本不服從他，處處與他作對，所以1699年7月探險船就被迫返回英國。兩個月後，他再次展開大西洋的航行。這一次他一共花了兩年的時間在大西洋上，從北緯52度一直航行到南緯52度。1700年9月6日他平安回到英國，隔年就發表了《通用指南針變化圖》（*General Chart of the Variation of the Compass*）。這張是第一張畫有等磁偏線（isogonic line）的地圖。

> 地磁偏角是指地球上任一處的磁北方向和正北方向之間的夾角。連接地磁偏角相等諸點之線稱之為等磁偏線。

⋀⋀⋁ 七十六年來一次的慧星

1703年11月哈雷終於得償宿願，被指定為牛津大學的薩維爾幾何學講座教授。二年後哈雷發表了《天文學對彗星的簡介》（*Synopsis Astronomia Cometicae*），他在檢視歷史的紀錄後，發現1682年出現的這顆彗星與1531年阿皮昂（Petrus Apianus）、1607年克卜勒觀測的彗星軌道要素（orbital elements）幾乎相同，因此哈雷推斷這三顆彗星是同一顆彗星，週期在75~76年之間；在粗略的估計行星引力對彗星的攝動之後，他預測這顆彗星在1758年會再回來。

彗星軌道要素

軌道要素是描述在牛頓運動定律和牛頓萬有引力定律的作用下的天體，在其軌道上運動時，確定其軌道所必要的六個參數，包含

· 軌道傾角（i）
· 升交點黃經（Ω）
· 離心率（e）
· 近日點輻角（ω）
· 半長軸（α）
· 真近點角（f）

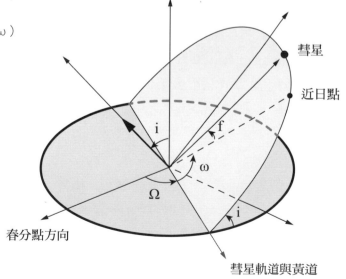

彗星
近日點
春分點方向
彗星軌道與黃道

1718年，哈雷通過比較他的天體測量數據和古希臘天文學家希帕克里特斯[6]的數據，發現恆星自行運動（proper motion）。恆星自行是恆星相對於太陽系的質量中心，隨著時間變化的推移所顯示出角度上的改變，這是由於該恆星相對於我們有橫向運動所致。通常這個效應很小，只有離太陽很近的星才有可能觀測得到。哈雷參考古希臘的記載後發現，天狼星在1800年內向南偏移至少30角秒。這真是了不起的成就。

〰️ 慧星回來了

1742年，哈雷坐在天文台的椅子上，他違背醫師囑咐喝下一杯酒後，安詳離世，享壽八十六歲。他被葬在倫敦東南的聖瑪格麗特教堂。但是哈雷的名聲在十六年後再次回到人間。

1758年12月25日，德國的一位農夫兼業餘天文學家約翰·帕利奇（Johann Georg Palitzsch）觀測到之前哈雷預測會在1758年再度回來的彗星，證明了哈雷的預測是正確的。不過慧星受到木星和土星攝動的影響延遲了618天，直到1759年3月13日才通過近日點。

三位法國數學家亞歷克西斯·克萊羅（Alexis Clairaut）、傑羅姆·拉朗德（Joseph Lalande）和妮可-雷訥·勒波特（Nicole-Reined Lepaute）組成的小組事先就算出這個效果，但他們預測的日期是4月13日，比實際通過近日點的時間晚了一個月。彗星回歸的確認是牛頓天體物理學最早成功的預測。

1759年，法國天文學家拉凱葉（Nicolas-Louis de Lacaille）將這顆彗星命名為「哈雷彗星」，以此紀念愛德蒙·哈雷的功勳。

注釋

① 北半球與南半球能看到的星空區域不同,古文明多集中在北半球,所以傳統星表多是描繪北半球的星空。

② 只局限在圓軌道的話,可以輕而易舉地證明重力與距離平方成反比,但是行星軌道是橢圓,而圓只是橢圓的特例。

③ 牛頓曾研究過行星運動,據他自己自述,他推算出月球繞地周期,然而他因為沒有辦法證明可以將星球當作質點而沒有發表。後來的《原理》一書證明中了反平方力可以用質心取代物體。

④ 伊斯梅爾·布里阿德(Ismaël Bullialdus,1605~1694)是法國天文學家,日心說的支持者,著有《*Astronomia Philolaica*》(1645)。喬瓦尼·阿方索·博雷利(Giovanni Alfonso Borelli,1608~1679)是義大利文藝復興時期的生理學家、物理學家和數學家。

⑤ 季風(又稱季候風)是週期性的風,隨著季節變化。古時代阿拉伯商人利用風向的季節變化特點從事航海活動,當時人們對盛行此地的季風已有一定的感性認識。17 世紀後期,隨著歐洲商人在這一地區航海活動的增加,人們對季風的觀察更為細緻,從而加深了對季風的認識。17 世紀後期愛德蒙·哈雷首先提出海陸間熱力環流的季風成因理論。信風則是指的是在低空從亞熱帶高壓帶吹向赤道低壓帶的風,北半球吹的是東北信風,而南半球吹的是東南信風。信風年年反覆穩定出現,猶如潮汐有信,因此稱為「信風」

⑥ Hipparchus of Nicaea,古希臘天文學家。公元前 134 年,他繪製出包含 1025 顆恆星的星圖,並創立星等的概念,亦發現了歲差現象。

英法天文台的子午線之爭

　　格林威治皇家天文台（Royal Observatory, Greenwich）大名鼎鼎，因為本初子午線（Prime meridian），即0度經線，就是通過格林威治天文台的那條經線。筆者曾在倫敦國會大廈旁搭渡輪沿泰晤士河到格林威治，沿途可以飽覽景致。原則上任何一條經線都可以被定為本初子午線，為了決定子午線，英國與法國就交手一次了。

　　1634年，法國路易十三的宰相黎胥留樞機主教決定用穿過耶羅島（Isla del Meridiano）[1]的子午線在地圖上定位，因為耶羅島在當時被視為舊大陸的最西端。早在公元二世紀，托勒密就考慮把本初子午線定在那裡，這樣地圖上就可以只用正數來表達經度。而巴黎剛好在耶羅島東方19度55分。後來法國地理學家紀堯姆·德利勒[2]把子午線挪了20度，巴黎經度就變成了本初子午線。既然如此，那為什麼子午線又會改到格林威治去呢？

　　1674年，第三次英荷戰爭後，軍械署測量總監喬納斯·摩爾爵士（Sir Jonas Moore）向英王查爾斯二世建議建造天文台，致力於校正天體運動的星表，以便能正確的定出經度，使船隻能準確定位。查爾斯二世雖然以情婦眾多而留名青史，但他還是相當重視當時英國的命脈——航海。所以他決定在泰晤士河畔的格林威治村蓋一座天文台，同時任命首屈一指的天文學家約翰·弗蘭斯蒂德擔任天文台的台長兼皇家天文學家。天文台由軍械署負責建造，摩爾爵士還自掏腰包為天文台添購關鍵的儀器設備。

天文台在負責建造聖保羅大教堂的維恩爵士以及羅伯特・虎克的設計下，成為英國第一棟為了特殊科學目地而蓋成的設施。不過因為它偏離了真北的方位13度，這讓弗蘭斯蒂德相當不爽。

格林威治子午線最早是由第二任的皇家天文學愛德蒙・哈雷選在天文台的西北角。後來1851年英國的第七任皇家天文學家喬治・艾里（George Airy）在原本的子午線東邊約四十二公尺處設置了中星儀[3]，並當做格林威治子午線。

1884年，美國華盛頓特區舉行的國際本初子午線大會上，來自25個國家41位代表，共同決定世界通用的子午線。由於當時全世界大部分船隻都已使用格林威治子午線當作參考的子午線，縱使法國代表一再主張使用巴黎子午線，眼見大勢已去，法國代表只好在投票時含恨棄權，從此格林威治的子午線成了全球通用的子午線。但是在1911年之前，法國仍然以巴黎子午線作為經度起點，看得出來，法國人輸得並不甘心。

弗蘭斯蒂德的星表

格林威治天文台的威望，並非單單只是由於英國長期海上霸主的地位，歷任皇家天文學家在科學史上也都是名號響叮噹的人人物。首任的皇家天文學家弗蘭斯蒂德畢一生之力完成的「星表」乃是當代一大盛事，其中記錄了2935顆星，這個數目是之前號稱最完備的「第谷星表」的三倍。不止如此，每顆星的位置更是前所未有地準確。但是由於弗蘭斯蒂德是個完美主義者，所以他生前遲遲不願正式出版他的星表，《不列顛天球歷史》（*Historia Coelestis Britannica*）是在他死後六年由他的遺孀替他出版。1729年，在約瑟・克里斯韋特（Joseph Crosthwait）與亞伯拉罕・夏普（Abraham Sharp）的協助下，他的遺孀又將他的《天球圖譜》（*Atlas Coelestis*）出版。

弗蘭斯蒂德最著名的事跡莫過於他與牛頓之間的過節：1680年11月，

全歐洲連白天都看得到一顆向太陽飛去的慧星，到了12月又看到一顆遠離太陽的慧星。弗蘭斯蒂德在細心研究後，於隔年春天提出這是同一顆慧星。當時的牛頓不遺餘力地反對，雖然後來牛頓了解慧星有可能遵循與行星相仿的橢圓軌道來運行，但牛頓從頭到尾都沒提到弗蘭斯蒂德，彷彿一切都是自己的功勞。更令弗蘭斯蒂德光火的是，他的助手哈雷竟然將這些資料洩露給牛頓。到了1712年，成為皇家學會主席的牛頓居然再次跟哈雷狼狽為奸取得了弗蘭斯蒂德的星表，還將以印行！弗蘭斯蒂德氣壞了，他自掏腰包買回發行了四百本的星表（實際只買到三百本），然後一把火給燒了。威爾・杜蘭在《世界文明史》中提到這件事如此描述著：「這位惱怒的天文學家怒氣上沖天庭，連星星也為之震動！」

∿ 光行差與地球的章動

諷刺的是，接續弗蘭斯蒂德擔任皇家天文學家的正是哈雷。而接續哈雷的是詹姆斯・布拉德利（James Bradley）。他雖然不像哈雷那樣有名，然而他的兩大發現都是值得大書特書的成就：一是他擔任皇家天文學家之前測量到光行差，二是他在格林威治天文台確定地球的章動。

1722年，布拉德利與薩繆爾・莫利紐茲（Samuel Molyneux）試圖觀測天龍座 γ 星（Gamma Draconis）的視差。照理說天龍座 γ 星應該在12月位於最南的位置，6月位於最北的位置。而布拉德利卻發現大龍座 γ 星卻在3月位於最南，9月位於最北。直到1728年，他才赫然領悟到這種現象是由光行差所造成的。布拉德利是乘船在泰晤士河上時，發現風向沒有發生變化，但船上的旗子卻改變了方向而得到啟發。旗子之所以改變方向是由於船的行進方向與速度改變所致，而光行差則是因為天龍座 γ 星發出的光與地球在軌道上運動的垂直方向的相對運動所產生的。簡單計算後，布拉德利發現觀測結果與計算相符。

視差是指由於地球的公轉造成地球位置改變，使得同一顆星被觀測到的相對位置也產生改變的效應。

　　布拉德利長期間的觀測地軸章動，時間超過了一個月球交點退行的周期（6798天）。一直等到1748年，他才發表報告，確定地軸的章動，而且確定章動有與月球交點回歸同樣的周期。地軸的章動指的是，地軸在進動時的一種運動，使自轉軸在方向的改變中出現如「點頭」般的搖晃現象。

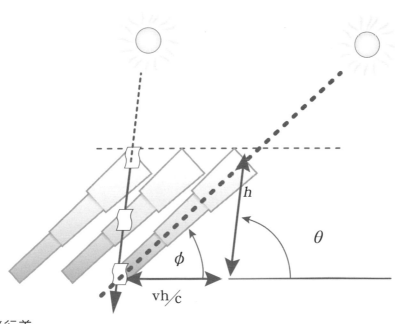

光行差

光行差（或稱為天文光行差、恆星光行差）是指運動的觀測者觀察到光的方向與靜止的觀測者觀察到的方向不一樣的現象。光行差本質是由於光速有限以及光源與觀察者存在相對運動造成的，類似於運動中的雨滴：下雨的時候，站在原地不動的人感覺到雨滴是從正上方落下的，而向前走的人感覺雨滴是從前方傾斜落下的，因此需要把傘微微向前傾斜。走得愈快，傘傾斜得愈厲害。地球的公轉速度約為 30 公里／秒，光速為 30 萬公里／秒，由此可以估算出光行差帶來的角度變化最大值約為 20.49551 角秒。

這會使得歲差的速度會因時而變。

同年布拉德利獲得科普利獎章（Copley Medal）。科普利獎章是英國皇家學會每年頒發的科學獎章，以獎勵「在任何科學分支上的傑出成就」。從第七任皇家天文學家艾里之後，每一任皇家天文學家都受封爵士，除了現任的皇家天文學家馬丁・約翰・里茲（Martin John Rees），他在2005年受封成為男爵。

〰️ 塞納河畔的巴黎天文台

比起格林威治天文台，巴黎天文台的名聲就沒那麼響亮。但論起在科學史的地位，巴黎天文台可是不遑多讓，這裡印製了世界第一部天文年曆，也發行了第一份氣象圖。船員可以用天文年曆的木星衛星蝕的表幫助船舶測定經度。1913年，巴黎天文台還曾經利用艾菲爾鐵塔做天線，接收美國海軍天文台發出的無線電信號，精確測定了兩地的經度差。

巴黎天文台還是國際時間局的所在地，主要的工作是收集、處理各地天文台對世界時和經緯度測量的結果，提供國際原子時和協調世界時的服務。直到其工作由國際度量衡局（BIPM）和國際地球自轉和參考座標系統服務（IERS）接管，國際時間局才於1987年解散。

巴黎天文台是法國國王路易十四聽從海軍國務大臣讓-巴普蒂斯特・柯爾貝爾（Jean-Baptiste Colbert）建議於1667年開始建造，1671年完工，比格林威治天文台還早了四年。建造的目的主要是為了繪製更精確的星表以及航海圖。柯爾貝爾是法國殖民事業的幕後推手，主導成立了法國東印度公司和法國西印度公司等貿易特許公司。成立天文台當然也是其海外殖民事業的一環，但與格林威治不同的是，巴黎天文台一開始是開放給1666年剛成立的法蘭西科學院（Académie des sciences）的所有成員使用。它不僅用來從事天文觀測，也是科學院從事其他活動的場地，內設會議室、化學實驗室，以及存放所有自然史物種標本的空間。因此巴黎天文

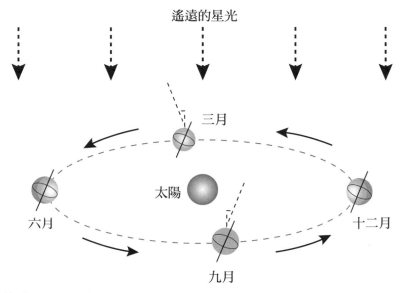

遙遠的星光

三月

太陽

六月

九月

十二月

天龍座 γ 星觀測圖

表示在三月時，垂直於黃道面的遠方星光會因光行差而使星光來源看起來似乎向南偏達最大值，而在九月時則北偏達最大值。十二月及六月，光行差則使光源看起來向東西偏。這解釋了天龍座 γ 星觀測的結果。

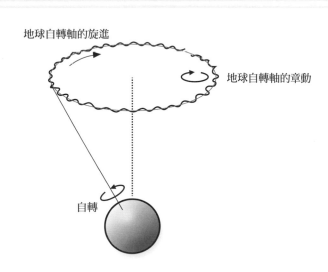

地球自轉軸的旋進

地球自轉軸的章動

自轉

地軸章動

台象徵了法國王室對科學的支持。

　　藉著建造這座坐落在塞納河畔的宏偉新天文台，路易十四邀到了當時最優秀的歐陸天文學家，包含來自尼德蘭的海更斯（Christiaan Huygens）、丹麥的奧勒‧羅默（Ole Rømer）以及義大利的卡西尼（Giovanni Domenico Cassini）。其中卡西尼不僅終老於巴黎，成為天文台的實質領導人物，更開創了法國天文學界的所謂「卡西尼王朝」，祖孫四代都成為法國天文學界的要角。

從熱那亞來的卡西尼

　　卡西尼一世出生於熱那亞共和國。1665年，他與虎克同時發現木星的大紅斑。1669年，卡西尼受法王路易十四之邀來到巴黎後，陸續發現土星的四個衛星（土衛八、土衛五、土衛四、土衛三）。

　　1672年，弗蘭斯蒂德在英國，法國天文學家讓‧里歇爾（Jean Richer）在南美洲的卡宴（Cayennes），卡西尼在巴黎，同時觀測火星衝，這個難得的國際合作得到了準確的日地距以及火星到地球的距離。到了1675年，卡西尼發現土星光環中間有一條暗縫，這就是著名的卡西尼環縫（Cassini division）。卡西尼猜測光環是由無數小顆粒構成。但直到兩個多世紀後，英國科學家馬克士威（James Clerk Maxwell）[4]才證實了卡西尼的這項猜測。

> 火星衝就是火星衝日，是指火星、地球和太陽幾乎排列成一線，地球位於太陽與火星之間。此時火星被太陽照亮的一面完全朝向地球，所以明亮而易於觀察。衝（opposition，亦稱衝日）是位置天文學的一個名詞。明確地說，當一顆行星在衝的位置時（以地球為基準的特定天體），它與太陽的黃經相差180°，即天體與太陽各在地球的兩側的天文現象。

　　卡西尼仔細觀測了月球的表面特徵八年之後，於1679年呈送一大幅月面圖給法蘭西科學院，這個圖鉅細靡遺，包含了大量的細節，在一個多世

紀內無人能望其項背。

　　1683年3月起，卡西尼開始研究黃道光，他認為黃道光是由於行星際塵埃反射太陽光引起的，而非一般人以為的大氣現象。1690年，他在觀測木星的大氣層時發現木星赤道旋轉得比兩極快，因此發現了木星的較差自轉（Differential rotation）。這一連串的成就將卡西尼一世推到事業的顛峰。

> **較差自轉**
> 指一個天體在自轉時不同部位的角速度互不相同的現象。較差自轉在大多數非固體的天體中存在，比如太陽、木星和土星的表面出現。

卡西尼王朝

　　卡西尼二世（Jacques Cassini）於1677年出生於巴黎。身為卡西尼一世之子，他十七歲就獲准加入法蘭西科學院，並延續了他父親在天文以及經緯度測量的工作。1720年，他仔細測量了敦克爾克（Dunkerque）到佩皮尼昂（Perpinyà）之間的經線弧長，並將其結果發表於《論地球的形體和大小》（*Traité de la grandeur et de la figure de la terre*）；1733~1734年間，他在巴黎二次單獨計算了經線1度間距離為57097土瓦茲[6]（111.282公里）和57061土瓦茲（111.211公里），折算出的地球半徑長度分別為3271420土瓦茲（6375.998公里）和3269297土瓦茲（6371.860公里）。

　　不幸的是，他與他的父親卡西尼一世都誤以為地球是橢長型，而非如牛頓所預測的橢扁型。他與法蘭西科學院的莫佩爾蒂（Pierre Louis Moreau de Maupertuis）為此爭鋒相對。但是隨後皮耶·布蓋（Pierre Bouguer）和夏勒-瑪西·德·拉·公達敏（Charles-Marie La Condamine）在南美洲的測量，以及莫佩爾蒂在北歐的拉普蘭（Lapland）的測量，都證明了地球的確是橢扁型的，卡西尼家族慘敗。

　　卡西尼三世（César-François Cassini de Thury）是卡西尼二世的次

子。他二十一歲加入法蘭西科學院。1771年巴黎天文台脫離法蘭西科學院，不再是科學院的附屬組織，卡西尼三世被任命為巴黎天文台正式的台長。卡西尼三世最著名的工作是展開卡西尼計畫，詳細刻畫法國全國的地形地貌。這項計畫在他的兒子卡西尼四世（Jean-Dominique, comte de Cassini）手上完成。

法國大革命後，卡西尼四世想擴充天文台的計畫被國民公會否決，繼而在恐怖統治時期他與表弟一同被逮捕，他的表弟被送上斷頭台，他則是被天文台的員工搭救而逃過一劫。但是光輝的卡西尼王朝卻也戛然而止。卡西尼四世的兒子選擇成為植物學家，不再克紹箕裘了。

格林威治天文台與巴黎天文台都是大航海時代國家投注在天文學的努力的重要象徵。英國與法國之所以投下重金建造這些龐然大物，當然與當時激烈的海外殖民事業的競爭有密不可分的關係，然而隨著大英帝國逐漸占上風，這場以海洋為戰場的戰爭已經收場，然而英法兩國的天文學家持續地競爭著，接下來我們要介紹在十八世紀到十九世紀之間，英國與法國在天文學又各有什麼樣的發展。

注釋

1 暱稱為子午線島，是西班牙加那利群島西南部的一座火山島。

2 Guillaume Delisle，1675~1726。法國著名的製圖者，他曾繪製法國、歐洲以及美洲的地圖，他所製作的地圖以精準著稱。

3 中星儀是由一個牢牢固定在地面支架上的東西向水平軸，在子午線的平面上可以自由旋轉的望遠鏡組成。中星儀是測量恆星通過其所在地的子午線，也就是過中天的事件的計時，同時也測量其距離天底的角距離的儀器。發明於17世紀，後經不斷改進。

4 以電磁方程式聞名的英國科學家。1859 年，馬克士威因論文《論土星環運動的穩定性》（*On the stability of the motion of Saturn's rings*）而獲得亞當獎（Adams prize）。他詳實而有力的論述還被當時的皇家天文學家艾里譽為他所見過的「在物理學中運用數學的範例之一」。

5 土瓦茲是法國大革命前的長度計量單位。

打破蒼穹界限的赫歇爾家族

　　巴斯是英國英格蘭西南的一座城市，從十八世紀開始，巴斯成為一個溫泉聖地，這也使巴斯城急遽擴張，成為主要的旅遊城市。英國小說家珍‧奧斯丁就曾在這裡住過，也將巴斯的形形色色寫進她的小說中。而有一件驚天動地的大發現就發生在巴斯的天空呢！更特別的還是一對業餘的天文學家兄妹所發現的。

　　他們就是發現天王星的威廉‧赫歇爾（Frederick William Herschel，1738~1822）與他的胞妹卡蘿琳‧赫歇爾（Caroline Lucretia Herschel，1750~1848）。威廉的兒子約翰‧赫歇爾（John Frederick William Herschel，1792~1871）青出於藍更勝於藍，不只在天文學，在植物學、地質學，甚至攝影術都有卓越的貢獻。他們的家族故事正足以反映出從十八世紀到十九世紀的一頁英國天文學發展史。

　　其實赫歇爾兄妹並不是英國人，而是出生在日爾曼的漢諾威選帝侯國。1714年英國女王安妮駕崩，沒有後嗣，依照國會在1701年通過的法案，漢諾威選侯繼承了英國王位，變成喬治一世。他是英國漢諾威王室的第一位國王，同時身兼漢諾威選帝侯。當時威廉的父親以撒（Isaac）是漢諾威軍樂隊的雙簧管手，而威廉跟他的哥哥雅各也都在軍樂隊裡任職。七年戰爭時法軍佔領了漢諾威，十九歲的威廉與哥哥一起逃到英國。威廉是個聰明小伙子，一下子英文就講得嚇嚇叫。為了謀生方便，他還把名字從德式的腓德利克‧威赫姆‧赫歇爾（Friedrich Wilhelm Herschel）改成英

式的腓德利克‧威廉‧赫歇爾（Frederick William Herschel）。

　　威廉在各地的管弦樂團流浪了一陣子之後，1766年他終於落腳在巴斯，擔任密爾生街上八角禮拜堂的管風琴師，並負責當地長年不斷的各式音樂會活動的總監。1772年，小他十二歲的妹妹卡蘿琳也從故鄉漢諾威前來依親。卡蘿琳在十歲時得了斑疹傷寒，痊癒後身高維持在一百一十公分左右，長不高了。這對小卡蘿琳是非常大的打擊，然而她的父親還是盡量地教育她。當她到了巴斯之後，一方面幫她哥哥料理家務，同時也學習聲樂以及豎琴，後來還變成她哥哥的音樂班底。

　　現在我們很難想像一個忙碌的樂師會變身成為一個熱衷觀星的業餘天文學家。一開始的機緣是，威廉偶然購得自學成功的蘇格蘭天文學家詹姆士‧費格遜（James Ferguson）所寫的天文學，大感興趣。之後威廉結識了業餘小提琴手約翰‧米歇爾牧師（John Michel），他對地理學、光學乃至於天文學都很有研究。在耳濡目染下，威廉開始自己製造望遠鏡。據說威廉可以一天十六個小時都在磨透鏡！雖然卡蘿琳很想在音樂方面更上一層樓，無奈哥哥一心只想觀星，卡蘿琳只能當他的助手。皇天不負苦心人，當威廉把做好的望遠鏡架在自家後院時，他們兄妹的人生即將展開新的一頁，而且是他們連作夢都想不到的一頁。

〰 發現天王星

　　從1779年10月起威廉開始有系統地搜索星空。1781年3月13日，威廉在於他位於巴斯的新國王街19號自宅的庭院中觀察到一個未知的星體，一個類似盤狀的物體。在4月26日最早的報告中，他把它稱為「彗星」。在他的紀錄上寫道：「在與金牛座成90°的位置……有一個星雲樣的星或者是一顆彗星。」

　　四天之後，他接著註記道：「我找到一顆彗星或星雲狀的星，並且由他的位置變化發現是一顆彗星。」他發現這顆星體的直徑會隨著光學倍率

成比例地放大，而且在高倍率下它變得朦朧，所以它絕不是一般的恆星！當威廉將發現提交給英國皇家學會時，他還是把它當成彗星，不過卻含蓄地將它跟行星相提並論。

當威廉繼續謹慎地以彗星描述他的發現時，其他的天文學家已經另作它想了。第五任皇家天文學家內維爾·馬斯克林內（Nevil Maskelyne）在4月23日寫信給威廉：「我不知該如何稱呼它，它在接近圓形的軌道上移動很像一顆行星，而彗星是在很扁的橢圓軌道上移動。我也沒有看見彗髮或彗尾。」

當時在聖彼得堡的天文學家勒克色爾（Anders Johan Lexell）估計它到太陽的距離是地球至太陽的18倍，但是過去從來沒有觀測過任何彗星的近日點是在地球到太陽的四倍距離處以外。

柏林天文學家約翰·波德（Johann Elert Bode）描述威廉發現的星體像是「在土星軌道之外的圓形軌道上移動的恆星，可以被視為迄今仍未知，像是行星的天體。」波德最後斷定這個以圓軌道運行的天體與其說是彗星，不如說是一顆行星。

威廉告訴皇家天文學會的主席約瑟夫·班克斯（Joseph Banks）爵士：「經由歐洲最傑出的天文學家觀察顯示這顆新的星星，我很榮耀地在1781年3月指認出的是太陽系內主要的行星之一。」這可是千百年來，人類第一次發現在土星外還有新行星。九月，威廉就獲頒科普利獎章，並獲選成為英國皇家學會會員。

馬斯克林內要求威廉為新行星取名，威廉決定將它命名為「喬治之星」（Georgium Sidus），希望得到喬治三世的青睞。1782年，喬治三世終於接見威廉，並要求他移居到溫莎堡，讓皇室家族有機會使用他的望遠鏡來觀星。威廉被任命為「皇家天文家」（The King's Astronomer），年薪200英鎊（約現今的兩萬兩千八百鎊）。兩兄妹在巴斯舉行告別演出後，音樂生涯正式結束，同時也離開巴斯，搬到溫莎附近的達切特。

但是「喬治之星」這個名字並未得到普遍的認同。這一點都不意外，

當時美國獨立戰爭還如火如荼地進行著，而法國為了支持美洲殖民地與英國宣戰，西班牙與荷蘭也站在美洲殖民地這邊，所以喬治三世聲望正低。法國天文學家約瑟夫・德・拉朗德（Joseph de Lalande）甚至建議將這顆行星稱為「赫歇爾」，來榮耀它的發現者。

1782年天文學家波德主張採用希臘神話的優拉納斯（Uranus）。波德的論點是，農神（土星的英文命名由來）是宙斯（木星的英文命名由來）的父親，新的行星則應該取名為農神的父親。

波德的建議後來被廣泛地使用，最後連英國航海星曆局在1850年都換下「喬治之星」，Uranus便成為普遍接受的名字，中文的譯名就是我們熟知的「天王星」。

⋀⋀⋀ 第一位女性職業科學家

離開巴斯後，卡蘿琳繼續協助威廉觀測星象及計算數據。她早就成了威廉不可或缺的左右手。1783年，威廉送給她一支望遠鏡，讓她開始自己的天文觀測。她在1783年發現了3個星雲；1786到1797年間共發現8顆彗星，其中5顆在歷史曾被人觀測過。她在1786年8月1日發現的第一顆彗星35P/Herschel -Rigollet還是首顆被女性發現的彗星。翌年，喬治三世發薪聘用她為威廉的助手，成為史上第一位女性職業科學家！這位因病長不大的日爾曼姑娘，日後在科學界大放異彩，這樣戲劇性的人生沒有成為珍・奧斯丁小說的素材，還真有點可惜。

但是這對兄妹的親密關係終究生變。1788年，威廉迎娶寡婦瑪莉・包德溫（Mary Baldwin），卡蘿琳深受打擊就搬出去單獨居住。後來她將這段時間的日記全燒了，後人無從得知她的心路歷程。但是他們兄妹在科學上依然持續合作。

1789年，威廉花了五年建造「巨無霸」的反射望遠鏡終於完成，這個大型望遠鏡直徑四十九吋半，焦距四十呎。威廉利用它發現了土星的兩顆

衛星——密瑪斯（Mimas）及恩塞拉度斯（Enceladus）。但是這麼大的望遠鏡用起來並不方便，而且成像不夠清晰，所以沒過多久威廉又用較小的望遠鏡來觀測天象了。

1797年，威廉向英國皇家學會提交一份弗蘭斯蒂德觀測資料的索引，以及列出561顆英國星表（*British Catalogue*）中遺漏的恆星和勘誤表。威廉在他的工作生涯的後半段發現了天王星的兩顆衛星——泰坦尼阿（Titania）及奧布隆（Oberon）。不過，這些衛星要待威廉死後，才由他兒子約翰為其命名。

發現紅外線輻射

威廉還有許多重要的貢獻，他編製了一份詳盡的星雲列表與一份雙星列表。從研究恆星的自行運動，他也發現太陽系正在宇宙中移動，並指出該移動的大致方向。他研究銀河的結構，提出銀河呈圓盤狀。

1800年，他用溫度計測量太陽光譜的各個部分，結果發現在將溫度計放在光譜紅端外測溫時，溫度上升得最高，卻完全沒有顏色。於是他得出結論：太陽光中包含著處於紅光以外的不可見光線。就是今天所謂的「紅外線輻射」。

1820年，威廉協助成立倫敦天文學會，翌年他成為主席。該學會於1831年獲皇家封號，成為英國皇家天文學會。當1822年威廉以八十三高齡謝世時，這個來自漢諾威的雙簧管手已經名滿天下了。

威廉死後，心碎的卡蘿琳回到漢諾威，但她沒有放棄天文研究。1828年，她將威廉自1800年發現的二千個星雲列表整理好，同一年英國皇家天文學會頒發金獎章給她，並於1835年推選她為該會的榮譽會員。1846年，她獲普魯士國王頒發金獎章。兩年後過世，享壽九十八。威廉與卡蘿琳當年在巴斯的住所如今已經變成博物館。

〰️ 打破蒼穹界限的約翰・赫歇爾

　　威廉的兒子約翰也是很有貢獻的天文學家。與他的父親不同的是，約翰從小接受一流的教育，1813年他以劍橋數學畢業考狀元的身分從劍橋畢業。在他父親的指導下，他建造一具口徑18吋，焦距20英呎的反射望遠鏡。1821年，他就因數學方面的成就獲得了皇家學會的科普利獎章。他與天文學家紹斯（James South）一起重新審定他父親的雙星星表，這件工作使他於1825年獲得法國法蘭西學會所頒的拉蘭德獎章，以及1826年由英國皇家天文學會所頒的黃金獎章，他於1836年再次獲得此獎章。

　　1833年，約翰前往南非測量南天的恆星。兩年後，他觀測了哈雷彗星回歸。上一次觀測到哈雷彗星是1759年，之前則是1682年。前兩次哈雷彗星出現的故事都在第三篇哈雷故事中提過。

　　在南非的那段時間，除了天文學之外，約翰還蒐集當地的植物，同時對地質學產生興趣。他尤其喜愛查爾斯・萊爾（Charles Lyell）寫的地質學原理，並且服膺萊爾所主張的漸變說，即地表景觀是漸次形成的。他與他太太一共蒐集了一百三十一幅植物插圖，約翰甚至利用投影描繪器描繪植物的輪廓，不過沒耐心的他把細節全留給他太太完成。

　　1838年，約翰回到英國，7月17日受封為從男爵。1847年，他出版了《在好望角天文觀測的結果》（*Results of Astronomical Observations made at the Cape of Good Hope*）。在書中他提出土星7顆新衛星的名字。1852年，他又提出天王星4顆衛星的名字，這些名字一直沿用到現在。1864年，他把父親威廉與姑姑卡蘿琳的《星雲和星團總表》（*CN, Catalogue of Nebulae and Clusters of Stars*）擴充編成《一般星雲和星團總表》（*GC,General Catalogue of Nebulae and Clusters of Stars*）。

> CN 和 GC 是目前所使用的簡稱[1]，現在星系命名就用 NGC 再加數字來分辨。NGC 7, NGC 10, NGC 25, 和 NGC 28 這四個星系都是約翰所發現的。但是威廉發現的更多，共有六個星系[2]。

　　約翰·赫歇爾首創以「儒略紀日法」（Julian Day Number，簡稱 JDN）來記錄天象日期，在1849年出版的《天文學綱要》（*Outlines of Astronomy*）中提出這個主張。儒略日的起點訂在西元前4713年（天文學上記為4712年）1月1日格林威治時間平午（世界時12：00）。約翰還曾經建議取消每逢四千年的閏日，如此一來一年的長度會從365.2425日變成365.24225日，比起平均回歸年365.24219日更精確。不過這個提議沒有被接受，因為當時大家取得是地球從春分點回到春分點的分點年（現值 365.242374日）。

　　除了天文學之外，約翰對攝影術的發展也有很大的貢獻。1819年，他發現了硫代硫酸鈉（sodium thiosulfate）作為鹵化銀（silver halides）的溶劑。對於爾後達蓋爾和托爾伯特的攝影發明有重大貢獻。

　　1839年，他在玻璃上做了一張現今依然存在的照片，且實驗了一些攝影色彩的再現（color reproduction）研究。他發現在光譜上的不同光線，會在感光劑上留下不同的顏色。赫歇爾甚至使用蔬果汁做為攝影的感光乳膠，他稱這種方法為蔬菜攝影法（phytotypes）。他還根據鉑鹽的感光特性，發現了鉑鹽的攝影法，雖然最後這個方法由威廉·威利斯（William Willis）完成。而攝影（photography）、正片（positive）、負片（negative）快照（snapshot）等詞彙都是約翰所發明。他也是今日藍曬（blueprint）[3]的先驅者。

　　約翰於1871年在肯特的自宅過世，享壽七十九。為了紀念約翰對科學的貢獻，英國為他舉行了國葬，葬於西敏寺。對這個從漢諾威來的家族，是倍受哀榮。正如同刻在西敏寺的威廉·赫歇爾的紀念石的銘文：

　　「他打破了蒼穹的界限」

　　赫歇爾兄妹、赫歇爾父子，三人絕對無愧於這樣的美譽。

注釋

① 是由約翰·路易·埃米爾·德雷耳（John Louis Emil Dreyer）編輯的星雲和星團新總表（NGC，New General Catalogue）的前身。

② NGC 12, NGC 13, NGC 14, NGC 16, NGC 23, NGC 24。

③ 藍曬在當時是一種有效率而且極為穩定的製圖方式，後來被銀鹽技術與印刷工藝取代。這種方式不僅成本低廉，還具備了易於操作、製作時程短、系統穩定、保存期長等優點。作法是將檸檬酸鐵銨與鐵氰化鉀溶液混合作用之後的鐵離子，將其曝曬於紫外線中進行，曝曬到的部分產生了有階調性的普魯士藍，未曝曬的部分則無變化，用清水洗去無變化部分的藥劑，即反轉了底片上的影像於相紙中。

天體力學的先驅
巴宜與拉普拉斯

天體力學的先驅讓‧西爾萬‧巴宜（Jean Sylvain Bailly，1736~1793）生於繪畫世家，父親和祖父都是畫家，然而他在巴黎大學的馬薩林學院（Mazarin College）遇到尼可拉‧路易‧德‧拉凱葉（Nicolas Louis de La Caille，1713~1762）之後，在他的啟發下，巴宜決定投身於科學研究。

拉凱葉是當時首屈一指的法國天文學家。原本是神職人員的拉凱葉，因卡西尼二世的贊助而獲得了工作，並且專注於科學。拉凱葉首先從南特到巴約納（Bayonne）的沿海勘測，後來在1739年，他與卡西尼三世一同重新測量子午線的法國弧。他花了兩年的時間，用自己的技巧成功修正了卡西尼二世在1718年出版的結果。因此法國市鎮朱維西（Juvisy-sur-Orge）頒給他一個金字塔型的獎碑，他也因此進入學術界，在馬薩林學院擔任數學教授。在那裡，他還蓋了一座小天文台，讓自己可以隨時觀測星象。

拉凱葉心胸寬闊，當他得知英國天文學家布拉德利（James Bradley）發表地球章動的論文後，他依此修正他的天文紀錄，此舉讓他的法國同行非常不以為然。他最著名的功績就是在1750年前往好望角，觀測月球和太陽位差（以火星作為中介）、子午線的南非弧和一萬個南天的星星。他紀錄的質與量都超越了哈雷[1]。1754年，他返回馬薩林學院繼續教書，一邊編纂星表。化學家拉瓦錫（Antoine-Laurent de Lavoisier）是巴宜在馬

薩林學院的同學，雖然拉瓦錫比巴宜年輕七歲，但是拉瓦錫十一歲就入學了，兩人都受教於拉凱葉。

1758年，哈雷慧星照著愛德蒙・哈雷的預測出現時，巴宜不僅跟著大家爭睹慧星的風采，也開始他生平第一次的天文計算。彗星回歸的確認，是牛頓天體物理學最早成功的預測。而正是巴宜的恩師拉凱葉將這顆彗星命名為「哈雷彗星」。巴宜的表現相當傑出，在1763年僅二十七歲就成為法蘭西科學院的成員。

接下來巴宜埋頭苦算的對象是木星的四顆衛星。其實木星有六十七顆衛星，但在當時只知道在1610年伽利略發現的那四顆伽利略衛星[2]。研究木星的衛星在當時可是相當熱門的題目，因為用低倍率望遠鏡就可觀測到這四個衛星，甚至可用肉眼勉強看到木衛三和木衛四。所以如果能夠精確預測它們的行動，特別是它們發生食（也就是被木星擋住看不到的時候）的時間製造成表，水手們就可透過觀察這些現象來決定經度。怎麼做呢？只要比較當地的時間，再對照木星衛星的表（這些表是以特定時區的時間來編排，像是格林威治時間或巴黎子午線的時間）就可以得知自己所在地區與表上時區的經度差了。

巴宜利用牛頓重力理論研究木星衛星的軌道，1766年將他的結果出版《木星衛星的理論》（*Essai sur la théorie des satellites de Jupiter*）。1771年，他更一步完成《木星衛星的觀測不等式》（*Sur les inégalités de la lumière des satellites de Jupiter*），這是最早關於衛星的大體力學的計算書。

之後巴宜的興趣逐漸由科學轉到歷史。1775年，他出版《古代天文學史》（*Histoire de l'astronomie ancienne, depuis son origine jusqu'à l'établissement de l'école d'Alexandrie*），七年後他再接再厲，出版《現代天文史》（*Histoire de l'astronomie moderne depuis la fondation de l'école d'Alexandrie jusqu'à l'époque de MDCCXXX*）。之前他已經陸陸續續寫了包括「智王」查理五世（Charles V le Sage）、劇作家莫里哀、高乃伊以

及萊布尼茲等人，還有他的恩師拉凱葉的傳記。由於這些成就使他在1784年成為只有四十個名額的法蘭西學術院院士之一，隔年還成為法蘭西文學院（Académie des Inscriptions et Belles-Lettres）的院士。這是自1757年芳登涅爾（Bernard Le Bovier de Fontenelle）過世後再一次出現的「三重院士」。巴宜並沒有因此自滿，他在1787年又出版《古印度與古中國的天文學》（*Histoire de l'astronomie indienne et orientalc, ouvrage qui peut servir de suite à l'Histoire de l'astronomie ancienne*）。但是他沒想到，他當學者的日子已經屈指可數了。

〜〜 拉普拉斯定理與拉普拉斯方程式

就當巴宜逐漸將重心由天體運動的計算轉移到科學史的寫作上時，新一代的天體力學大師拉普拉斯（Pierre-Simon, marquis de Laplace，1749~1827）慢慢浮上舞台。拉普拉斯年輕時就顯示出卓越的數學才能，十八歲時決定從事數學工作，於是離家遠赴巴黎去找當時法國著名學者達朗貝爾（Jean le Rond d'Alembert）但遭到對方的白眼冷遇。拉普拉斯不放棄，又寄了一篇力學方面的論文給達朗貝爾，這篇出色至極的論文讓達朗貝爾對他刮目相看，甚至推薦他到軍事學校（École Militaire）教書。

這段故事還有另一種版本：達朗貝爾給拉普拉斯一本很厚的數學書，要他讀完再來，沒過幾天拉普拉斯就來說讀完了，一開始達朗貝爾很不高興以為拉普拉斯在騙他，經過一番質問之後他才發現拉普拉斯真的完全讀懂了這本厚厚的數學書。不管哪個版本才對，總之達朗貝爾讓拉普拉斯找到教職是不爭的事實。

拉普拉斯終其一生都將精力集中在太陽系天體攝動，以及太陽系的普遍穩定性問題。他把牛頓的萬有引力定律應用到整個太陽系，1773年解決了一個當時著名的難題：木星軌道為什麼在不斷地收縮，而同時土星的軌道又在不斷地膨脹。拉普拉斯的計算展開到偏心率和傾角的3次冪，他證

明了行星平均運動的不變性,這就是著名的「拉普拉斯定理」。

1784～1785年,他發現天體對其外任一質點的引力分量可以用一個勢函數來表示,這個勢函數滿足一個偏微分方程,即著名的「拉普拉斯方程式」。

1786年,他又證明行星軌道的偏心率和傾角總保持恆定,而且還能自動調整,意即攝動效應是守恆而且還是周期性的,即不會積累,也不會消解。1787年,他發現月球的加速度同地球軌道的偏心率有關。

這些成果都集結在他的著作《宇宙體系論》(*Exposition du système du monde*),但書中卻沒有提供計算的細節。然而他優雅的文筆仍為他贏得法蘭西學院的院士,這本書甚至還被視為法國文學的鉅著。在這部書中,他獨立於康德(Immanuel Kant),提出了第一個科學的太陽系起源理論——星雲說。康德的星雲說是從哲學角度提出的,而拉普拉斯則從數學、力學角度充實了星雲說,因此,人們常常把他們兩人的星雲說稱為「康德-拉普拉斯星雲說」。

〰 大衛的畫作:網球場宣誓

1789年春天,巴宜參加選舉成為巴黎第三階級的領袖之一。6月20日,巴黎代表們來到議會開會時,居然吃了閉門羹,原來議場被國王派人給封了!氣炸的代表們推選巴宜為主席,就在會場附近的室內網球場集會,一同宣誓,不造憲法,誓不解散。就這樣巴宜被革命的風潮推到最前線。

巴宜帶頭宣誓,全場577位代表中除了一位來自卡斯泰爾諾達里(Castelnaudary)的代表外,全數都簽署了這個誓言。這石破天驚的一幕後來被大畫家賈克-路易‧大衛(Jacques- Louis David)畫成素描以及油畫。畫中巴宜站在中央的高臺上,右手高舉,左手拿著誓詞;其他人紛紛伸出右臂向他致敬。無疑的,這是巴宜一生榮耀的頂點。

　　但是巴宜缺乏在不同陣營折衝樽俎的能耐，心力交瘁之餘，他在7月2日辭去國民議會主席一職。但是革命的風暴還是在十二天後爆發，被視為舊政權象徵的巴士底監獄被憤怒的民眾攻破。這一天（7月14日）後來也成為法國國慶日。隔天巴宜就被新成立的巴黎市政府任命為市長。而參加過美國獨立戰爭的拉法葉將軍則被任命為巴黎國民衛隊的指揮官。7月17日國王來到巴黎市政府廳時，巴宜與拉法葉將軍一同接待國王，巴宜並獻上三色旗。當時巴宜意氣風發，但是誰能料到兩年之後，他與拉法葉兩人都從雲端掉到谷底呢！

∿ 練兵場慘案

　　短短的五個月後，政局急轉直下，路易十六覺得局勢愈來愈岌岌可危，最後下定決心打算逃到奧地利。1791年6月20日，路易十六與皇室喬裝出逃失敗，引發了軒然大波。國民制憲議會考量歐洲各國可能的干預，宣稱路易十六是被挾持的，而做出無罪的判決。這個白目的說法激怒了群眾，7月17日激進的人權與民權之友會組織群眾到練兵場示威遊行，約六千人在請願書上簽字，旁觀者約有五萬人。由於局勢非常緊張，到了傍晚，市長巴宜宣布實施戒嚴。拉法葉帶領士兵來到練兵場。在雙方劍拔弩張的態勢下，衛隊沒有等待市長下令便向群眾開槍，造成約五十人死亡，史稱「練兵場慘案」。巴宜與拉法葉成了眾矢之的，雙雙辭職。

　　隔年，拉法葉逃離法國。而巴宜也退出政壇，搬到南特，專心撰寫回憶錄。然而激進派可不打算就此罷休，革命如火如荼地進行著，路易十六被處死後，巴宜帶著妻子準備到默倫（Melun）投奔老朋友拉普拉斯。然而敵人早在默倫等他上鉤，情急之下拉普拉斯夫人捎了一封信給巴宜夫人，說為他們準備的房子壞了，沒法住人；暗示他們，默倫也不安全了。但巴宜夫婦還是來到了默倫，拉普拉斯夫人以為他們沒讀出信中的弦外之音，大為焦急。

巴宜只淡淡地說：「我只是想在自己的家被捕，我不想被逮捕時連個地址都沒有。」

巴宜最後被帶到革命法庭，草草審訊後被判死刑。11月12日，一個寒冷的冬日，革命政府特地在練兵場裡搭了一個斷頭台，讓巴宜在天寒地凍下被周遭的圍觀群眾侮辱謾罵。一個傢伙看到巴宜還故意大聲地叫著：

「你在發抖喔？巴宜！」

巴宜不急不徐地回答道：「是的。不過這只是因為寒冷。」

他就走上斷頭臺，鋼刀落下，身首異處。台下卻歡聲雷動。

相較於巴宜，同樣也是潛心研究科學的拉普拉斯就幸運多了。拉普拉斯在接下來詭譎多變的法國政局下倖存，最後還受封侯爵，與慘死刀下的巴宜的遭遇有著天壤之別。

當拉普拉斯被拿破崙任命為內政部長時，他的第一道命令就是發給巴宜的遺孀一筆豐厚的年金。拉普拉斯夫人親自搭馬車將年金送到巴宜遺孀的住處，巴宜夫人早在窗邊等著。

法國大革命捲走多少英雄好漢，巴宜夫人與拉普拉斯夫婦的這段情誼，好比暗夜中看到一盞小燈，微微的燈光提醒著我們，沒有比友情更珍貴的東西了。

〰 法國的牛頓

《天體力學》（*Traité de mécanique céleste*）是拉普拉斯灌注一生心血的鉅著，由於這部巨著的出版，拉普拉斯被譽為法國的牛頓。

《天體力學》5卷16冊陸續在1799～1825年出版。1799年出版1~2卷，主要論述行星運動、行星形狀和潮汐。1802年出版第3卷，論攝動理論。1805年出版第4卷，論木星四顆衛星的運動及三體問題的特殊解。1825年出版第5卷，補充前幾卷的內容。

在這部著作中，拉普拉斯第一次提出「天體力學」這一名詞。他不僅將牛頓的重力學說以成熟的微積分來呈現，而且他也解決了連牛頓都無法解決的難題。雖然牛頓在考慮太陽與一顆行星的情況下，由萬有引力定律推導出克卜勒三大定律，然而若是再考慮行星間的引力，則連牛頓都認為太陽系無法維持穩定的運動而需要神祕的「上帝的攝理」。然而拉普拉斯用他優異的數學能力證明了「上帝的攝理」完全沒有必要。

據說，當拿破崙看到《天體力學》這部書時曾問拉普拉斯，為何在他的書中沒有提到上帝半句。

拉普拉斯明確地回答：「陛下，我不需要那個假設。」

拉普拉斯的助手說，拉普拉斯在寫《天體力學》時，有時候論證太繁複或拉普拉斯本人都搞不清楚細節時，就會寫「這是顯而易見的⋯⋯」來搪塞。但最終結果卻都是正確的。

注釋

1 哈雷在 1678 年發表的南天星表只有 341 顆南天恆星。

2 木衛一和木衛二、木衛三保持著軌道共振關係：即木衛三每公轉一周，木衛二即公轉兩周、木衛一公轉四周。它的軌道十分接近正圓，離心率都相當小。

英法千年恩仇錄，
誰先發現海王星？

　　自從1781年天王星被發現後，第一個計算天王星軌道的是芬蘭（當時是瑞典王國的一部分）的天文學家安德斯·約翰·勒克色爾（Anders Johan Lexell），他是大數學家歐拉（Leonhard Euler）的關門弟子。勒克色爾發現天王星的軌道與牛頓重力理論計算的結果有所出入，當時他猜想天王星似乎是受到太陽系其他更遠方不知名星體的影響。不過當時行星之間的重力效應還無法很精確地被掌握，所以他無法更進一步探究。歐拉與勒克色爾共進午餐，正在討論天王星軌道時突感不適，幾個小時後歐拉就溘然長逝了，而勒克色爾一年後也過世了。

　　天體力學在號稱「法蘭西的牛頓」的拉普拉斯手中逐漸臻於完備，四十年後，曾擔任拉普拉斯助手的法國天文學家阿列西·布瓦爾（Alexis Bouvard）在1821年將天王星軌道的計算結果做成完整的表，加以出版。可是天王星被觀測到的位置與布瓦爾的計算結果依然不一致。當時布瓦爾不得不猜想誤差可能來自於天王星受後方某個未被人類發現的新星球吸引的效應。他在1822年成為巴黎天文台的台長，一直到1843年他過世為止。但是布瓦爾沒有展開搜索「未知新行星」的計畫。

∿ 發現海王星

　　1845年，當時法國最能計算的奧本·尚·約瑟夫·勒維耶（Urbain

Jean Joseph Le Verrier,1811~1877)開始研究這個問題。勒維耶手腳奇快,隔年的6月1日就提出第一次對「未知新行星」位置的預測。

勒維耶萬萬沒想到的是,就在一水之隔的英國,有一個他素未謀面的年輕科學家約翰‧柯西‧亞當斯(John Couch Adams)也正在研究同一個問題。亞當斯早在1843年就開始思考如何從天王星軌道的異常來反推「未知新行星」的質量與軌道。

由於巴黎天文台缺乏適當的儀器無法配合,所以勒維耶改進他的計算後,在8月31日提出第二次的預測,便將結果寄給柏林天文台的天文學家約翰‧格弗里恩‧伽勒(Johann Gottfried Galle)。勒維耶的信9月17日從巴黎發出,六天後伽勒收到信的當夜凌晨,伽勒跟他的學生羅雷爾‧路德威‧德亞瑞司特(Heinrich Louis d'Arrest)就找到新行星了!位置就在勒維耶預測的位置一度以內!伽勒馬上回信告訴勒維耶:「在你算出來的位

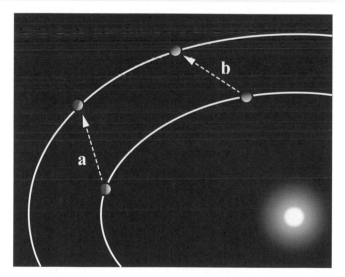

行星軌道

行星軌道會受到外側行星的影響,在 a 點行星會因外側行星的重力吸引而加速,在 b 點則會減速。

置上真的有一顆行星！」

　　大喜過望的勒維耶馬上寫信給各大天文台，並建議新行星取名為「海王星」（Neptune）'。10月15日他正式向法蘭西科學院宣布這項成就，舉國為之歡騰。

　　當時的劍橋天文台台長詹姆斯·沙利斯（James Challis）聽到這個消息，才發現自己將在8月4日與12日已經看到的「新行星」視為一般恆星，只能扼腕長嘆。而皇家天文學家兼格林威治天文台台長的艾里（George Biddell Airy）爵士正在歐洲度假，回到英國後他才發現自己已經身陷風暴，一場爭奪新行星的筆戰已經開打了。

　　艾里在歐洲的時候，天王星的發現者威廉·赫歇爾的兒子約翰·赫歇爾在周刊《雅典納姆》（Athenaeum）登出一篇文章，不僅提到柏林天文台發現新行星的消息，還提到亞當斯的計算以及沙利斯的搜尋，文中暗示勒維耶與亞當斯的工作是平行的。約翰·赫歇爾是格林威治天文台的訪客委員會的成員，還是皇家天文學會主席，身分不同於常人。所以當艾里爵士向勒維耶恭賀時，卻收到勒維耶怒氣沖沖的回信，他表示自己對亞當斯的工作一無所悉，而且他質疑為何亞當斯從來不曾發表任何相關的著作。

　　其實不止是約翰·赫歇爾，連沙利斯與格林威治大文台的詹姆斯·格萊舍（James Glaisher）也都對外投書陳述類似的內容。這讓法蘭西的學界相當不開心，甚至連「英國佬要偷咱們的新行星」這種話都說出來了。當時英法的報紙還出現諷刺畫，一場尋找新行星的科學壯舉變成兩個世仇的口誅筆伐，稱之為「海王星爭霸戰」毫不為過。

　　沙利斯在10月15日投書給《雅典納姆》，他承認在亞當斯給他的預測範圍內（有二十度之多），他的確在8月4日與12日都看到了新行星，但他疏於比較星表，沒有立即反應看到的是行星，而非恆星。所以他認為英國還是第一個「發現」新行星的國家，有資格為新行星命名，他建議把新行星命名為海洋之神（Oceanus）。其實早在10月5日法蘭西科學院開會時，巴黎天文台台長阿拉戈甚至主張把行星命名為「勒維耶」。而當事人勒維

耶雖然之前建議採用海王星（Neptuune），似乎也心中竊喜，想來有一顆
星以自己為名是難以推辭的殊榮吧。

阿拉戈甚至稱讚勒維耶說：「用筆尖發現一顆行星的男人。」

再加上原先真正的發現者伽勒主張的間努斯（Janus）[2]，一共有四個
提議的名字。最後巴黎的「經度局」（Bureau des Longitudes）決定採用
海王星，而英國皇家學會也把該年度的科普利獎章頒給勒維耶，完全沒提
到亞當斯。看來英國認輸了！嘿嘿，妙就妙在隔了兩年亞當斯還是得了科
普利獎章，得獎的理由就是海王星！而原本表示勒維耶是無可置疑的新行
星發現者的艾里爵士也改口，他在11月的皇家天文學會上公然將勒維耶與
亞當斯兩人的成就相提並論。英國人果然不容易低頭認輸！

〰️ 水星進動

八年之後，亞當斯又掀起另一場英法之爭。當年為了解釋月球的長期
加速，拉普拉斯曾有過「重力傳播速率是有限」的想法，不過當他把數字
套進去得到的速度，居然是光速的七百萬倍。這當然不對。幸虧後來拉普
拉斯在1786年發現月球繞地軌道的離心率會因攝動而改變，進而使月球的
切線速度增加。他的計算解釋了整體的效應，似乎解決了這個難題。

然而到了1854年，亞當斯重新檢查拉普拉斯的計算時，發現其中有
誤：拉普拉斯以地球軌道離心率的變化為基礎的說法，只能夠解釋約一半
的月球加速。這個發現引起英法天文學家持續數年的尖銳爭議，勒維耶馬
上反對亞當斯的做法。可是最後包括夏爾-歐仁·德勞奈（Charles-Eugène
Delaunay）等專家都接受了亞當斯的結論。

那麼另一半的月球加速是怎麼回事？後來德勞奈與美國天文學家威
廉·費雷爾（William Ferrel）各自獨立提出解答。地球自轉由於潮汐作用
而逐漸趨緩，而月球的運行速度的歷史紀錄是以地球自轉一周的日為單位
來記錄，所以造成所謂的「月球加速」。簡單地說，一日的實際長度其實

是變短了，所以相形之下，好像月球運行加速了一樣。

亞當斯因為這項成就獲頒皇家天文學會金質獎章。而兩年後勒維耶也得到同一個獎章，而頒獎人正是時任皇家天文學會主席的亞當斯。真是有緣，不是嗎？順便一提的是德勞奈是畢歐（Jean-Baptiste Biot）的學生，可以算是拉普拉斯的徒孫，而潮汐力理論也是拉普拉斯一手創立的呢。

勒維耶後來嘗試以水星進動的異常為理由，主張有一顆更靠近太陽的行星，他連名字——瓦肯星（Vulcan）——都取好了。星艦迷航記的編劇八成是學天文的。

所謂行星的進動（precession）是指行星近日點的改變。如果只考慮太陽與行星的引力，那麼行星軌道是完美的橢圓，其近日點應該是固定的。換句話說，相對於恆星的位置是不變的。但是由於太陽系中其他星體引力的影響，行星的軌道並非完美的橢圓，而行星的近日點也會逐年改變。

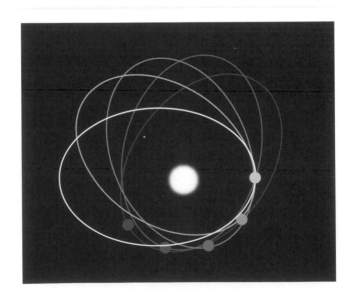

進動

行星軌道的近日點，因為受到其他行星的重力影響，會逐漸改變其位置，這個現象稱之為「進動」。

　　拉普拉斯是第一個計算這個效應的天文學家。雖然他的計算對其他行星的近日點進動都符合觀測的結果，但是水星卻差了一點，誤差是每世紀43弧秒。這件事被稱為水星進動異常。而勒維耶認為水星軌道受到更內層不知名星體的影響，就像天王星軌道受到海王星影響一樣。

　　後來在1915年水星進動異常被廣義相對論漂亮地解釋了，勒維耶的瓦肯星自然成了明日黃花。

　　勒維耶在1854年接替阿拉戈成為巴黎天文台台長，但是他人緣奇差，1870年台長一職改由德勞奈接手，但是兩年後德勞奈不幸在一場船難中罹難，所以他又回鍋當上台長，直到1877年過世為止。他真是個幸運兒！

　　至於亞當斯呢？他在1861年擔任劍橋大學天文台台長，並於1851~1853年、1874~1876年期間兩次當選英國皇家天文學會主席。

　　這場海王星爭霸戰似乎就此收場，然而1998年在智利有一位天文學家奧林‧艾根（Olin Jeuck Eggen）過世後，在他的遺物中居然出現失蹤的「海王星檔案」。這些檔案據信是艾根任職格林威治天文台時順手牽羊、據為己有。經研究後，英國記者科列斯左姆（Nicholas Kollerstrom）宣稱當年亞當斯的計算根本不足以讓沙利斯找到新行星。是耶，非耶，尚待澄清。科列斯左姆由於否認納粹大屠殺，在英國早已聲名狼藉，所以也許需要有人做更持平的研究。諷刺的是，後人發現約翰‧赫歇爾早在1830年就看到海王星，甚至連伽利略在1612年的記錄都可以找到海王星的蹤跡！

　　只是無人識得這顆八星等的黯淡小星，居然是咱們太陽系的手足。直到1989年美國太空總署發射的旅行家二號飛越海王星，我們才第一次近距離看到這顆外觀是藍色的美麗星球，相較於世間無謂的喧囂爭吵，海王星要美麗許多，您說是嗎？

注釋

① 以希臘神話的海神普賽頓（Poseidon）手上的三叉戟為象徵符號。

② 羅馬的雙面門神，因為「新行星」守在太陽系的門口。

里斯本大地震，
震出一頁新文明史

　　生長在臺灣的我們對地震向來不陌生，歷史上哪一次地震對人類文明影響最大呢？恐怕非1755年里斯本大地震莫屬，那一次的地震不僅差點震垮葡萄牙這個老牌的殖民帝國，引發了最早的地震學研究，更讓方興未艾的啟蒙運動得到一個施力點，撼動西歐傳統宗教道德合一的傳統。特別是這場大地震深深地吸引了一位年輕普魯士學者的目光，我們依稀可以在幾十年後他精心完成的哲學體系中聽到這場大地震的餘音。

　　1755年11月1日早上9點40分左右，一場劇烈的搖晃持續了3~6分鐘，許多房屋應聲而倒。這天是天主教的諸聖日，所有的信徒必須到教會參加彌撒，所以當天教堂裡擠滿了信徒。這場驚天地動里斯本市中心被震出了一條約五公尺寬的巨大裂縫，但可怕的災難尚未結束。大地震後約四十分鐘後，接續三波的大海嘯席捲里斯本，摧毀了碼頭和市中心；禍不單行的是，地震引發的大火延續了五天才被撲滅。而整個南葡萄牙也都遭到非常嚴重的破壞，連大西洋沿岸如北非、英國、愛爾蘭都遭到海嘯的襲擊。光是里斯本的死亡人數就可能高達九萬人（當時里斯本人口約二十七萬），里斯本85%的建築物被毀，很多珍貴的資料也被大火焚毀，最可惜的莫過於達伽馬的詳細航海記錄。

　　國王若澤一世（José I）以及皇室成員在日出舉行彌撒後就離開了里斯本，逃過了一劫。被國王視之為股肱之臣的梅羅（後來受封為龐巴爾侯爵）聘請很多建築物和工程師來重建里斯本，不到一年，里斯本就恢復

了盎然生機，而這些新建物特別注重防震的設計。現在里斯本的市中心龐巴爾下城是抗震建築的最早實例之一，建築的特徵就是**龐巴爾籠（gaiola pombalina），它是一種對稱的木格框架，可以分散地震力量；此外還有高過屋頂的牆，可以遏止火災蔓延。**龐巴爾侯爵曾讓軍隊在周圍遊行，以模擬地震來測試建築物。里斯本市中心的廣場現在還矗立著若澤一世的騎馬銅像，俯瞰著重建的里斯本城。

龐巴爾侯爵是個富有科學精神的人，除了進行重建外，還照著順序，一個一個教區地進行諮詢；他的問題包括：地震持續了多久？地震後出現了多少次餘震？地震如何產生破壞？動物的表現有否不正常？水井內有什麼現象發生等。這些問題的答案現在還存放於「葡萄牙國家檔案館」（National Archive of Torre do Tombo）。藉著這些資料，現在的地震學家估計里斯本大地震的規模達到9，震央位於聖維森特角（Cabo de São Vicente）之西南偏西方約200公里的大西洋中。這算得上是現代地震學的濫觴了。

這場大地震影響的不只是葡萄牙，而是整個歐洲的知識界。對後世影響最大的首推英國的約翰‧米歇爾牧師在地震之後所寫的論文：《關於地震成因以及地震現象的觀察》（*Conjectures concerning the Cause and Observations upon the Phaenomena of Earthquakes*）[1]一文。他在這篇論文中提出地震會擴散，就像水波在池塘擴散一般，是一種波動現象。而且他還主張地震的波動在遇到地層的斷層時，波傳播的方面會隨著改變。

米歇爾甚至嘗試尋找震央，並且認定震央在大西洋，所以他懷疑地震後的海嘯是由於地震引起的。但是談論到地震的成因，他可就錯得離譜了，他認為是地殼的水與地心的火相遇形成高壓的氣體所造成的。

現代地震學直到十九世紀的愛爾蘭科學家羅伯特‧馬萊（Robert Mallet）在1862出版的《1857年拿坡里大地震：觀測地震學的第一原則》（*Great Neapolitan earthquake of 1857: the first principles of observational seismology*）才算是真正成為一門科學。

馬萊用實驗以及收集的資料推測1857年發生在義大利拿波里地震的震央在地表下九哩。地震學這個英文字「seismology」正是馬萊所創造的。

〰️ 地震波與芮氏地震規模

十九世紀末，德國物理學家埃米爾・約翰・維舍特（Emil Johann Wiechert） 發現地球表面的岩石密度和地球平均密度之間存在著一定差異，隨即提出地球有一個質量極大的鐵核的結論，他也是史上首位地球物理學教授。而他的理論被他的學生賓諾・古登堡（Beno Gutenberg）發揚

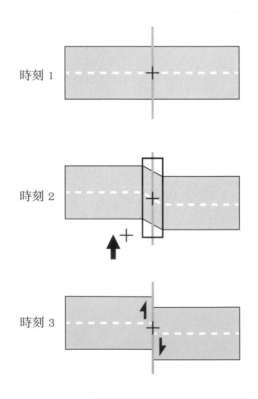

時刻 1

時刻 2

時刻 3

地震

岩體受到黑色箭頭的力，開始在黑框區域內變形累積能量，並且變形。累積能量超過岩體強度，岩體沿著箭頭方向作相對位移，釋放累積能量。

光大。古登堡在1914年提出了地球有三個分層的結論。

維舍特的另一個學生宙依皮瑞茲（Karl Bernhard Zoeppritz）提出的Zoeppritz方程式是連結P波（primary wave）與S波（次波，secondary wave）的重要關鍵。P波意指首波或是壓力波（pressure wave）。在所有地震波中，P波傳遞速度最快，因此發生地震時，P波會最早抵達測站並被地震儀記錄下來，這也是P波名稱的由來。P波的P也代表壓力（pressure），來自於其震動傳遞類似聲波，屬於縱波的一種（或疏密波），傳遞時介質的震動方向與震波能量的傳播方向平行。

S波的速度僅次於P波。S波的S也可以代表剪切波（shear wave），因為S波是一種橫波，地球內部粒子的震動方向與震波能量傳遞方向是垂直的。S波與P波不同的是，S波無法穿越外地核，所以S波的陰影區正對著地震的震源。

至於地震的成因，則是直到1906年舊金山大地震後，美國科學家哈里・菲爾丁・芮德（Henry Fielding Reid）提出彈性回跳理論（elastic-rebound theory）才有具體的答案。因為地殼為彈性體，受到應力行為時，會不斷地變形並且累積應變能量，當應變能量累積到超過岩體中弱面強度時，岩體就會沿著此弱面滑動造成地震震波。

芮氏地震規模最早則是在1935年由兩位來自美國加州理工學院的地震學家芮克特（Charles Francis Richter）和古登堡共同制定的。規模相差1，代表振幅相差10倍，而所釋出的能量則相差約32倍。人類對地震的了解隨著物理學的發展而不斷增加，但是直到今天，我們還是無法準確地預測地震。

∿ 日爾曼哲學的新典範

里斯本大地震不只讓自然科學家開始思索地震的物理成因，更在歷史上產生廣泛且深刻的影響，特別是在哲學思想層面上。自古以來，基

督教會就習慣將天災，尤其是地震，視為神對罪人的懲罰，但很諷刺的是在這一次地震中，妓院林立的紅燈區損害不大，反倒是許多宏偉的大教堂被地震、海嘯給毀了，許多虔誠的信徒彌撒中在倒塌的教堂中遇害。四年後，伏爾泰（Voltaire）寫了小說《憨第德》（*Candide, ou l'Optimisme*）便大大地嘲弄了傳統的宗教信仰，他尤其對萊布尼茨（Gottfried Wilhelm Leibniz）及他的樂觀主義，特別是萊布尼茲在著名的《神義論》（*Essais de Théodicée sur la bonté de Dieu, la liberté de l'homme et l'origine du mal*）中「世界是眾多可能的世界之中最好的，因為上帝會選擇最好的一個」的主張，毫不留情地加以挖苦訕笑。而比伏爾泰更年輕也更激進的法蘭西哲學家，如狄德羅（Denis Diderot）等人，則藉著編寫百科全書來宣揚惟物主義與無神論。

　　當時在遙遠東方有一位剛出道的年輕學者伊曼努爾・康德（Immanuel Kant）正努力地思索地震的成因，三十年後他更完成宏偉的哲學體系，取代了萊布尼茲的哲學，成為日爾曼哲學的新典範。

　　1724年，康德出生於東普魯士的柯尼斯堡（現今俄羅斯的加里寧格勒）。1740年，他進入柯尼斯堡大學就讀，很快地對自然科學產生濃厚興趣。他在邏輯與形上學教授馬丁克努特曾（Martin Knutzen）的指導下，學習傳統的萊布尼茲-吳爾夫哲學以及牛頓的力學系統。1746年，康德因父親身故而中斷學業，離開柯尼斯堡到鄉村擔任私人教師。

　　潛沉九年之後，康德於1754年回到柯尼斯堡大學。此時他的創造力如同火山爆發，他首先發表一篇討論「地球因受月球對地球引力影響自轉速率將日益趨慢」的精彩論文，接著又發表一篇「從牛頓力學來探討地質現象」的文章。隔年三月他更出版了巨著《自然通史和天體理論，或者根據牛頓定律試論整個宇宙的結構及其力學起源》（*Allgemeine Naturgeschichte und Theorie des Himmels, oder Versuch von der Verfassung und dem mechanischen Ursprunge des ganzen Weltgebäudes nach Newtonischen Grundsätzen*）。

　　康德在書中解釋太陽系如何從一團氣體雲依照牛頓力學原理產生旋轉，逐漸變成扁平狀而最終形成行星。雖然這個構想最早是由瑞典的科學家伊曼紐・斯威登堡（Emanuel Swedenborg）在1734年提出的，但卻是康德形成條理清晰的學說。

　　1796年，偉大的數學家拉普拉斯侯爵也獨自提出相同的學說，所以被稱為「康德-拉普拉斯星雲假說」。不過出版康德這本書的出版社倒了，印好的書被債主拿去抵債，最後大多被收進倉庫然後付之一炬，康德成名的機會就這樣淪為泡影。

　　1755年秋天，康德取得大學的講師資格，旋即開始授課；這是編制之外的私募教師，其薪俸由願意選課的學生負擔；他在十五年後才正式成為教授。所以當里斯本大地震發生時，熱血的新進講師康德當然沒有放過這個機會，隔年一月他就發表了一篇文章在柯尼斯堡當地的周刊上，二月更加碼出版一本篇幅更長的單行本，內容都是在討論地震的成因。他採用的是萊布尼茲死後才發表的著作《波多該亞》（*Protogaea*）中的說法，認為地震是由於地底下的「空穴」中的可燃性氣體與岩漿混合點燃爆炸造成的。

　　康德比萊布尼茲更進一步揣測這些空穴是「遠古大洋」退潮留下的痕跡。同年四月，康德又寫了一篇論文駁斥了地震是由太陽或月球對地球引力造成的說法。整體來看，當時的康德正醉心於用牛頓的力學來解釋物質世界的各樣現象，上至星辰，下至地心，都統攝在牛頓的系統之下。所以他主張地震與神意無關，更不是上帝的懲罰，只是康德是否卻步不敢回應里斯本大地震帶來關於道德與宗教的疑問呢？

　　當然不！在經過數十年的苦思後，康德接連出版了《純粹理性批判》（1781）、《實踐理性批判》（1788）和《判斷力批判》（1790），標誌著康德哲學體系的完成。在《實踐理性批判》中，康德將道德的基礎原則重新設定為「義務」。所以行為是否符合道德規範，並不取決於該行

為的後果,而是該行為的動機。在《純粹理性批判》中,康德論證了理性無法證明上帝的存在;但在《實踐理性批判》中,康德將上帝的存在當作道德的三個「實踐的設準」之一,所謂「設準」指的是一個無法證明,但為了實踐的緣故必須成立的假設。另兩個設準分別是自由意志與靈魂不朽。我們可以看得出來,這正是康德,不,毋寧說這是日爾曼啟蒙運動對三十多年前里斯本地震的回應啊!

阿文耳邊不禁響起康德的名言:「有兩件事物我愈是思考愈覺神奇,也愈充滿敬畏,那就是我頭頂上的星空與我內心的道德準則。」

下次地震時別急著逃命,想想康德吧!

注釋

1 出處一:Philosophical Transactions, li. 1760

熱愛物理的法國總統阿拉戈

　　弗朗索瓦・阿拉戈（François Arago，1786~1853）出生在法國東庇里牛斯省佩皮尼昂（Perpignan）附近的小村莊埃斯塔熱（Estagel）。阿拉戈家向來主張自由主義，支持共和政體，所以阿拉戈終其一生都是忠實的共和主義者，也是無神論者。

　　阿拉戈自小立志投身軍旅，尤其嚮往擔任砲兵。1803年底，阿拉戈如願進入巴黎高等理工學院後，卻發現那裡的教授不但不會教書，甚至連上課秩序都無法維持，讓他頗為失望。他在巴黎結識了大他五歲的西莫恩・德尼・帕松（Siméon Denis Poisson）。

決定長度基本單位

　　1804年，阿拉戈接下在巴黎天文台擔任祕書的工作，在天文台他認識了天體力學大師拉普拉斯。經由帕松的推薦，他與畢歐（Jean-Baptiste Biot）一起去測量子午線弧度，確定長度基本單位「米」（meter）。

　　為什麼決定長度基本單位需要量子午線呢？1789年法國大革命勝利後，法國科學院組織一個委員會來標準的度量衡制度，委員會提議一套新的十進位度量衡制度，並建議以通過巴黎的子午線上從地球赤道到北極點的距離的千萬分之一作為標準單位。科學院米制委員會將這項任務交給卡西尼四世、阿德里安-馬里・勒讓德（Adrien-Marie Legendre）和皮埃

爾‧梅尚（Pierre François André Méchain）。

這項任務從1792年開始，卡西尼四世被任命率領北方考察隊，但身為一名保皇派，在當得知路易十六出逃被捕後，他拒絕為革命政府服務。德朗布爾（Jean Baptiste Joseph Delambre）在1792年5月頂替卡西尼負責北方考察隊，在法國南部測量敦克爾克到羅德茲的經線長度。而皮埃爾‧梅尚則帶領南方考察隊測量從巴塞隆納到羅德茲的經線長度，但1804年梅尚在西班牙染上黃熱病過世，生性熱愛冒險的阿拉戈就接下這個艱鉅的工作。

阿拉戈和畢歐於1806年離開巴黎，沿著西班牙山脈行動。他們確定了福門特拉島（Formentera）的緯度，這是他們進行測量工作的最南端。1808年5月，拿破崙任命自己的哥哥約瑟為西班牙國王，法國與西班牙爆發戰爭，他們的測量任務成了釜中之魚。畢歐決定返回巴黎，而阿拉戈卻決定留下來，他喬裝成西班牙人繼續工作。畢歐離開之後，西班牙的反法風潮也擴散到了巴利亞利（Balearic）群島，當地居民開始懷疑阿拉戈的測量工作，特別是他在加拉佐山（Galatzo）山頂的照明設施被懷疑是為法軍入侵略作內應。

阿拉戈在1808年6月被抓，關到貝利韋爾堡壘中。7月28日，他逃出堡壘，跳到一艘漁船上後逃離群島，在海上冒險航行，8月3日抵達阿爾及爾亞。從那裡他搭上一艘往馬賽的船，但當船隻已經靠近馬賽時，卻落到一群西班牙海盜的手中。阿拉戈與其餘的船員被帶到羅薩斯（Roses），該鎮後來落在法軍手中，阿拉戈又被轉移到帕拉莫斯（Palamos）。經過三個月的監禁，他和其他人因阿爾及利亞的迪伊[1]介入而得到釋放。

幾經波折後，一行人幸運地在一位穆斯林宗教學者的帶領下，在那一年的聖誕節回到阿爾及利亞。阿拉戈在阿爾及利亞待了六個月後，法國領事伸出援手，讓阿拉戈在1809年6月21日第三次航向馬賽，這次總算順利到達。但是他還要在檢疫站忍受單調又過時的檢疫程序，之後才能回家。雖然回法國的過程一波三折，阿拉戈居然成功地保存了他的調查記錄；他

回國後的第一件事就是將他的調查記錄存放到巴黎的經度局（Bureau des Longitudes）。

1809年，阿拉戈被選為法國科學院院士，這是為了獎勵他歷經千辛萬苦地投身測量子午線的任務，當時他年僅二十三歲。同年底，阿拉戈又被母校的理事會選為解析幾何部門的主任。同時，他也被任命為巴黎天文台的天文學家之一。後來巴黎天文台就成為他一輩子的住所，他從1812~1845年在此持續主持了一系列的通俗天文學講座，都非常受到歡迎。

關於光的本質的大亂鬥

當時最熱門的話題是關於光的本質之爭。雖然英國的楊格（Thomas Young）在1801年做了干涉實驗，強烈地暗示光的波動性，但是牛頓的粒

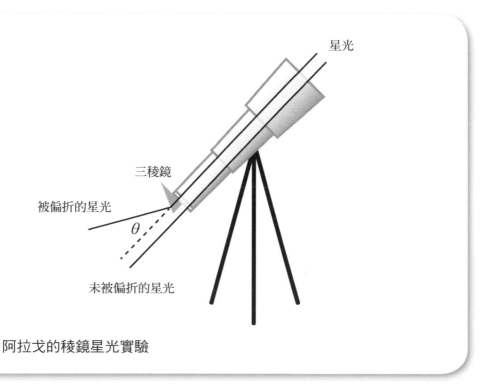

阿拉戈的稜鏡星光實驗

子說依然深植人心，甚至楊格還遭到匿名信的攻擊，讓他心寒而逐漸放棄物理。

阿拉戈從1810年開始光學研究，當時他也是光粒子說的信徒。由於稜鏡的折射率與光在玻璃內外的速度比有關，如果把稜鏡放在望遠鏡的目鏡之前，由於不同方位來的星光到達地球時，考慮到地球公轉的速度夾角不同，地表看到的光速應該不同，透過稜鏡後的折射角也應該有所不同。

奇怪的是，阿拉戈沒發現任何不同。12月10日，他在科學院發表他的結果，並且嘗試以人的視覺只能看到特定速度的「光粒子」來解釋。

迷上光學的阿拉戈開始探究光的偏振現象。1812年，他發明第一個偏振濾波器，並發現石英表現出旋轉光極化方向的力量。這是因為平面偏

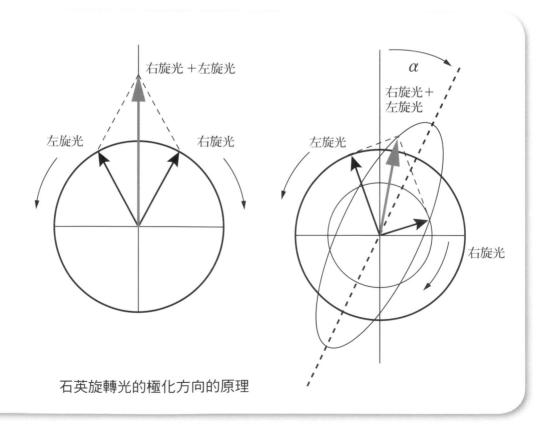

石英旋轉光的極化方向的原理

光進入石英晶體後，分裂成為左旋與右旋兩組圓偏光沿著光軸前進。到達光軸的另一端時，這兩組圓偏光又會組合成一道「平面偏光」離開。由於左旋光與右旋光在晶體內的速度不一樣，出來的平面偏光與原先進入的平面偏光，兩者的偏振方向有差異。這就是所謂的「晶體旋光特性」。1819年，他發現大彗星的尾部出現了偏振光。

當時還默默無聞的工程師菲涅爾（Augustin-Jean Fresnel）從1814年開始致力於光的本性的研究，他再度重現了楊格在1801年建立的光的雙縫干涉實驗，並用海更斯原理對這一現象作出完美的解釋。阿拉戈熱烈地支持菲涅爾的光學理論，兩人一起對光的偏振進行了一系列的實驗。他們認定以太的振動垂直於運動方向。1817年，他們發表研究成果，可以歸納成三條定律，就叫「菲涅爾–阿拉戈定律」。

∿ 帕松光斑

1817年，法蘭西學術院舉行了關於光的本性的最佳論文競賽，菲涅爾利用光波理論成功地解釋光的直線傳播規律，提出光的繞射理論的解釋，並於1818年提交論文。

菲涅耳 – 阿拉戈定律：總結偏振態之間的干涉性質的三個定律

一、兩個偏振方向正交且相干的線偏振光彼此無法干涉。
二、兩個偏振方向平行且相干的線偏振光干涉方式與自然光相同。
三、組成自然光的兩個正交線偏振光無法產生可觀察的干涉圖案，即使旋轉一個偏振光對準另一個偏振態，結果也一樣，因為兩束光非相干。

當兩個波彼此相互干涉時，因為相位的差異，會造成建設性干涉或破壞性干涉。假若兩個正弦波的相位差為常數，則這兩個波的頻率必定相同，稱這兩個波「完全相干」。

　　法蘭西科學院評委會的成員，包括阿拉戈、帕松、畢歐、拉普拉斯，都極力反對光的波動理論，而給呂薩克（Joseph Louis Gay-Lussac）則是採取中立的態度。儘管不少成員不相信菲涅爾的觀念，但最終還是被菲涅爾數學上的巨大成功及其與實驗上的一致性所折服，並授予他優勝。

　　但帕松還是不服氣，想推翻菲涅爾的觀點，就藉助於波動理論對繞射理論進行詳細地分析。他發用一個圓片作為遮擋物時，光屏的中心應出現一個亮點（或者用圓孔做實驗時，應該在光屏的中心出一個暗斑）。這令人難以相信，所以帕松把這個想法當作反對光波動說的鐵證。沒想到事情發展急轉直下，經過嚴密的數學計算後，菲涅爾發現只有當這個圓片的半徑很小時，這個亮點才比較明顯。反過來，當圓孔很小時，暗斑就變得明顯。菲涅爾和阿拉戈精心設計了一個實驗，確認這一亮斑的存在，反而證明了光波動理論的正確性。後來人們為了紀念這一極具戲劇性事實，就把繞射光斑中央出現的亮斑（或暗斑）稱為「帕松光斑」。

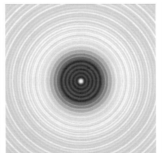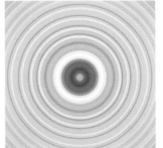

帕松光斑

在距離光盤 1 米處不同直徑（4 毫米，2 毫米，1 毫米，從左到右）的光盤的陰影中。光源的波長為 633 奈米（例如，He-Ne 激光）和圖像寬度對應於 16 毫米。

⋀⋀⋀ 渦電流

　　在1818年或1819年，阿拉戈與畢歐一起在法國、英國和蘇格蘭的海岸進行大地測量。他們測量了雷斯、蘇格蘭和設得蘭群島（Shetland Islands）的秒鐘（seconds-pendulum）的長度。1821年，他們將這些結果跟之前在西班牙的觀測結果一起發表。論文發表後，阿拉戈隨即當選經度局成員。後來阿拉戈年年為經度局的年鑑撰文，持續了大約二十二年，內容涵蓋天文學、氣象學、土木工程方面的重要科學資訊，以及一些學術院先賢的傳記等。阿拉戈還為眾多科學家立傳，包含巴宜、拉普拉斯、菲涅爾、傅立葉、瓦特等人。

> 秒鐘指的是擺長正好讓單擺的周期為兩秒的擺。由於擺的周期與當地重力加速度與擺長相關，測量擺長久等於測量當地的重力加速度。地球並非完美的球形，藉由牛頓的萬有引力定律，可以由重力加速度的值的改變來反推地球的形狀。

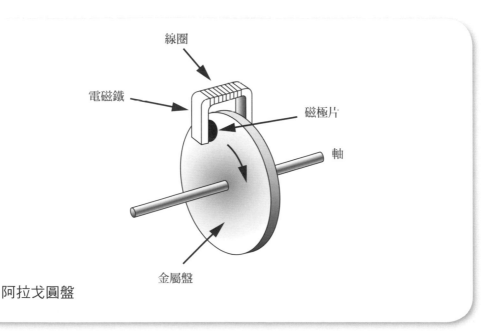

阿拉戈圓盤

　　阿拉戈作為物理學家的名聲主要來自於他發現的渦電流。如果將磁針撥到東西向，由於地磁的作用，磁針會擺回南北向，但是磁針會擺過頭，所以會來回擺動。1824年，阿拉戈發現如果將磁針下方放置不含鐵的表面（如水、玻璃、銅等）擺動的磁針在其振盪程度上會顯著下降。

　　接著他還發現讓銅盤在其自身的平面中旋轉，並將磁針自由地懸掛在盤上的樞軸上，則磁針將隨著盤旋轉。另一方面，如果磁針被固定，則傾向於延遲盤的運動。阿拉戈稱之為「旋轉磁性」，現在稱「渦電流」；這個銅盤被稱為「阿拉戈圓盤」，這個現象被稱為「阿拉戈旋轉」。這些發現後來是由法拉第的電磁感應來解釋。1825年，阿拉戈因此得到英國皇家學會的科普利獎章。

　　1855年9月，里昂‧傅科（Léon Foucault）發現：假如一個銅盤位於一個磁鐵的兩極之間，要驅動銅盤旋轉所需要的力必須加大，同時銅盤會由於金屬內引導出來的渦電流而被加熱。這個發現與阿拉戈的發現其實是同一回事，但是許多資料把功勞只歸到傅科，在此說明一下。

　　1830年，阿拉戈被選為法蘭西科學院永久祕書，接替傅立葉。阿拉戈憑著他的活力以及外交手腕，積極投入這個職務，也為他贏得國際性聲望。七月革命爆發後，他投身政壇，九月當選塞納區議員，隔年七月當選為東庇里牛斯省的國會議員。阿拉戈運用他便捷的辯才以及廣博的科學知識，致力改善公眾教育，獎勵發明並鼓勵機械實用科學。由於他的倡導，許多值得信賴的國家企業從這個時期開始，例如獎勵路易‧達蓋爾（Louis-Jacques Daguerre）發明攝影，撥款出版費馬（Pierre de Fermat）和拉普拉斯的作品，收購克魯尼（Cluny）博物館，發展鐵路和電報等。當時許多法國人對產業革命非常反感，擔心自己的飯碗會被機器搶去，但眼光遠大的阿拉戈獨排眾議大力提倡發展產業；他對法國的產業遠遠落後英國也感到憂心忡忡，所以推崇改善蒸汽機的瓦特，還為瓦特立傳。

　　阿拉戈還將擔任眾議院議員所獲得的補助資金，替巴黎天文臺增添宏偉的儀器。1834年，阿拉戈被任命為巴黎天文臺的觀測主任。他提出的直

接測量空氣中和水和玻璃中的光速的實驗。依照光的粒子說，光的速度應該隨介質中密度的增加而增加；但要是依照波動理論上，光的速度則是應該通過介質中密度的增加而減少。1838年，他向法蘭西科學院報告他的構想，這個儀器由光源、反光鏡、旋轉的遮版和一個固定在35公里外的反光鏡組成。當光源發出的光線由轉動的遮板空隙射至遠方的反射鏡被反射回來時，只有在適當的轉速下才能再穿過遮板被偵測到。

這個構想是來自1835年由查爾斯・惠斯通（Charles Wheatstone）採用的中繼鏡來測量放電速度；但由於這個實驗費時費工，再加上1848年爆發革命使得實驗中斷。但1850年春天正是萬事俱備時，阿拉戈的視力卻突然惡化而使得他無法從事實驗。但是費佐（H.L.Fizeau）和里昂・傅科在1850年分別證明了光在密度較高的介質真的比較慢。這讓阿拉戈開心極了。

1848年2月革命爆發，路易・菲利普國王（Louis-Philippe）被推翻後，阿拉戈加入臨時政府。他史無前例地被賦予了兩個重要的職位，即海

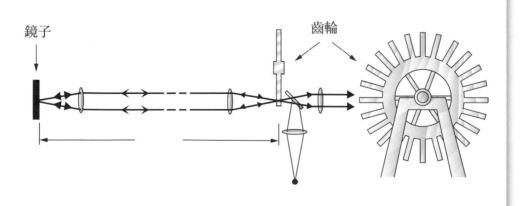

費佐與傅科的量測光速實驗

洋和殖民地部和戰爭部。阿拉戈大刀闊斧地改革，不僅改善海軍口糧，廢除鞭刑和過去各種政治性的宣誓效忠，打擊一系列不合理的特權，成功地在法國殖民地廢除奴隸制。5月10日，阿拉戈當選為法蘭西共和國的最高權力機構執行委員會的成員，被任命為行政權力委員會主席，並以國家元首身分任職直到6月24日，委員會向國家制憲大會集體辭職為止。1852年5月初，路易‧拿破崙政府要求所有公職人員宣誓效忠時，阿拉戈強烈拒絕，並辭去經度局以及天文台的職務。

　　1853年的夏天，阿拉戈打算回到比利牛斯東部的家鄉養病，但來不及出發就在巴黎過世，享壽六十七；他身後留下大量的著作，陸續出版共計十七卷。阿拉戈出身於波旁王朝，終於法蘭西第二帝國，見證了法國最動盪的一段時期，他一生熱愛共和與科學，稱得上千古風流人物吧！

注釋
① 迪伊是鄂圖曼帝國阿爾及利亞省和的黎波里省代理統治者的頭銜。

丈量日本的伊能忠敬

　　伊能忠敬（1745~1818）出生於日本上總國山邊郡小關村（現千葉縣山武郡九十九里町小關），在家排行第三，所以幼名叫三治郎。三治郎六歲時母親去世，便由外祖父母撫養他到十歲時，父親神保貞恆才將他帶回自己家。三治郎滿十八歲那年入贅下總國香取郡佐原村（現千葉縣香取市佐原）的伊能家。因伊能家的親戚平山曾僱用三治郎擔任土地改良的監工，三治郎非常稱職，平山非常欣賞他，所以先收養三治郎為養子，再讓他娶了自己的外甥女。平山還特地央請當時幕府的大學頭林鳳谷為三治郎取了「忠敬」這個名字。

　　伊能家經營釀酒、釀醬油，還經營高利貸並且參與經營利根川的水運。忠敬剛到伊能家時，家業其實面臨衰退的危機，但是忠敬秉著徹底節約的精神，除了造酒的本業之外，還在江戶設立薪問屋，並做買賣米穀的批發商，十年之間使曾經瀕臨危機的伊能家再次站起來。三治郎的商業才能可見一斑。

　　忠敬在元配過世後娶了續弦，陸續生了兩男一女。1790年續弦不幸過世了，忠敬接著娶了仙臺藩醫桑原隆朝的女兒。1794年12月，伊能忠敬五十歲時，他把家督¹讓給長子伊能景敬。隔年他的妻子因為難產過世，忠敬在眾人驚歎下作了一個改變人生的決定：他決定前往江戶，拜江戶幕府天文方的高橋至時為師，學習測量和天文觀測。

〰〰 推步先生

　　當時高橋至時已是日本天文界的第一人,但他年僅三十二歲。江戶時代深受儒家文化的長幼有序觀念的影響,一般人很難去放下身段去拜比自己年少者為師,更別說虛心學習了,由此可見忠敬實在是相當特別的人物。

　　那時高橋剛接下改革曆法的重責大任,直到1797年10月,高橋提出法新書8卷才算大功告成。高橋原先也以為忠敬只是單純為排遣退休後的時間,才來學習自己有興趣的天文,但是見忠敬每天無論日夜都很用功學習,開始以「推步先生」尊稱他。忠敬不僅學習天文學,還特別熱衷於天文觀測,他還購買不輸幕府使用的觀測儀器,像是象限儀、圭表儀、垂球儀、子午儀等。到江戶之後,他又娶了女漢詩人大崎栄為妻。

　　當寬政曆草稿完成後,高橋至時仍不滿意,他最關心的問題是,地球的直徑數值,因為這與日本各地的經緯度有關。於是忠敬提出提案:「在兩個地點觀測北極星的高度,比較這兩個仰角可以推算兩地緯度的差;再測量兩地距離,就可因此推算出圓周。」

　　這個想法並不新鮮,公元前三世紀的希臘科學家埃拉托斯特尼(Eratosthenes)早做過類似的測量,但不夠好,所以需要做新的測量。當時忠敬測量從黑江町的自家住宅到位在淺草的天文方曆局,得到粗略的數值。然而距離愈遠,誤差就會愈少。忠敬想到,如果是從江戶和遠方的蝦夷地(北海道)來測量,不知如何呢?當時,到蝦夷地需要得到幕府的許可,高橋至時想到的名目就是「畫地圖」,外國的艦隊如果來攻打日本,幕府在國防上不能欠缺正確的日本地圖。

〰〰 開始製作日本地圖

　　1800年閏4月19日,忠敬帶著三名弟子,包含次子秀藏與兩名男僕開

始出發到蝦夷地。10月21日任務完成回到江戶，受到熱烈歡迎。這趟旅程花了180天，在蝦夷地待了117天。11月上旬，忠敬開始製作地圖，大崎榮也幫忙製圖，12月21日他們將地圖呈給勘定所。這次估量的相應於緯度一度的經度線長度約為27里。

由於蝦夷之行非常成功，忠敬在1801年4月2日展開第二次測量。這一次他們測量伊豆以東的東日本海岸。從江戶一路走到本州北部，12月7日回到江戶。這一次估量的相應於緯度一度的經度線長度為28.2里。忠敬製作大、中、小三種地圖，大圖和小圖交給幕府，中圖則是交給幕府的若年寄[2]堀田正敦。

第三次的測量則是堀出止敦的命令，忠敬在1802年6月3日出發，10月23日回到江戶。這一次他估算的子午線一度長還是28.2里。但是高橋至時懷疑真實的值應該小一點，因而引發兩人的爭執，也讓忠敬一度想放棄整個測量事業。幸好兩人最終言歸於好，1803年2月18日，忠敬展開第四次的測量，這一次量的是駿河、遠江、三河、尾張、越前、加賀、能登、越中、越後等地的海岸。10月7日任務結束一回到江戶，他就著手計算地球的大小。得到的結果和法國天文學家拉朗德在1780年所著的《天文學》（*Astronomia of Sterrekunde*）對照數值一致，大家都很高興。

但是，高橋卻因為翻譯天文書籍等工作負荷過重而病倒，隔年一月，三十九歲的高橋英年早逝，這對忠敬是一大打擊。高橋至時的職務由他年僅十九歲的兒子高橋景保繼承。半年後，幕府發表東日本的地圖，第十一代將軍德川家齊親覽，其精密度讓在場的幕府官員們驚訝地屏住氣息，並正式命令忠敬繼續完成包括九州和四國的西日本地圖。從此繪製海岸線圖不再是忠敬個人退休後的消遣，而是背負眾人期待，正式的國家事業。而忠敬也正式成為武士──小普請組十人扶持[3]。

1805年，忠敬再從江戶出發，這次的測量隊超過了一百人。忠敬從大家那得到了這樣的鼓勵，「西洋人在從事科學時，都說不是為了自己，

而是為了人類，為了全天下拼命去做。我們向天祈求你能盡全力達成大業。」但是，西日本的測量對體力開始衰退的忠敬來說實在過於艱辛。原本預定三十三個月要完成的，但是西日本的海岸比想像還要曲折複雜，從1805到1811年5月，分三次測量到近畿、中國地方、四國、九州，還是無法完成整個地圖。

1811年11月25日忠敬準備再次出發前，向兒子交代好後事，在寫給女兒的信中他提到，「十年也要繼續走下去；大部分的牙齒都掉了只剩一顆，已經沒辦法再吃奈良漬（一種他最愛吃的醬菜）。」大有壯士一去兮不復返的悲壯情懷。不料1814年6月一直在忠敬身邊一起打拼的副隊長坂部貞兵衛因為傷寒而死去，8月更接到兒子景敬的死訊，六十六歲的忠敬終於承受不住而大病一場，然而他還是堅持完成任務，雖然他沒有參加第九次測量伊豆諸島之行，但參加了最後一次在江戶城內的任務。

走了四千萬步

伊能忠敬在繪製地圖的旅途中，只要是晴天，晚上也一定會做天文觀測。在測量的總日數3754日中，進行了1404天的天文觀測。這些觀測對精確地決定繪圖地點的經度、緯度非常重要。伊能忠敬在江戶時量好許多星的仰角，所以到一個新的地點，只要能找到那些星，量它們的仰角，就能決定這個地點與江戶的緯度差。為了減少誤差，伊能忠敬在深川黑江町的家中做了很多準備工作，有時同一顆星他會連續觀測十幾天。

但是經度就麻煩多了，當時西方發明的月距法還沒有傳入日本，所以伊能忠敬是利用觀測日食與月食的方法來決定經度。

在觀測日食、月食時儘量準確地記錄時間，同時在江戶的曆局與在大阪的間重富的家也觀測月食並記錄發生的時間，只要時間記錄夠準確，事後通過比較三個地方的月食發生時刻記錄，就足以決定當地的經度。然而，觀察日食和月食的機會很少，在調查期間，伊能忠敬只有十三次觀察

月距法

月球在天空中相對於背景的快速運動，只需要 27.3 天就可以完成一圈 360 度的移動。領航員可以精確地測量月球和其他天體之間所夾角度，然後領航員查對事前準備好的月球表和它們會發生的時間，經過比較表單上的數值，領航員就可以算出觀測時的格林威治時間。知道格林威治時間和當地的時間，領航員就可以推導出當地的經度。這個方法稱為月距法。

日食和月食的機會，所以後來伊能忠敬嘗試用木星的衛星食來決定經度。由於木星衛星食的發生頻率高於日食和月食，因此比較容易成功。然而，在調查中，由於預先計算的衛星食的時間預測不夠準確，對於決定經度來講幾乎沒有派上用場。

　　1815年2月19日在東京八丁堀，忠敬七十歲時終於完成了所有測量。他花了超過十五年所走的距離，竟有四萬公里，相當於地球赤道一周！之後，他將各地的地圖連接拼成一張。因為地球是球體，畫成平面地圖產生的誤差也做了修正計算。這時年事已高的忠敬得了肺病，1818年病逝，享年七十三歲。

　　忠敬留下了這樣的遺言：「我可以完成大事是託至時老師的福。希望可以葬在老師的身邊。」所以伊能忠敬和恩師高橋至時一起葬在上野的源空寺內。

大日本沿海輿地全圖

　　之後，高橋景保和弟子們繼續完成繪製地圖的工作。1821年7月10日，景保與忠敬之孫忠誨將完整的地圖呈獻給幕府，大圖214張、中圖8枚、小圖3張，稱為「大日本沿海輿地全圖」。但是世事難料，這地圖竟然為景保招來殺身之禍！1828年，荷蘭政府僱用的醫生菲利普準備前往爪哇時，隨身物品中被搜查出伊能地圖。當時外國人是被嚴格禁止擁有地圖的。1829年，菲利普被驅逐出境，並不得再次進入日本。但是高橋景保被

逮捕後，關進傳馬町監獄，隔年三月病死獄中，遺體還遭到斬首。後來景保也被安葬在源空寺，與父親至時以及伊能忠敬葬在一起。

1861年，英國測量艦隊到日本訪問，強行要測量日本沿岸的時候，幕府拿出忠敬的地圖，英國船長看到後非常吃驚地說，「這個地圖沒有使用西洋的器具和技術卻被正確地畫出。有了這個地圖，就沒有測量的必要了。」而終止了無理的要求。

之後英國以忠敬的地圖為基準，完成了海洋地圖，並寫上「根據來源為日本政府提供的地圖。」英國製作的地圖今天珍藏在格林威治的海事博物館中。

伊能忠敬所製作的大日本沿海輿地全圖，明治維新後由明治政府接收，卻不幸在明治六年皇居大火時被燒毀了。伊能家又將珍藏在家中的副本獻給皇室，放在東京大學圖書館保管，不料又在關東大地震時被燒毀，不過幸好早在慶應三年幕府海軍奉行勝海舟已經將伊能圖公開，並刻成木版發行。後來伊能忠敬的故事被拍成電影、電視劇，甚至搬上舞台，這位毅力驚人的老翁真是不折不扣的日本國民英雄。

注釋

1 家督是指日本在傳統制度下，家族權力最大的領導者。

2 江戶幕府的職務名稱，直屬於將軍，僅次於老中的重要職務。

3 小普請組是直屬幕府的低階武士的編組。十人扶持是俸祿數量，一人扶持約實領七百五十公克的米。

砲利之道，
從腓特烈大帝到拿破崙

　　說起現代的砲術，應該從英國人班傑明・羅賓斯（Benjamin Robins，1707~1751）在1742年出版的《砲術新論》（*New Principles of Gunnery*）講起。雖然1638年伽利略在《新科學的對話錄》（*Discorsi e Dimostrazioni Matematiche Intorno a Due Nuove Scienze*）就用幾何方法證明了拋體的軌跡是拋物線，但卻隻字未提空氣阻力對於拋體的影響。當時要知道砲彈射出的速度，只能以砲彈的射程來決定，這個作法當然是不考慮空氣阻力；直到羅賓斯在他的書中提出彈道擺來測量砲彈的速度。

⋀⋀⋀ 彈道擺

　　彈道擺的原理很簡單，砲彈擊中擺時，擺會向後盪到特定高度，從這個高度再利用力學能守恆就可以推算出擺被擊中時的瞬間速度，再利用動量守恆以及事前就知道的砲彈重以及擺重，就可推算砲彈離開砲管的速度。

　　藉著這個發明，羅賓斯了解一般大砲的射程受到空氣阻力很大影響，而拋體的真正軌跡也不是拋物線。羅賓斯在書中還提到步槍彈丸的軌跡會因它的自旋而產生偏折，他利用一連串被彈丸穿透的紙幕，藉著上面的彈孔來觀察步槍彈丸的軌跡，由此發現這個現象。羅賓斯甚至作了一些表來估計子彈偏折的程度。這個現象現在被稱為「馬格努斯效應」，歸功於德

國科學家海因里希·馬格努斯（Heinrich Gustav Magnus）的研究。其實早在1672年牛頓在觀察網球時就發現了！

整本《砲術新論》的風格是很務實的，羅賓斯用了許多實驗結果來支持他的命題。羅賓斯出身於英國巴斯一個貧窮的貴格教派家庭，但他從小顯現過人的數學才能，後來得到牛頓鉅作《自然哲學的數學原理》第三版的編者亨利·彭伯頓（Henry Pemberton）的賞識，到倫敦受教育。羅賓斯在彭伯頓指導下進步神速，二十歲就因寫出牛頓求積法有關的數學論文，而被推舉為皇家學會會員。

後來羅賓斯厭倦教書，就憑著他的數學才能開始學設計橋樑、要塞、港口等工程。除了在學界與人爭辯，他在政界也相當活躍，當時英國在漢諾威王室統治下，大權在握的首相華爾波爾（Robert Walpole）苦心積慮維持英國與歐陸強權的和平與自己滿滿的荷包，羅賓斯卻站在在野的托利黨的立場，一連寫了三冊言辭鋒利的政論小冊子攻擊華爾波爾。當華爾波爾黯然下台時，羅賓斯還成了清算華爾波爾的祕密委員會的祕書。但是當英國的烏爾威治皇家軍校在1741年設立時，興致勃勃的羅賓斯卻沒當上那裡的數學教授，據說是剛下台的華爾波爾使的一記回馬槍。

羅賓斯寫完《砲術新論》後再接再厲，針對空氣阻力對彈道的影響作了更廣泛的實驗，接連發表了《空氣阻力與計算在介質中拋射物體運動的方法》（*Of the resistance of the air; together with the method of computing the motions of bodies projected in that medium*）以及《1746年在皇家學會前展示與空氣阻力有關的實驗》（*An account of experiments relating to the resistance of the air, exhibited at different times before the Royal Society, in the year 1746*），所以在1747年他得到皇家學會頒發的最高榮譽科普利獎章。看來塞翁失馬，焉知非福，沒當上軍校教授反而是件好事吧？

1749年，羅賓斯當上英國東印度公司的總工程師，當時英國東印度公司已經變成一個武裝集團，成了印度實質的統治者。經過一番驚險的旅程，羅賓斯在1750年7月抵達印度，他馬上投入馬德拉斯（Madras）與古

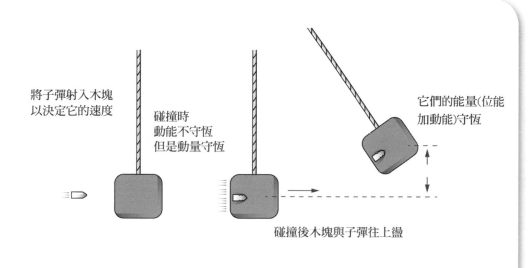

將子彈射入木塊
以決定它的速度

碰撞時
動能不守恆
但是動量守恆

它們的能量(位能
加動能)守恆

碰撞後木塊與子彈往上盪

彈道擺

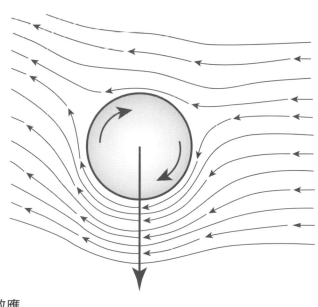

馬格努斯效應

達羅爾（Cuddalore）的防禦工事上，但是沒多久他就染上了熱病而死在印度，享年只有四十四歲。

〰️ 大數學家歐拉

羅賓斯的生涯雖短，但是他的《砲術新論》的影響卻非常深遠，其中的關鍵是大數學家歐拉（Leonhard Euler，1707~1783）。歐拉與羅賓斯同一年出生，但比羅賓斯多活了三十二年。歐拉出生於瑞士巴塞爾的一個牧師家庭，原本父親要他成為神職人員，但是他的數學天分引起約翰·白努利（Johann Bernoulli）的注意，在約翰·白努利苦心勸說下，歐拉的父親才答應讓兒子改習數學。1727~1741年之間，歐拉在俄羅斯科學院任職，隨著俄國政情動盪，1741年6月他接受普魯士國王腓特烈二世的邀請來到柏林科學院工作。

歐拉不僅將《砲術新論》翻成德文，而且使用微積分將它進一步發展，篇幅達到原著的三倍以上！這些內容應該是最早期運用微分方程式的實例之一。不過歐拉的數學太強，其他人都看不懂，連歐拉的老師白努利看了德文版的《砲術新論》後，回信說書中大部分內容都無法幫他驗算，只能相信他的計算了。歐拉還針對羅賓斯關於火藥燃燒爆炸推動彈丸的過程，提出犀利的批判，但是歐拉提出來的理論太過複雜，使得絕大部分人寧願做實驗來估計，也不想學他的估計法。

歐拉在柏林住了二十五年，一共寫了三百八十篇數學論文。此外他在1748年寫的《無限分析導論》（*Introductio in analysin infinitorum*）以及1755年寫的《微積分要義》（*Institutiones calculi differentialis*）更讓他名滿全歐。砲術新論對歐拉只是牛刀小試，小菜一碟。但是對於處於連年戰爭的西歐各國，這本書帶來不小的衝擊，很快地全歐各地都興起學習新砲術的風氣。

〰️歐洲各國的砲術發展

　　最早將新砲術納入軍事院校的地方是義大利。1755年，薩伏衣公爵兼薩丁尼亞國王的卡洛・埃曼努埃萊三世任命德安東尼為砲術學校的校長。德安東尼年輕的時候就跟杜林的兩位科學家吉羅拉莫・塔牙蘇奇方丈（Abbot Gerolamo Tagliazzucchi）以及當時皇家砲術學校的校長伊納佐・貝托拉（Ignazio Bertola）學習，當讓・安東尼・諾列方丈（Abbot Jean Antoine Nollet）從法國到杜林任教時，德安東尼也是積極地聽課。他還將自己的實戰經驗與科學知識融合寫了《火藥論》（*Treatise on gunpowder*）以及《槍枝論》（*Treatise on Firearms*），此外他還把歐拉《砲術新論》中的流體力學寫進他的教科書《物理力學要義》（*Institutions Physico-Mechaniques*）之中。

　　德安東尼開始在學校裡開設結合數學、砲術以及軍事工程的課程，所以他們的軍官在開發新方法來測量砲彈的速度以及決定砲彈射程，都走在時代前端。這個課程後來被普魯士的軍校採用，德安東尼還擔任王儲的老師，負責教導王儲最新的軍事學識。薩丁尼亞王國在十九世紀統一義大利，想來也不是偶然。

　　在英國繼續發展砲術最重要的人是查爾斯・赫頓（Charles Hutton）。他在1764年出版《教師手冊：實用算術系統大全》（*The Schoolmasters Guide, or a Complete System of Practical Arithmetic*），六年後又出版《測量術的理論與應用》（*Treatise on Mensuration both in Theory and Practice*）和《造橋原理》（*The Principles of Bridges*），這些著作讓他得到數學界的重視。

　　1773年，他成為烏爾威治皇家軍事學院的數學教授，任職長達三十四年之久；隔年成為皇家學會的會員。他在皇家軍事學院從事許多實地砲擊測試，證實歐拉對羅賓斯——關於火藥燃燒爆炸產生彈丸速度的估計——

的批判是對的。

1778年，他寫了《火藥推力與砲彈速度》（*The force of fired gunpowder and the velocity of cannon balls*）總結他的砲術研究，並獲頒科普利獎章。

1779年，赫頓利用他的好朋友內維爾‧馬斯克林內在蘇格蘭希哈利恩（Schiehallion）山上的測量數據去估算地球的平均密度。赫頓對後世最大的影響是他寫的教科書。1795年，他出版兩卷大部頭的《數學與哲學字典》（*The Mathematical and Philosophical Dictionary*）成了英國學生人手一本的重要參考資料。接下來在1798~1801年又接連出版《皇家軍事學院受訓生的數學課程》（*A course of mathematics for cadets of the Royal Military Academy*）。這套寫給烏爾威治的學生的書，後來也成為美國西點軍校的教材，一直沿用到1823年。

在法國最早研究彈道的是帕特里克‧德奇（Patrick d'Arcy）伯爵。德奇伯爵在1766年發表的《砲術理論論文集》（*Essai d'une theorie d'Artillerie*）算是最早研究彈道學的法文著作。他為了研究大砲的後座力，發明動量擺（Momentum Pendulum）。他也是第一個提出「角動量守恆」概念的人。

法國另一位對砲術發展饒有功績的軍官是讓-夏爾‧德博爾達（Jean-Charles de Borda ）。他出身於西南法一個軍事氣氛濃厚的貴族家庭，1755年成為輕騎兵軍團的附屬數學家，就是在這段時間他開始研究砲術。1756年他將論文《與空氣中運行的拋體運動》送到法蘭西科學院，取得準會員的資格。1762年，讓-夏爾證明了「一顆球受到的空氣阻力是相同直徑柱狀物的一半」，而流體力學中的「博爾達—卡諾方程式（Borda–Carnot equation）」[1]也是他的貢獻之一。

法國還有一位響噹噹的人物，他就是拿破崙在念軍校時的老師隆巴德（Jean-Louis Lombard）。他出身於亞爾薩斯，原本要去麥茲開業當律

師，但是在那裡結識了砲兵學校的教授羅比萊爾（Robillard），結果他不僅娶了羅比萊爾的女兒，還接替他成為砲兵學校的教授。這一年隆巴德偶然讀到歐拉的《砲術新論》德文版，他不僅苦讀這本書，多年後還把它翻成法文。1759年，法國在歐松納（Auxonne）設立皇家砲兵學校，隆巴德被找去擔任砲術與數學教授。學校還有一個射擊場，讓他有機會嘗試各樣的砲術實驗。他的實驗結果在1787年發表，這結果直到1830年還有人引用。

拿破崙與隆巴德可謂惺惺相惜，隆巴德曾對人說：這個年輕人前途遠大。而拿破崙則曾表示，隆巴德是整個學校中真正能教的老師。隆巴德深受學生愛戴，學生成群跑去他家學習，他也常帶學生實地運用幾何知識以及築城術。法國大革命後的法國軍隊能與歐洲各國周旋，接下來拿破崙能稱霸歐洲，與革命前砲校的訓練息息相關。法國大革命時設立的巴黎綜合理工學校，可說是法國軍事傳統與學術傳統結合的最好範例了。

歐洲還有一個重要的國家就是雄據中歐的奧地利。奧地利砲術的發展首推威加（Jurij Bartolomej Vega）男爵。威加出身於扎哥里加（Zagorica）一個窮苦農民之家。畢業之後，威加憑著優異的數學成績成了一個測量工程師，這份工作讓他學到許多實用的數學與物理的知識。

1780年，他到維也納加入砲兵。1787年被任命為維也納砲術學校的數學講師。但他發現沒有適當的教科書，就把他自己講課的內容寫成《數學講座》（*Vorlesungen über die Mathematik*）第一卷並出版。

之後又出版《用於數學的對數，三角和其他表格和公式》（*Logarithmische, trigonometrische, und andere zum Gebrauche der Mathematik eingerichtete Tafeln und Formeln*），內容是自然對數表與三角函數表。厲害的是，他的表可以準確到小數點以下七位，範圍是由1到100,000。有一個表是從1到1000，準確到小數點以下八位。整本書都是相當有用的表，所以一問世就轟動了全歐。

　　1789年，威加參加奧地利帝國圍攻布達佩斯的戰役，他帶領一隊莫塔砲的砲兵。據說他在戰場上，砲彈從他頭上飛過，他還是振筆在計算莫塔砲應該放哪個仰角來轟擊土耳其的部隊呢！這一仗奧地利軍大勝，多少要歸功於這一位不要命的算將吧。

　　當奧地利與革命法國的戰爭爆發後，威加參與許多次的激戰，但是在兵馬倥傯之中，他著作仍不輟，1793年出版《對數函數與三角函數手冊》（ *Logarithmisch trigonometrisches Handbuch* ）的德文版與拉丁文版，隔年出版《對數全集》（ *Thesaurus logarithmorum completus* ），這本書到1924年出到第九十版呢！他的教科書的第二、三卷分別在1784、1788年出版，但是因為戰爭的關係，第四卷一直拖到1800才終於問世。但是這一年對威加也是悲喜交集的一年，他受封為世襲的男爵，摯愛的妻子與女兒卻也在這年過世。兩年後他神祕地失蹤，九天後他的遺體才在多瑙河上被人尋獲，享年只有四十八歲。

　　十八世紀西歐砲術的精進不過是整個西歐文明活力四處爆發流溢的一個特例，在從事砲術研究的同時，這些人隨著自己的興趣同時從事許多科學研究，有的有實用價值，有的完全沒有，但這些人都是全力以赴，隨著沛然莫之能禦的好奇心不斷摸索的學者，我們對研究主題的狂熱才是成功的關鍵。

注釋
① 博爾達─卡諾方程式是描寫流體的力學能損失的經驗公式。該等式以 Jean-Charles de Borda（1733~1799）和 Lazare Carnot（1753~1823）命名。

斯托克斯用數學
描述森羅萬象

　　喬治・加布里埃爾・斯托克斯（George Gabriel Stokes，1819~1903）
來自一個愛爾蘭的新教家庭。他十六歲時進入英格蘭的布里斯托學院
（Bristol College）就讀，兩年後進入劍橋大學彭布羅克（Pembroke）學
院。

　　在斯托克斯進劍橋的時候，最著名的老師是數學家兼地理學家威廉・
霍普金斯（William Hopkins）。霍普金斯在訓練學生的時候，喜歡用天文
學或物理的光學問題來磨練學生的解題技巧，他認為這些問題最能讓數學
發揮它的威力，顯明物質世界的結構之美。斯托克斯在霍普金斯底下學習
的成果是勇奪1841年數學畢業考的狀元，還獲得史密斯獎[1]。而且彭布羅
克學院馬上讓斯托克斯成為院士，從此斯托克斯就在劍橋展開他漫長的學
術生涯。

∿ 用數學解決實際的物理問題

　　霍普金斯鼓勵斯托克斯往流體力學的方向發展，斯托克斯不負期望
在畢業一年後就出了一篇論文：《關於不可壓縮流的穩定運動》（*On the
steady motion of incompressible fluids*），書中討論不可壓縮流的性質。
不妙的是，當他寫完時才發現法國巴黎綜合理工學院的數學教授耶安-瑪
希・杜拉莫（Jean-Marie Duhamel）已經得到類似的結果。幸好斯托克斯

發現他處理的條件與杜拉莫稍微有所不同，所以勉為其難地發表了。

接下來斯托克斯嘗試研究運動中的流體受到摩擦會有什麼行為，雖然他也得到很不錯的結果，卻又發現有許多類似的結果被法國的數學家克勞德-路易‧那維爾（Claude-Louis Navier）、西莫恩‧德尼‧帕松以及巴雷‧德聖維南（Jean Claude Saint-Venant）等人先發表了。可見當時劍橋與歐陸的數學界有多疏離！這些結果中最重要的是「那維爾-斯托克斯方程式」（Navier-Stokes Equations），這是一組描述液體和空氣的流體物質的方程式。

這些方程建立了流體粒子動量的改變率和作用在液體內部壓力的變化和耗散粘滯力（類似於摩擦力）以及重力之間的關係。斯托克斯在1845年出版《運動中流體的內在摩擦力的理論》（*On the theories of the internal friction of fluids in motion*），他在這篇文章討論彈性體的運動與平衡，並且利用連續性的論證，主張有黏滯性的流體與帶有彈性的固體其實應該服膺相同的方程式。他還討論聲速在流體中衰減的現象，提出聲音衰減的「斯克托斯定律」（Stokes law of sound attenuation）。同一年，他提出以太應該被介質「完全牽曳」的主張，並提出在以太完全被牽曳的前題下解釋光行差的方法。但這個解釋在1886年被羅倫茲證明是錯誤的。

我們可以看到斯托克斯利用他高超的數學技巧來解決實際的物理問題，特別是跟介質中的振動有關的現象，成為他一生研究的重心。

∿ 斯托克斯定律

勤奮工作的斯托克斯名聲逐漸傳開來。1847年他解決了一個流體力學的難題，就是在求表面波的解時，解的邊界條件卻是解的一部分，無法事先知道邊界條件自然無法求解，但是斯托克斯將位流（potential flow）在平均水位（mean surface elevation）做泰勒展開，如此邊界條件變成已知，接著發展出「斯托克斯展開」（Stokes expansion）來求解，

斯托克斯波是在恆定平均深度的非黏滯性流體層上的非線性和周期性表面波。斯托克斯使用斯托克展開，獲得非線性波動的近似解，即是斯托克斯波。

只要水深比水波的波長要長。斯托克斯的這套方法就可以給出很接近答案的解。

斯托克斯不只是待在象牙塔的學究，1847年他參與發生在5月24日的「迪橋慘案」（Dee Bridge disaster）的調查工作。這件意外是一輛火車通過鑄鐵造的橋時，鐵軌斷裂造成火車脫軌掉入河中釀成五死九傷的慘劇。斯托克斯負責計算鑄鐵造的橋能否承擔火車在橋上橋梁所受的力。事實上，斯托克斯讓流體力學成為工業革命的一項利器，在各方面都發揮了巨大的功效。

斯托克斯孜孜不倦地努力讓他逐漸成為學界的領袖，1849年，他成為第十三任盧卡斯講座教授，這一年斯托克斯才剛滿而立之年呢。接著他發表《關於地球表面重力的變化》（*On the variation of gravity at the surface of the earth*），一篇討論克勞德（Clairaut）定理的論文，以及一篇與繞射有關的長文，說明偏振平面必須與波的行進方向垂直。之後斯托克斯進入他研究的顛峰期，在流體力學與光學都取得很好的成果。

在流體力學方面，斯托克斯發表鐘擺受到空氣摩擦力影響的結果，並且持續在黏滯性流體的研究。他導出「斯托克斯定律」，就是在低雷諾數的條件下，球體圓粒在黏滯性流體中運動受到的阻力的公式。這個公式可以拿來設計測量黏滯性的儀器。而赫赫有名的「密立根油滴實驗」也用了斯托克斯定律，帶電微粒受的電力與空氣阻力達成平衡由此決定帶電微粒的電荷。

彩虹的計算

在光學方面，斯托克斯鑽研艾里爵士（George Airy）關於彩虹的論

義，這篇論文出現一個很難取值的積分，斯托克斯將這個積分巧妙地展開，他得到一個容易取值的近似。後來斯托克斯沿這條線繼續研究，發現所謂「斯托克斯現象」，就是一個函數在複數平面的不同區域的漸近行為可能會有所不同。這個發現在量子力學的WKB近似有很漂亮的應用。

> 斯托克斯現象是一種在複數平面上常見求函數漸進行為的方法，可應用到彩虹的計算上。

這些研究成果都在1850年完成，隔年才三十二歲的斯托克斯就成為英國皇家學會的院士。1852年，他發表幾篇論文，其中一篇論文描述螢石和鈾玻璃的螢光現象，他認為這些物質可將不可見的紫外線，轉化為波長較長的可見光。描述相關物理現象的斯托克斯位移就是以他的名字命名「斯托克斯位移」。

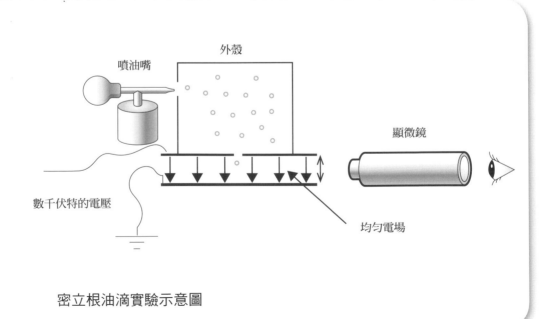

噴油嘴　　　外殼

顯微鏡

數千伏特的電壓

均勻電場

密立根油滴實驗示意圖

> 所謂螢光是物質經某種波長的入射光照射後,吸收光能後進入激發態,並且立即退激發並發出出射光,通常波長比入射光的的波長長,而且一旦停止入射光,發光現象也隨之立即消失。具有這種性質的出射光就被稱之為「螢光」。

　　另一篇論文是討論不同偏振光線的構成和分解,他定義了所謂「斯克托斯參數」(Stokes parameters)與「斯克托斯向量」(Stokes vectors),「斯克托斯算子」(Stokes operators)來描述光的偏振狀態。這年斯托克斯也得到光學的最高榮譽倫福德(Rumford)獎章。隔年,他研究由非金屬物質所發出具金屬性質的反射來探討光的偏振現象。

　　1854年,斯托克斯嘗試理解德國科學家夫朗和斐(Joseph Ritter von Fraunhofer)發現的太陽光譜時,曾假設是太陽外圍的原子吸收特定波長的光線所造成,但當德國科學家克希荷夫(Gustav Robert Kirchhoff)提出類似的解釋時,由於斯托克斯當時沒有發表他的想法,事後也沒有挑戰克希荷夫的優先權,他還公開說明由於他沒有發現發射光譜與吸收光譜的關係,所以功勞應該歸給克希荷夫,可以想見斯托克斯是器量很大的謙謙君子。

　　1857年,斯托克斯結婚了,由於學院的院士必須獨身,所以他失去院士的資格。幸好十二年後劍橋改變規定,他又重新成為彭布羅克學院的院士。婚後斯托克斯育有五個小孩,但有兩個死於襁褓,只有三個長大成人,其中老四因精神異常在三十歲時而自殺。

　　1862年,斯托克斯特別為不列顛科學促進會撰寫一份關於雙折射的報告,他指出結晶的不同軸有不同折射率的現象,包括冰洲石、透明方解石等都有這個現象。雖然他持續光學的研究,但工作重心卻漸漸由學術研究移向教學與行政。

〰️ 數學是挖掘物理真理的工具

1880年，斯托克斯出庭成為泰橋慘案[2]的專家證人，斯托克斯在法庭上針對風力對鐵橋結構的影響提出他的看法。由於他的證詞，英國政府成立了皇家委員會（Royal Commission）來加強橋樑的結構安全。

1883年他開始在亞伯丁擔任布魯涅講座（Burnett lecturer），演講的主題是「光」。這些演講內容後來付梓成書。1885年，斯托克斯被選為皇家學會主席。從1887到1892年間他還是代表劍橋的兩席國會議員的其中之一。此外他還身兼維多利亞機構（Victoria Institute）的所長。看來英國的科學家與社會的互動相當頻繁，與歐陸學者是大異其趣。

在劍橋超過一甲子的斯托克斯對劍橋下個世代有很深的影響，他相當欣賞法國數學家如拉格蘭日（LagrangeJoseph Lagrange）、拉普拉斯、傅利葉、帕松和科西（Augustin-Louis Cauchy）的工作，對歐陸數學日趨嚴謹的傾向也十分贊同，所以他主張將這些內容也放入劍橋大學數學畢業考之中。這讓許多保守的同僚對他頗有微詞。但是斯托克斯一直強調數學與其他科學的結合，也就是將數學當做挖掘物理真理的工具。

晚年的斯托克斯得到許多榮銜，1899年，他被維多利亞女王封為從男爵（Baronet），這是世襲的頭銜。這一年也是他擔任盧卡斯教授滿五十年，劍橋大學為他舉行盛大的金禧年慶祝會，並頒發金牌給他。1893年他得到皇家學會最高榮譽科普利獎章。1902年，他成為彭布羅克學院的院長。不過不滿一年他就辭世了，享壽八十三。

斯托克斯的數學和物理論文共結集成五冊出版，首三冊（劍橋，1880年、1883年和1901年）由他親自編輯，而另外兩冊（劍橋，1904年和1905年）則由英國數學家和物理學家約瑟夫‧拉莫爾（Joseph Larmor）負責編輯。從這五大冊書可以想見斯托克斯一生的偉業，他用數學描述了森羅萬象，上至彩虹，下至波浪，真是令人嘆為觀止。

注釋

①史密斯獎是頒給專攻數學或理論物理表現傑出的學生。

②Tay Bridge disaster，發生在 1879 年 12 月 28 日，火車通過鐵橋時，橋竟然塌了，造成整列火
車掉入河中，而全車的人都不幸罹難。

第二部

電磁學
電磁單位背後的英雄們

電磁學單位大多是以發現相關物理定律的物理學家來命名，像庫倫、伏特、安培、法拉第、韋伯、高斯、特斯拉、亨利、歐姆等等，這些留名青史的大人物們，在數百年後還陰魂不散地造成學生的困擾，各自有著精彩的人生故事。讓我好好地介紹這些創造電磁學的前輩們的生涯故事，希望讓大家對這些人名有更鮮活的印象。

電量的單位：庫侖

　　第一位登場的是發現「庫侖定律」的庫侖，全名是夏爾‧奧古斯丁‧德‧庫侖（Charles Augustin de Coulomb，1736~1806），出生於法國西南部的昂古萊姆（Angoulême）。他的父親亨利來自一個貴族家庭，在蒙彼利埃（Montpellier）皇家法院任職。母親則是來自以羊毛貿易致富的家庭。後來他們全家搬到巴黎，他曾在頗負盛名的馬薩林學院學習各樣學問，包括哲學、古典語言、數學、天文甚至化學等。在那裡他受到數學家皮埃爾‧查理斯‧拉莫尼亞（Pierre Charles Monnier）的啟發而對數學產生濃厚的興趣。

　　1757到1759年之間，庫侖待在蒙彼利埃的學校工作，同時也向在那裡教書的數學家鄧密其（Augustin Danyzy）學習。1759年到皇家工程學院（École du Genie at Mézières）就讀。兩年後庫侖順利畢業，官拜中尉，在工兵隊開始他的軍旅生涯。

　　庫侖一開始在布列塔尼半島西端的布雷斯特（Brest）服役，後來被派去布雷斯特參加繪製地圖的測量工作。1764年庫侖被派到西印度群島的馬丁尼克（Martinique），建造馬丁尼克首府法蘭西堡的主要屏障波旁要塞。波旁要塞工程浩大，據說前後共花了六百萬里弗爾，後來庫侖不堪勞累還得了黃熱病。他在這個加勒比海的小島待了八年之久，直到1772年他晉升上尉後，才被調回法國北方邊境的布尚（Bouchain）；也就是從這個時候，庫侖開始寫起科學論文。

ᗯᐧ静力學在建築的應用

　　各位可能會好奇，一個蓋碉堡的工兵軍官怎麼會寫起科學論文？文藝復興以來，西歐就結合砲術與精巧的幾何將碉堡要塞的設計變成一門科學。在路易十四的時代，偉大的軍事天才沃邦（Vauban）元帥設計的稜堡在歐洲火炮逐漸盛行的十七世紀及以後影響至深。他用一系列平行要塞的塹壕和伸向要塞的蛇形交通壕，打下了荷蘭的馬斯垂克要塞。直到二十世紀，這仍然是攻擊堡壘的標準方法。在建造碉堡時需要運用許多機械，無可避免牽涉到許多力學，而這些就成了庫侖一開始科學研究的對象。

　　庫侖的第一篇論文是關於靜力學在建築的應用。其實在馬丁尼克的時候，他就針對石造建築的穩定性做過實驗，此外他還潛心研究過萊頓瓶的發明者彼得・凡・穆森布羅兌（Pieter van Musschenbroek）關於摩擦力的理論。也許庫侖對電學的興趣是從這個時候開始的。

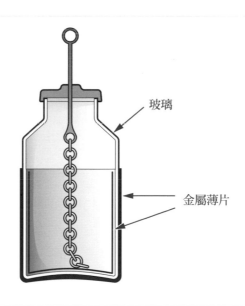

玻璃

金屬薄片

萊頓瓶

一種用以儲存靜電的裝置，曾被用來作為電學實驗的供電來源，也是電學研究的重大基礎。

庫侖調回法國之後分別在瑟堡-奧克特維爾與貝桑松等地任職。1779年他被派到侯旭弗（Rochefort），任務是修復在艾克斯島上的一座完全木造的要塞。他在那裡做了許多力學相關的實驗，兩年後他將這些實驗的結果整理成《簡單機械的理論》，文中詳述如何測定繩索的磨擦係數以及堅硬的程度等。皇天不負苦心人，這一篇精采的論文得到法蘭西科學院的大獎。庫侖運用微積分處理力學問題的高超手法得到許多人的讚賞。這一年他被選為法蘭西科學院的院士。

正當庫侖逐漸受到學界重視時，一場風暴卻席捲而來。庫侖被要求去評估在布列塔尼地區蓋一條運河的計畫，耿直的庫侖覺得這個計畫爛透了，所費不貲卻又毫無實利。直言不諱的庫侖因此遭到隱身幕後的有力人士陷害，藉故將他關進修道院一個星期。庫侖在盛怒之下，丟出辭呈，卻沒有獲准，而且還被迫再審一次相同的計畫，庫侖堅持原先的意見，最後另一個獨立評審也給出相同的結論，還了庫侖一個清白。但也讓他對仕途感到心灰意冷。從此之後庫侖潛心研究科學，果然得到非常豐碩的成果，也算是失之東隅，收之桑榆了。

⩗⩗⩗ 電學的發展

庫侖之前的電學發展，首先是1729年，英國的戈瑞（Stephen Gray）發現電荷可以從一個物質傳導至另外一個物質，其中金屬的電傳導能力最為優良。從此，科學家不再認為產生電荷的物體與所產生的電荷是不可分離的，開始認定電荷是一種獨立存在的物質，在當時被稱為「電流體」（electric fluid）。戈瑞是第一屆及第二屆科普利獎章的得主。

到了1733年，法國的杜非（Charles François de Cisternay du Fay）主張將電分為玻璃電和琥珀電兩種。當玻璃與絲巾相摩擦時，玻璃會生成玻璃電；當琥珀與毛皮相摩擦時，琥珀會生成琥珀電。使用一根帶電絲線，就可以知道物質到底呈現玻璃電還是琥珀電。具有玻璃電的物質會排斥帶

電絲線，具有琥珀電的物質會吸引帶電絲線，這兩種電會彼此相互抵銷，這理論稱為「電的雙流體理論」。

十幾年後，美洲殖民地的富蘭克林在1747年提出「單電流體理論」。富蘭克林認為電流體由一些電粒子組成，並且通常處於平衡狀態。而摩擦動作會使得電從一個物體流動至另一個物體。例如，用絲巾摩擦玻璃使得電從絲巾流動至玻璃，這流動形成了電流。他稱電量低於平衡的物體載有負的電量，電量高於平衡的物體載有正的電量。他任意地設定玻璃電為正電，具有多餘的電；而琥珀電為負電，是缺乏足夠的電。我們今天所習用的「正電」、「負電」名稱就是由此而來。

1752年6月，富蘭克林進行一項著名的實驗：在雷雨天氣中放風箏，以證明「閃電」是由電力造成。這是一項非常危險的試驗，隔年8月在聖彼得堡的科學家格奧爾格·威廉·里奇曼（Georg Wilhelm Richmann）在進行類似的實驗時被電擊致命。之後，富蘭克林利用尖端放電原理，發明了避雷針。由於對電學的貢獻，富蘭克林在1753年獲科普利獎章。

> **避雷針**
> 讓地球大氣層中雷雲中的電荷及時地釋放，避免其過分的積累而引發巨大的雷電擊中事故。

ᗺᗊᘜ 摩擦起電機

十八世紀時電學的主要研究工具是磨擦起電機。原理非常簡單，就是利用磨擦來產生靜電，和用萊頓瓶儲存電荷。雖然英國的科學家普利斯特里（Joseph Priestley）曾臆測電荷之間的作用力應該也滿足類似萬有引力的反平方定律，但當時還沒有可以精密測量微小作用力的儀器，所以一直沒有真正定量的研究。而這正是庫侖的強項。他利用物體被扭轉後產生回復力的性質設計了扭秤（Torsion balance），利用這個儀器就可以研究帶不同電量的電荷彼此之間的作用力大小。

經過一番苦心的研究，庫侖在1784年提出關於扭秤的論文，隔年又提出靜電力的論文《關於電力大小的第一份備忘錄》（*Premier mémoire sur l'électricité et le magnétisme*），文中提到的就是大家耳熟能詳的「庫侖定律」：靜電荷之間的力與電荷大小成正比，但與距離平方成反比。

從1785~1789年間，庫侖接連發表七篇相關的論文。第二篇，他證實同性電荷相吸而異性電荷的現象。接下來他做了許多關於靜電分布的觀察，以及對物質介電性質的探討。庫侖甚至嘗試用流體來解釋靜電的現象。第七篇則是討論磁棒在磁場下的運動。庫侖主張電的雙流體理論，以此來說明電的相吸與相斥的現象，他還試圖以此來解釋他所發現的反平方定律。庫侖還主張磁的雙流體理論，以此來解釋磁的相吸與相斥的現象，並且主張磁針之間的作用力也是反平方力。但是庫侖認為電流體與磁流體毫不相干。

庫侖的研究讓電學真正成為定量的科學，這項功績大概是他當年在馬丁尼克蓋要塞時連作夢都想不到的吧。其實除了靜電學的成就，庫侖還有許多其他較不為人知的貢獻，像是在土壤力學中討論物質在正向應力與剪應力的哪一種組合，會造成建物的損壞，就是所謂的「摩爾庫倫破壞準則」（Mohr-Coulomb failure criteria）。1787年他還曾被科學院派去考察英國的醫院運作方式呢。

1784年庫侖在董鳩比耶伯爵（Charles-Claude Flahaut de la Billaderie, comte d'Angiviller）的推薦下就任法蘭西水利總監，兩年後升官成了中校。1789年，法國大革命爆發時，當時在巴黎的庫侖不像與他同齡的天文學家巴宜一樣投入激昂的政壇，而是選擇解甲歸田，在羅亞爾河畔的布盧瓦過著退隱的生活，專心從事包括流體的黏滯性、旋轉運動中心軸的磨擦力等各項研究，安然地渡過大革命最血腥的那段日子。

雅各賓派上台後，法蘭西科學院因為被視為王權的象徵，在1793年與舊制度下建立的其他科學組織一起全部被解散。隨後上台的熱月黨人意識到科學的重要性，1795年國民公會將所有曾被取消的文化學術團體組

織在一起，包括巴黎科學院在內，成立「國家科學與藝術學院」（Institut National des Sciences et des Arts），年邁的庫侖又被招回巴黎，擔任新的國家科學與藝術院的院士。此外他還被賦予統一新度量衡的重大任務。1802年當時的第一執政拿破崙任命庫侖為「公共教育總監」（d'inspecteur général de l'instruction publique）。四年後，他以七十歲高齡過世。

　　1881年，國際電機大會[1]將「庫侖」當作電量的單位，同時也制定了「伏特」與「安培」分別是電壓與電流的單位。

注釋

[1] International Electrical Congress，國際電工委員會（International Electrotechnical Commission）的前身。

電壓的單位：伏特

電池是義大利科學家伏打發明的，電壓的單位「伏特」，就是以他的名字命名。為什麼伏打會變成伏特呢？1861年，英國科學家約西亞‧拉蒂默‧克拉克（Josiah Latimer Clark）跟查爾斯‧蒂爾斯頓‧布萊特（Charles Tilston Bright）提議用前輩科學家的名字當做電磁學的單位時，因英語發音習慣把後面的母音省略，所以Volta簡化成Volt。1881年，國際電機大會正式採用「伏特」（Volt）當做電壓的單位，一直沿用至今。

亞歷山卓‧基塞匹‧安東尼奧‧安納斯塔希歐‧伏打（Alessandro Giuseppe Antonio Anastasio Volta，1745~1827）出生在科莫（Como），現今義大利北部靠近瑞士邊境的一個小鎮。科莫依山（阿爾卑斯山）傍水（科莫湖），景色非常美麗。當時科莫隸屬於米蘭公國。亞歷山卓的父親菲利普（Filippo Volta）早逝，母親瑪德琳（Maddalena）來自伯爵世家英薩吉（Inzaghis），獨自扶養九個小孩過得很辛苦。所幸後來伏打繼承了一筆家族遺產，家中日子才寬裕起來。一開始他在耶穌會所辦的學校求學，之後到班濟皇家神學院（Benzi Royal Seminary）繼續深造，在那裡他結識了一生的好友伽多尼（Giulio Cesare Gattoni）。迷上新興科學的伽多尼離開學校後，在自家建了一間設備不錯的實驗室，伏打就在這裡開始他的科學研究。

伏打擁有非凡的語言才能，英語、法語、德語、西班牙語、俄語都

難不倒他，這使得他在年少時就能寫信給當時的電學權威法國的諾萊神父
（Jean-Antoine Nollet）、英國化學家普利斯特里（Joseph Priestley）以
及在杜林任教的巴卡利阿（Giambatista Beccaria），向他們請益。諾萊
神父最出名的事蹟是他曾安排兩百位僧侶拿著萊頓瓶接龍，從一端開始放
電，想測量電跑的速度。當然用這種方法是量不出結果。這也顯示當時沒
有儀器能產生穩定的電流，電學研究相當困難。普利斯特里則是以發現氧
而聞名。而巴卡利阿特別鼓勵伏打要多作實驗學習物理知識，1769年伏打
的第一篇科學論文就獻給了巴卡利阿。伏打在這些科學家前輩的鼓勵下逐
漸嶄露頭角，擺脫業餘科學愛好者的身分，成了科學家。

　　1774年，伏打開始在科莫教書，隔年成為該校的物理學教授。這段
期間他獨力發明了起電機（electrophorus，或譯起電盤），興奮的伏打寫
信給普利斯特里，結果普利斯特里卻告訴他早在1762年瑞典的物理學家約
翰・卡爾・維爾克（Johann Wilcke）就已經發明起電機。不過伏打的起電
機比維爾克的起電機性能更好。伏打再接再厲，1776年，他成功首次分離
出甲烷，還發現把甲烷放在罐子裡會產生電火花而爆炸。此外他又改良化
學常用的儀器量氣管（eudiometer），而且性能壓倒其他的設計。這些成
就讓伏打在1778年被任命為米蘭公國一流學府帕維亞（Pavia）大學的實
驗物理學教授，他一直擔任此教席直到1819年退休。

∿ 伏打定律

　　伏打到帕維亞後不久，就發明了新型的電容，以此他研究電容中電壓
（V）和電荷（Q）之間的關係，發現它們之間成正比，這被稱為電容的
「伏打定律」。之後伏打展開歐陸之旅，結識許多當時科學界的大人物，
如拉普拉斯等人。1782年，他拜訪倫敦的皇家學會，並在那裡宣讀有關他
改良過的電容論文。1790年，他量出空氣在溫度增加時體積隨之增加的比
例常數。

〰️ 動物電

1791年，波隆那大學[1]的解剖學和生理學教授路易吉・伽伐尼（Luigi Galvanic）寄給伏打一篇論文《關於電產生肌肉運動的評論》（*De viribus electricitatis in motu musculari commentarius*）。伽伐尼在使用帶電的解剖刀解剖青蛙時，偶然發現被肢解的蛙腿居然發生踢腿的動作，就如同活的青蛙一般。吃驚之餘，他繼續實驗觀察，進一步發現使用不同金屬的兩把解剖刀碰觸蛙腿時，蛙腿也會痙攣。伽伐尼認為這個現象是由於生物體自行產生的電所造成的，所以他造了一個新詞：「動物電」（animal electricity）。伽伐尼認定，讓蛙腿動的動物電是由青蛙的肌肉所產生的。

伽伐尼的發現公開後，引發眾多科學家對「動物電」的興趣。最驚悚的一次公開示範是在倫敦。1803年，一名把老婆小孩都推下河淹死的罪犯福斯特被處死刑後，他的屍體被交給伽伐尼的外甥科學家喬凡尼・阿爾蒂尼（Giovanni Aldini），他將屍體的頭部通電，死者的下巴居然開始喀喀作響，連眼睛都張開來了。一位觀眾看完之後當場暴斃，大概是被嚇死的；後來的《科學怪人》的靈感據說就是從這次實驗而來。

〰️ 發明第一個電池

伏打一開始成功地重覆了伽伐尼的實驗，也同意他的觀點，稱讚這一發現「在物理學和化學史上可堪稱是劃時代的偉大發現之一」。但隨著深入研究，伏打對伽伐尼的動物電說法開始產生懷疑，他不太認同伽伐尼說動物電是生物獨有的現象。伏打應用瑞士科學家蘇爾澤的一篇論文[2]，將一枚金幣和一枚銀幣頂住舌頭，用導線將兩枚硬幣連接起來，頓時舌頭明顯感到了苦味。他又找來一根較長的導線將金幣和銀幣連接起來，一端含在嘴裡，另一端接觸眼皮上部，他驚奇地發現，當導線一接觸眼皮的瞬間，眼睛居然產生了光的感覺。

於是伏打推論，金屬不僅是導體，而且不同金屬接觸還能產生電；電不僅能使蛙腿產生抽動，還能刺激人的視覺和味覺神經。所以電不是如伽伐尼所想的由動物肌肉產生，而是由不同金屬接觸而產生。伏打還意識到青蛙的腿既是電的導體（就是我們現在所說的電解質）又是電流的檢測器；就像人的舌頭一樣。所以他把青蛙的腿換成鹽水浸泡過的紙，並用其他方法檢測電流。

為此伏打自己設計了一個驗電器，可以檢驗微小的電流。這就比看蛙腿抽動或是用舌頭感覺要準確得多。經過幾番實驗，他對自己的看法變得更加有信心。

1793年12月，伏打在一封信中公開提出反對伽伐尼「動物電」的觀點，他一再強調電流在本質上是由金屬的接觸產生，與金屬板是否壓在動物體上無關。伏打提倡用「金屬電」代替「動物電」這個名稱。

這一觀點引起激烈的爭論，有人支持，有人反對，但是英國皇家學會還是肯定伏打對生物電學的研究，在1794年將科普利獎章頒給他。

伏打知道要徹底擊倒動物電的理論，證明自己的理論才是對的，最好的方式就是製造出可以利用金屬的特性產生電流又跟生物毫不相干的儀器。終於在1799年，伏打將數對以鹽水混合物浸泡過的布（或紙板）隔開的鋅極與銅（或銀）極堆疊起來，當電池的頂端與底部以導線連接時，就有電流流經電池與導線。這就是第一個發明的電池——伏打電堆（Voltaic Pile）。

伏打還設計一種叫「杯冕」的裝置，將兩種金屬板插到盛有鹽水或稀酸的杯子裡，只要將兩種金屬板用導線接通，就會產生電流；把多個這樣的杯子一個個串起來，就形成了電池組。

1800年3月20日，伏打寫信給英國皇家學會會長班克斯爵士：「無疑你們會感到驚訝，我所介紹的裝置只是用一些不同的導體按一定的方式疊起來的裝置，用30片、40片、60片甚至更多的銅片（最好是銀片），將這些每一片與錫片（最好是鋅片）接觸，然後倒一層水或導電性能比純水更

好的食鹽水、鹼水等,或填上一層用這些液體浸透的紙皮或皮革等,就能產生相當多的電荷。」紙上跳躍著滿滿的得意之情呀!

伏打在得意之餘仍然持續試著用不同的金屬做實驗,他發現一種金屬可以帶正電,而與另一種金屬結合時,又可以帶負電。經過反覆多次的實驗比較,伏打將金屬排出了序列:鋅、錫、鉛、銅、銀、金⋯⋯只要將這個序列裡前面的金屬與後面的金屬相接觸,前者就帶正電,後者帶負電。在序列中的距離越遠,帶電越多,產生的電流越強。伏打做了一系列類似的實驗後,發現電池的電動勢就是兩個電極間電位差的定律。這被稱為電化學的「伏打定律」。

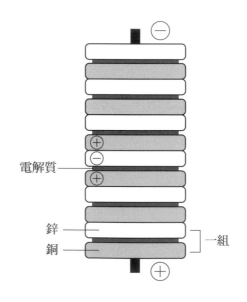

電解質

鋅

銅 　　一組

伏打堆

電池是利用鋅棒與銅棒作電極,以硫酸液作電解液,其反應如下:

陽極反應:$Zn \rightarrow Zn^{2+}+2e^-$　陰極反應:$2H^++2e^- ---> H_2$

由鋅極釋放出的電子,經由導線流入銅極,再吸引電解液中的氫離子,行還原反應,產生氫氣。如此的反應持續發生,導線上就產生穩定的電流。

　　伏打電堆的發明，使人們第一次獲得了比較強穩定而持續的電流，科學家從此之後對靜電的研究逐漸轉變成對電流的研究。從此，電磁學的研究進入一個蓬勃發展的新時期！十九世紀物理與化學的發展很多也都受惠於伏打的研究，例如威廉・尼科爾森（Willican Nichoson）和安東尼・卡萊爾（Anthony Carlisle）利用它發現水的電解；戴維（Humphry Davy）更是利用電池作了許多電解實驗而發現多種元素。

　　伏打的全部著作於1816年在佛羅倫斯出版，一共有五大卷。1819年，他退休後回到故鄉科莫，安享天年，1827年3月5日與世長辭。

　　伏打一生為人謙遜有禮，尤其對伽伐尼推崇備至，縱使意見不同也從未惡言相向。下次換電池時，不要忘了這位溫和有禮的老紳士喔！

注釋

① 波隆那當時是教皇直轄的領土，波隆那大學是全世界第一所大學，創立於1088年。

② Johann Georg Sulzer（1720-1779）發表過一篇論文，描述他把銀片和鉛片的一端靠在一起，另一端則夾住舌頭，結果他的舌頭感到麻木和一股奇怪的酸味，這股酸味既不是銀片也不是鉛片的味道。蘇爾澤猜想可能是兩種金屬接觸時，金屬中的微小粒子產生振動而引起刺激舌頭產生的感覺。蘇爾澤的論文只是公布了他的發現，但並沒有解釋原因，所以當時沒有引起科學界注意。

磁場的單位：厄斯特

　　厄斯特・克海斯提安・厄斯特（Hans Christian Ørsted，1777~1851）
是來自丹麥的哲學家，也是發現電流生磁的科學家。厄斯特出生在朗厄
蘭（Langeland）島的魯茲克賓（Rudkøbing）小鎮，他在物理、化學、
乃至教育，甚至文學都卓然有成，他的各項成就並非隨性為之，而是遵循
著特定理念而成，所以稱他是哲學家應該是最恰當的吧。他的弟弟安德斯
（Anders Sandøe Ørsted）是丹麥當時首屈一指的法學家，後來還當上丹
麥的首相，而他們的姪子也叫安德斯，則是著名的植物學家。

　　1793年，魯茲克賓小鎮沒有正式學校，兄弟倆一起到哥本哈根求學。
兩人不僅通過考試而且各科還名列前茅，順利成為當時丹麥唯一的一所大
學哥哈根大學的學生。厄斯特主修醫學、物理，而安德斯主攻法律。1797
年，厄斯特參加探討韻文與散文的分際的徵文大賽，得到首獎。同一年厄
斯特通過藥學考試取得執照，考官對他熟嫻的實驗技巧大為驚豔。但兄弟
倆最大的收穫莫過於接觸到康德的批判哲學。

　　1799 年，厄斯特得到博士學位，論文主題是《大自然形上學的知識
架構》。畢業隔年，厄斯特得到一筆為期三年的獎學金，開始出國遊學，
求知若渴的他造訪了德國、法國與荷蘭，結識許多當時著名的人物。在德
國，他結識與他同年的約翰・威廉・里特（Johann Wilhelm Ritter），兩
人成為莫逆之交。厄斯特藉由里特接觸到當時在日耳曼方興未艾的新思
潮，年輕的哲學家謝林（Friedrich Wilhelm Joseph Schelling）提出的自然

哲學（Naturphilosophie），是試圖克服康德的「現象-物自身」的二元論而展開的。

　　這樣的哲學刺激詩人們賦予世界以生命和精神，給當時以機械論占統治地位的思想界帶來一股新思潮，受到浪漫主義詩人們的歡迎。但是也由於缺乏明證和事實的支持，往往被嚴謹的科學家視為邪魔歪道。但里特是少數的例外。

　　自然哲學暗示所有對立的物理現象都應涵攝在一個更高更基本的原理之中。這對里特意義重大，他隱約察覺到當時最熱門的伽伐尼的動物電、伏打的電池以及各種的化學反應，與其他的物理現象，如靜電、靜磁，甚至光與熱都相互有所關聯。

　　可惜的是里特的實驗手法不夠成熟，所以當他宣稱他發現地球有類似地磁的電偶極，以及他曾利用磁鐵成功地將水電解，這些實驗在當時無人能複製，今天來看也是子虛烏有，這使得里特難以被大學接受，無法謀得教職，也使得他失意早逝。但里特深信在電與磁的現象之間必定隱藏著一種關聯，這一個信念深深地影響厄斯特。

　　1806年，厄斯特終於如願以償，成為哥本哈根大學的物理學教授。他非凡的文學與哲學素養，使得他的授課非常受歡迎，而且他對教育非常熱心。在厄斯特的努力指導與推行之下，哥本哈根大學發展出一套完整的物理和化學課程，並且建立一系列嶄新的實驗室。這段時間，他的研究領域也擴展到聲學。但他面對最大的挑戰是如何將康德的哲學理念與當時日新月異突飛猛進的化學發展結合起來，可惜晚年的康德身心衰退，已無法回應從伏打以來新興化學的進展。

　　1812年，厄斯特為此在柏林發表《關於大自然的化學定律》（*Ansichten der chemischen Naturgesetze*），這篇文章雖然沒有受到科學界的注目，卻詳細闡述他當時的想法，他嘗試用康德吸力與斥力的理論來解釋各種化學反應以及電與磁的現象。

∿ 電流生磁

　　雖然早在十八世紀就有人描述雷電能使箱中的刀、叉、鋼針等磁化的現象。而富蘭克林在研究避雷針時,用鋼針在萊頓瓶上放電,也發現鋼針變成磁針。但是沒有人對此做過系統的實驗研究。厄斯特曾推測電流會生磁,沿著這個思路,他做了許多實驗,像是在通電的導線旁放一根磁針,企圖用通電的導線吸引磁針,儘管導線灼熱,甚至燒紅發光了,磁針還是毫無動靜。厄斯特也試過把磁針放在充有電荷的萊頓瓶旁邊,但磁針一動也不動。這些實驗都失敗了!

　　直到1820年4月的一個晚上,厄斯特在上解電學課時,他在一個伏打電堆的兩極之間接上一根很細的鉑絲,在鉑絲正下方放置一個小磁針,當接通開關時,他發現小磁針向著垂直於導線的方向大幅度地轉過去!接著厄斯特為了進一步弄清楚電流對磁針的作用,在三個月內做了六十多個實驗;像是把磁針放在導線的上方、下方、前面、後面,畫出電流對磁針作

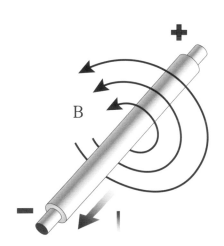

電流生磁

B 代表電流產生的磁場。

用的方向；或把磁針放在距導線不同的距離，考察電流對磁針作用的強弱；此外他把玻璃、金屬、木頭、石頭、瓦片、松脂、水等物質放在磁針與導線之間，發現沒有影響。

厄斯特將這些實驗結果整理之後，在7月21號發表一篇拉丁文的報告。這個發現引起整個歐洲物理學家的注意，法國的科學家們很快就掌握電流生磁的數學關係。長午的堅持終於有了回報，厄斯特想必感嘆萬千吧！那一年英國皇家學會就將最高榮譽科普利獎章頒給厄斯特。1930年，國際電工委員會將「厄斯特」當作是磁場（H）的單位來紀念厄斯特。

雖然「磁場」這個詞彙在歷史上已先被H場占有，而只能將B場稱為「磁感應」，但是現在多數物理學家公認B場為更基本的物理量，因此他們稱呼B場為「磁場」。B場和H場的習慣命名並不一致。為了分歧義，在本文章，磁感應強度指的是B場，磁場強度指的是H場，而磁場則依上下文而定，通常指的是B場。在CGS單位制裡，H場的單位為厄斯特（oersted）。B場的單位為高斯。

磁場

在各個學術領域裡，磁場會被用來稱呼兩種不同的向量場，分別標記為 H 和 B。

$$H \overset{def}{=} \frac{B}{\mu_0} - M$$

μ_0 是磁化率，M 是磁化強度。

H 有時稱為「磁場強度」（magnetic field intensity 或 magnetic field strength）或「附屬磁場」（auxiliary magnetic field）或「H 場」。

向量場 B 也時常稱為「磁通量密度」（magnetic flux density）、「磁感應強度」（magnetic induction）、「B 場」。

那麼厄斯特是不是第一個發現電流生電的人呢？其實早在1802年一位義大利法學教授兼業餘的物理愛好者羅馬格諾希（Gian Domenico Romagnosi）曾在當地報紙發表過類似的發現。不過後來學者仔細比較，

發現羅馬格諾希的實驗是把磁針放在伏打堆之中產生偏折，但卻不是電流產生的效應，而是靜電效應。

⋀⋁⋀ 鋁元素的發現

厄斯特並沒有因功成名就而有所懈怠。1825年，他首先分離出鋁元素，雖然英國科學家戴維爵士那時已經造出鋁鐵合金，但厄斯特是第一個使用還原法將鋁元素從氯化鋁中分離出來。1827年，德國化學家弗里德里希・維勒（Friedrich Wöhler）用金屬鉀還原熔融的無水氯化鋁，得到更純的鋁。由於取之不易，當時鋁的價格更甚於黃金，法國皇帝拿破崙三世在某次宴會讓貴賓使用鋁製餐具，而讓其他來賓「只」使用金製餐具，鋁的身價可見一斑。

厄斯特是第一個使用「假想實驗」（Gedankenexperiment）這個詞的科學家。假想實驗是指：使用想像力去進行的實驗，所做的都是在現實中無法做到（或現實尚未做到）的實驗。在物理學裡，假想實驗是很有用的理論工具。像馬克斯士威提出的「馬克士威幽靈」、薛丁格的「薛丁格貓」以及拉普拉斯的「拉普拉斯妖」都屬於假想實驗。

在厄斯特的鼓吹下，丹麥在1829年成立了前端科技學院（Den Polytekniske Læreanstalt），這是丹麥科技大學的前身，而他擔任首任校長，一直到1851年他過世為止。厄斯特還資助過當時默默無聞的童話作家安徒生，也創造了兩千個新丹麥字彙呢！

終其一生，厄斯特都勤於寫作，曾出版詩集《飛艇》（*Luftskibet*）以及散文集《自然之魂》*(Ånden i naturen)*，在書中他闡述自己一生追求的目標，正是謝林所謂的「物質與精神的合一」。誰說物理學家沒有詩意呢？

電流的單位：安培

　　丹麥科學家厄斯特發現電流生磁的現象，但真正將這個現象成功地用數學公式表達是要兩位法國數學教授跟一位法國軍醫。他們的人生也反映出大革命前後法國的變化，更精確地說，從啟蒙運動那個理性樂觀的世代轉換到在保守與激進搖擺不定的徬徨世代。而科學也不再是貴族沙龍茶餘飯後的休閒，而變成才智出眾之士的終身志業。

安德烈-馬里 · 安培

　　安德烈-馬里 · 安培（André-Marie Ampère，1775～1836）出生於法國的里昂，他的父親讓 · 雅克 · 安培（Jean-Jacques Ampère）家境富裕，深受當時啟蒙運動的影響，所以小安培的教育不假他人之手，完全由他父親主理。他的童年讀物是當時由啟蒙運動的旗手狄德羅所主編的百科全書，而且他是從第一頁按著字母順序一頁一頁讀下去。

　　安培從十三歲開始迷上數學，一開始讀的是數學家達朗貝爾（Jean le Rond d'Alembert）在百科全書撰寫的微積分相關文章，接著熟讀數學大師歐拉與白努利兄弟的數學著作。安培自己後來回憶說，他所有的數學知識在十八歲的時候基本上就已經完成了。

　　1791年，安培的父親接受政府的任命成為里昂的法官，不幸捲進了大革命的政治風暴中，導致1793年被得勢的雅各賓黨徒們送上斷頭台。悲

痛不已的安培心神恍惚,幾成廢人,幸虧後來他遇到一位活潑的少女茱莉葉‧卡羅(Julie Carron)。兩人陷入愛河,安培重新振作,他們在1799年結為連理。為了養家糊口,安培開始當家庭教師,1802年他錄取布爾格中央學校(Bourg École Centrale)的教職,為此不得不與年幼的兒子及生病的妻子分離,單身到布爾格赴任。一年之後他搬到里昂,不幸的是體弱的茱莉葉在七月溘然長逝。於是他帶著幼子離開傷心地,搬到巴黎,在巴黎綜合理工學院(École Polytechnique)擔任講師。1809年安培升上教授,與科西(Cauchy)一起分擔教授數學分析課程,由於安培用的是傳統直觀的教法,而非科西嚴謹的新教法,所以大受學生歡迎。

1814年,安培被選為法蘭西科學院成員。這個時期他的研究興趣很廣,主要是化學,尤其是元素的分類。他對光學也頗有涉獵,他支持光的波動說,與同為波動說支持者的菲涅爾成為好友。從1826年起菲涅爾就住在安培家,直到他在1827年過世。

真正讓安培躍上國際舞台的是1820年厄斯特的大發現,9月4日阿拉戈在法蘭西學術院公開展示電流生磁的實驗,讓安培大吃一驚。一星期後,安培在法蘭西學術院展示另一個吃驚的現象:兩條通電的導線會彼此吸引或排斥,取決於電流的方向。安培在11月6日向法蘭西科學院提出他對電流生磁的論文,並將論文發表在《化學與物理年鑑》(*Annales de Chimie et de Physique*)。可是就在十月的時候,畢歐與沙伐就向科學院提出了報告。報告的內容是今天學生為之頭大的「畢歐-沙伐定律」。畢歐與沙伐是何許人也呢?

∿ 讓-巴蒂斯特‧畢歐

讓-巴蒂斯特‧畢歐(Jean-Baptiste Biot,1774～1862)出生於巴黎,父親是財政部的官員。他在巴黎綜合理工學院(École Polytechnique)就讀時,學院的創辦人大數學家加斯帕爾‧蒙日很欣賞他。畢業後,畢歐成

為博韋中央學校（École Centrale de l'Oise at Beauvais）的數學教授。沒多久，畢歐娶了同學年僅十六歲的妹妹嘉貝麗（Gabrielle Brisson）。畢歐教自己的太太物理與數學，嘉貝麗頗有語言天賦，精通德語。當有人請畢歐將德國的科學著作翻成法文時，畢歐讓太太抓刀翻譯，卻掛自己的名。

畢歐後來自動請纓要幫拉普拉斯的鉅著《天體力學》作校對的工作，由於這部鉅著的出版，拉普拉斯被譽為法國的牛頓。在拉普拉斯的支持下，畢歐在1800年成為法蘭西學院的數學教授，1803年成為法蘭西科學院院士。

1804年，畢歐和給呂薩克製造一個熱氣球，上升到五千米的高度，目的是為了研究地球的大氣層。畢歐還參與過法國測量子午線的工作，也曾在波爾多跟敦克爾克等地做重力加速度的精密測量，研究地球的形狀。

畢歐為了證明光的粒子說，從1812年起開始研究光的偏振現象。他發現光通過特定的有機溶劑時會有特定的偏振方向，畢歐試圖用這個現象說明光是粒子組成的。不過不久其他人就發現光的波動說也能解釋這個現象。此外畢歐還廣泛地研究過隕石，並且確認流星就是隕石通過大氣層時燃燒的現象，但他最出名的貢獻還是關於電流生磁的「畢歐-沙伐定律」。

菲利克斯・沙伐

菲利克斯・沙伐（Félix Savart，1791～1841）是畢歐的助手，比畢歐小十七歲。沙伐的父親是一位事業有成的工程師，並且熱心公益，與鄉親共同在麥次（Metz）創辦一所工程學校。沙伐有一個大一歲的哥哥。1808年，沙伐開始在麥次的一所醫院學習醫術，兩年後結束訓練，他成為拿破崙軍隊的軍醫。滑鐵盧之役中法軍被聯軍擊潰後，沙伐的軍醫生涯也告終止。退役後，沙伐進入斯特拉斯堡的一所大學繼續學醫，畢業後自己

開了一所私人診所。這時候他開始對物理發生興趣，漸漸地沉迷於研究聲學。他建立一個設備優良的實驗室，專門研究聲波的物理行為。

1819 年，沙伐將診所關閉，去巴黎找在法國學院擔任教授的畢歐。畢歐覺得沙伐在弦琴樂器的研究成果非常有趣，也很欣賞沙伐的才能，所以他幫沙伐發表了幾篇論文。那時候，畢歐正在研究電學。兩位志同道合的科學家決定在這領域合作。

就這麼剛好，沒多久厄斯特的發現讓他們兩人找到一個絕佳的主題，很快地他們宣布了描寫電流產生磁力的數學公式，就是「畢歐-沙伐定律」。他們的論文《關於伏打堆的磁現象》（*Note sur le magnétisme de la pile de Volta*）很快就刊在化學與物理年鑑上。

沙伐在畢歐的幫忙下，先在某間私人學校教書， 1827 年，他被遴選為法國科學院的院士。隔年他接替安培到法蘭西公學院擔任教授。

聲學一直是沙伐的最愛，他發展出一種聲學儀器，沙伐音輪（Savart wheel）。利用齒輪來控制旋轉的角速度，這音輪可以發出各個不同的特定頻率的聲音。

在音樂學中以前用的音程度量單位，沙伐（savart），就是以他命名；雖然真正發明這度量單位的是法國數學家蘇夫爾（Joseph Sauveur， 1653–1716）。現在通常使用「音分」（cent）來表示兩音之間的距離。一個savart等於3.9863 cent。

〰️電學中的牛頓

雖然安培好像晚了一步，但是安培的手法略勝一籌。他在幾周內就提出「安培定則」，即「右手螺旋定則」。隨後在幾個月之內連續發表三篇論文，並設計九個著名的實驗，總結載流迴路中電流元在電磁場中的運動規律，就是名列電磁學中最重要的四條定律之一的「安培定律」。這也是後來把電流的單位選作「安培」的原因。

1954 年第 10 屆國際度量衡大會決定，這個國際性的單位制應以六個基本單位為基礎，用於測量溫度、可見光輻射、機械及電磁物理量。建議中的六個基本單位分別為：公尺、公斤、秒、安培、開耳文和燭光。
1960 年第 11 屆國際度量衡大會正式將這一單位制命名為「國際單位制」（Le Système International d'Unités，簡稱 SI）。安培是其中唯一的電磁學單位。換句話説，所有的電磁單位可由安培再與其他與電磁學無關的基本單元組合而成。

安培將他的電磁理論的架構建在「電流」的基本概念上，1821年安培進一步提出分子電流假設，認為存在有帶著特定電荷的微小粒子，而它們的運動就造成電流，引發磁場。所以電與磁都可以用這種粒子的運動來解釋。安培對電磁作用的研究結束了之前電、磁分離的認識，他的分子電流假說揭示磁現象的電本質，為此後電磁學的發展打下基礎。

當時許多人對安培的理論是不信服的，畢歐就曾寫文章抨擊過安培。厄斯特也完全不信服安培的理論，他認為推動磁針的是在導線外以螺旋前進的電流體運動，他稱之為「電衝突」（electric conflict）。另一方面，畢歐和沙伐認為電線被流過它的電流給磁化了，磁針與磁化的電線相互作用。他們以此來解釋厄斯特的實驗，並且認為安培所發現的安培力是磁化的電線之間的磁力。

安培為了駁斥他們，花了六年時間設計並執行許多實驗，終於在1827年出版了他的鉅著《由經驗推導而出的電動現象之數學理論》（*Mémoire sur la théorie mathématique des phénomènes électrodynamiques uniquement déduite de l'experience*），他還創造電動力學（electrodynamics）這個詞。

電磁學的總大成者馬克斯威爾對安培的工作是讚譽有加，稱安培的研究是「科學史上最輝煌的成就之一」。後人甚至稱安培是「電學中的牛頓」。電子的發現是十九世紀末的事，對磁性的真正了解更是二十世紀才成熟，只能說安培的洞察力實在令人佩服。安培在1824年被選為法蘭西公

學院物理部門的主任，待到1828年為止。1836年，安培在馬賽因病逝世，客死異鄉。

電流生磁固然催生了電磁學的誕生，但是反過來，磁是否能生電？電與磁到底是什麼關係？這些都還要留待下一個世代的科學家來回答，讓我們繼續看下去！

電容的單位：法拉

　　麥可·法拉第（Michael Faraday，1791～1867）出生於英國倫敦附近的紐因頓巴茨（Newington Butts），全家都信奉桑地馬尼安教派。法拉第的父親是名鐵匠，但身體不好而無法常上工，家境貧困的法拉第十四歲時就開始在書本裝訂商喬治·希伯（George Riebau）的書店當學徒。七年的學徒生涯中，讀了許多啟迪他的好書，像是神學家與邏輯學家以撒·華茲（Isaac Watts）的《心靈的增進》、珍妮·馬爾切特（Jane Marcet）的《化學談話》（*Conversations on Chemistry*），這是第一本寫給一般讀者看的化學入門書，法拉第不但熟讀書中內容，將書中的實驗一個接著一個地試做過呢。

　　當然，法拉第絕不是英國唯一嚮往科學的學徒，但是幸運之神似乎特別眷顧他。希伯的一位老主顧威廉·當斯（William Dance）是一位音樂老師，在1812年送給法拉第四張戴維（Humphry Davy）在皇家研究院演講會[1]的入場券。

〰️ 分離出鉀元素

　　1801年，戴維成為皇家研究院的化學演講助手兼實驗主任，一開始他做電學的公開演講。由於他的實驗表演巧妙，外表又英俊挺拔，風度翩翩，因此引起轟動，吸引很多女性聽眾。於是乎戴維很快就升為皇家研究

院的教授。1807~1808年之間，他利用伏打電池發展出所謂熔鹽電解的實驗手法，藉此成功分離出鉀等六種元素。

> 熔鹽電解是指利用電將某些金屬的鹽類熔融，並作為電解質進行電解，以提取和提純金屬的冶金過程。

法拉第興沖沖地在台下聽了四次演講，連同實驗裝置的素描都完整記錄，並用他拿手的裝訂技術將筆記做成一本精美的書。後來戴維在做實驗的時候發生爆炸而傷及眼睛，急需一位研究助理幫他做實驗的記錄，就這樣，法拉第當了幾天戴維的研究助理。沒多久，戴維就推薦法拉第為皇家研究院的研究助理。半年之後戴維要到歐洲旅行，也帶著法拉第隨行。

這趟旅行雖然讓法拉第大開眼界，但回國後他卻失業了。幸好皇家研究院以比之前稍高的薪水再次聘用法拉第。皇家研究院向來重視以科學來改善窮人的福祉，最好的例子莫過於安全燈的改良。戴維就曾親自進到礦坑內測試安全燈的效用，而且不申請專利。這些做事態度都影響著法拉第，他後來都繼續奉行。但兩人的關係隨著戴維在1819年接受從男爵的爵位，隔年成為皇家學會主席之後，漸行漸遠。兩人間的裂痕不久後也浮上檯面。法拉第在1821年被升為助理總監。

在厄斯特發現電流生磁現象後，戴維和沃拉斯頓（William Hyde Wollaston）嘗試設計一部電動機，但沒有成功。沃拉斯頓認為電流在導線內以螺旋方式進行，所以他預測一條懸掛的導線會受到附近磁鐵的影響而以自身為軸旋轉。法拉第與他們討論過這個問題後，把導線接上化學電池使其導電，再將導線放入另一個內有磁鐵的汞池之中，他發現導線繞著磁鐵旋轉。這個裝置現在稱為「單極馬達」。

> 單極馬達的原理：放置在與磁場垂直的載流導線會產生一個垂直磁場與導線的力。此力產生一個力矩。由於旋轉軸與磁場平行，且對應的磁場方向不變，故電流不需要改換方向還是可以持續旋轉。

在未告知沃拉斯頓的情況下，法拉第將這項發現的報告發表在《科學季報》（*Quarterly Journal of Science*）。雖然沃拉斯頓的預測和法拉第的實驗並不相同，但沃拉斯頓和他的朋友仍認為這是剽竊，為此法拉第受到相當嚴厲的責難。1823年3月，戴維以主席的身分在皇家學會演講，居然將電磁轉動歸功給沃拉斯頓，這對法拉第來說是格外難堪之事。之後有人提名法拉第成為皇家學會院士的候選人，戴維不但反對，還試圖阻擋法拉第當選，但法拉第還是在1824年1月8日當選為皇家學會的院士。這件事讓兩人師徒情分盡失。而從1825年起，法拉第更獲聘為皇家研究院的實驗室主任，年薪一百英鎊。他擔任這個職務一直到退休。

⋀⋀⋀ 以磁生電

厄斯特發現電流生磁後之後，科學家發現愈來愈多電磁相關的現象。法國科學家阿拉戈發現把電線捲成線圈，再把不帶磁性的金屬棒放進去，金屬棒會被磁化。此外，若是將圓形磁鐵和不帶磁性的圓型金屬板，彼此靠近排在一起，當磁鐵轉動時，金屬板也會朝同樣的方向轉動；這就是「阿拉戈圓盤」。

英國科學家司特金（William Sturgeon）在1823年也發現，若是將鐵棒放入用鐵絲纏繞而成的螺線管內，鐵棒的磁場會變強。但這些基本上都是以電生磁，那倒底能不能以磁生電呢？雖然大家普遍相信有可能，可是沒有人做出來，直到1831年，法拉第才終於成功地以磁生電！

法拉第把兩條獨立的電線環繞在一個大鐵環，第一條導線連上電池，另外一條導線只連上電流計，他發現當第一條導線通電跟斷電時，連上第二條導線的電流計都會動一下。法拉第接著把磁鐵通過導線線圈，線圈中也有瞬間電流產生。移動線圈通過靜止的磁鐵上方時也一樣，原來之前眾人都期待「以磁生電」會產生穩定電流，只有法拉第注意到磁場變化生出來的電流都是瞬間電流。

1831年11月下旬，法拉第在皇家科學院的聚會中做口頭發表，接著又以「與電相關實驗的研究」為題投稿到自然科學會報。隔年法拉第就獲得他的第一面科普利獎章。

磁力線

法拉第研究電磁感應後提出一個非常重要的新概念：「磁力線」。根據法拉第的看法，磁力線占據磁鐵內部與其周圍的空間。雖然肉眼不可見，但是只要將鐵粉灑在磁鐵上方的紙張上，馬上就可以看到圖形。磁力線在磁力最強的兩極附近分布得最稠密；離兩極越遠，隨著磁力愈弱磁力線分布的密度愈低。有了磁力線的概念，法拉第認為切斷線路上的磁鐵或其他電流發出的磁力線，是引起電磁感應的原因。法拉第的磁力線概念後來被馬克士威發揚光大。

證明了「所有的電」是相同

法拉第下一個重要貢獻是證明了「所有的電」基本上是同一種東西；在十九世紀初，電因不同來源而有不同的名稱；像是由伏打電堆（或一般化學電池）所得的電稱為「伏打電」，經由摩擦而得的靜電稱為「摩擦電」，電磁感應產生的被稱為「磁電」，溫度不同的兩個金屬產生的叫「熱電」，電魟和電鰻之類產生的則叫「動物電」等等，法拉第認為這些不同名稱的「電」擁有相同的性質，但他如何證明呢？

1833年，法拉第設計一種測量電流的儀器，根據電解過程中釋放的氣體體積來衡量流過的電流量，也就是後來的伏特計（Voltmeter）。他用這種儀器量度電解過程中，每產生1克氫氣所通過的電量與在電解槽中所沉積出的各種物質量的關係，最後歸納出無論電的由來為何，一定量的電會引起一定的效果。就這樣，法拉第證明了各種名稱的電其實都是相同的。

∿ 法拉第籠

　　三年後，法拉第又做了一個驚人的實驗，他建造一個被細密金網包覆的龐大木籠，長達3.5公尺。進行實驗時，大量的電荷會從發電機送到籠子表面的金網，甚至有火花從金網飛出來，但是法拉第進到籠子裡，不但點燃蠟燭，還一副悠哉的模樣，他並用電表確認籠子裡完全沒有電荷，這就是「法拉第籠」。被導體包圍的法拉第籠內部的電位完全相同，所以一旦將電荷帶進籠內部，電荷就會往法拉第籠移動並分布在籠子的表面。這就是為什麼坐在飛機和汽車等金屬製的交通工具中，就算被雷打中，裡面的乘客也不會受到影響的原因。

　　1838年，法拉第與德國的數學王子高斯（Johann Karl Friedrich Gauss）一起獲得科普利獎章，這是他第二次獲獎。接下來他的興趣由電磁現象轉到光與磁相關的問題，並且得到非常豐碩的成果。

∿ 法拉第效應

　　法拉第認為光跟電磁現象有密不可分的關係，一開始他嘗試讓光通過強電場，想要觀察偏振光是否產生變化。但是徒勞無功。後來法拉第把電場換成磁場，在偏振光的附近放置磁極，並且讓偏振光通過各式各樣透明物質。雖然改變過磁鐵的強度、位置、通過物質的種類，卻一直無法得到預想的結果。

　　1845年9月13日，法拉第終於發現電磁鐵讓光的偏振面旋轉的神奇現象。當偏振光與磁力線平行地通過重玻璃時，會產生最大的旋轉。這個實驗首次證明光和磁力有所聯繫，也開啟後來馬克士威的工作。電場其實也有類似的現象，但是法拉第當時的儀器還量不到這個效應，要等到1878年蘇格蘭科學家科爾（John Kerr）才成功。

　　當時人類只知道磁石等特殊物質有磁性，但法拉第相信所有物質或多

或少都有內含的磁性。雖然早在1778年,布魯格曼斯(S. J. Brugmans)就發現金屬鉍和金屬銻在磁場中存在某些抗磁性現象,但直到1845年9月,法拉第發現外在施加磁場中,所有天然物質都擁有不同程度的抗磁性,抗磁性(diamagnetism)這個詞才正式使用在文獻中。

　　法拉第不僅相信光與電磁現象有關,他還相信重力與電磁現象也有關。1849年4月,法拉第開始做實驗證明電與重力的關係。他嘗試將銅之類的非磁性物質所做成的球,從直立的金屬製螺旋梯中落下,但沒有任何特殊發現。法拉第不得不承認無法證明電和重力的關連。他非常失望,因為他連重力電這個專有名詞都準備好了。法拉第將這個研究結果投稿到《自然科學會報》,皇家學會的祕書斯托克斯認為實驗沒有成果,將它退稿。這是法拉第最後一篇的投稿論文。

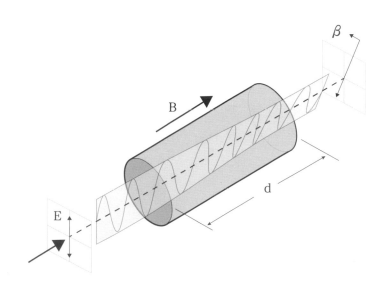

法拉第效應

磁場改變光的偏振方向。

E 是原先的光的電場方向。B 是通過磁性物質時施加的強大磁場。

β 是光經過磁性物質產生的極化方向改變量。d 是光通過磁性物質的長度。

　　法拉第真正最後的實驗又回到光與磁的關係。1862年3月12日，他觀察強磁場是否會改變鈉的D線（焰色反應中的黃色光）的頻率與譜線線寬。結果是一場空。然而，法拉第的想法並沒有錯，問題出在他當時使用的儀器，尚不足以觀察到這效應[2]。

　　1858年起的九年間，法拉第夫婦接受英王的安排，住到漢普頓宮中的恩寵住宅（Grace and Favour House）。1862年，法拉第覺得連自己創辦的聖誕節演講都已經沒有體力再應付，於是向皇家研究院提出辭呈。1867年8月25日他在喜歡的書房椅子上壽終正寢。

　　1881年，巴黎第一屆國際電學家大會將電容的單位取作「法拉」（farad）來紀念法拉第。

　　綜觀法拉第一生的研究，他所追求的是各種物理現象的合一。這跟他個人虔誠的宗教信仰有密不可分的關聯。有趣的是，法拉第工作一輩子的皇家研究院非常重視科學應用的機構，與傳統的學術單位大相逕庭，但是法拉第的電磁學研究有許多在他有生之年是看不出應用價值的。到頭來，做科學最要緊的是有好品味，做出好的科學才是王道吧！

注釋

1 皇家研究院是在1799年由美國出生的科學家倫福德伯爵（Benjamin Thompson Count Rumford）創立的，宗旨是希望藉由科學的演講和實驗，教導人們將科學應用在日常生活中。

2 1896年，荷蘭的物理學家季曼（Pieter Zeeman，1865~1943）利用分光能力更好的光柵分光器觀察到今日我們稱之為「季曼效應」的光譜線分裂。季曼後來和用理論解釋此效應的羅侖茲（Hendrik Antoon Lorentz，1853~1928）一起獲得1902年的諾貝爾物理獎。

磁通量的單位：韋伯

　　威廉‧愛德華‧韋伯（Wilhelm Eduard Weber，1804~1891）出生於薩克森選侯國的威田堡（Wittenberg），那裡正是五百年前馬丁路德跟羅馬教廷決裂，爆發宗教改革的地方。威廉的父親麥可韋伯（Michael Weber）是威田堡大學的神學教授，威廉在家排行第二，他的哥哥恩司特‧哈因里希‧韋伯（Ernst Heinrich Weber）與弟弟艾德華‧腓德利克‧韋伯（Eduard Friedrich Weber）兩個人後來都成為生理學家。他們在威田堡時的房東藍谷（Christian August Langguth）教授是博物學的教授，而另一位房客是研究振動與聲波而頗負盛名的恩斯特‧克拉德尼（Ernst Florens Friedrich Chladni）教授，所以韋伯兄弟在耳濡目染中都走上科學的道路。當拿破崙在萊比錫之役大敗之後，普魯士軍開始攻擊威田堡，韋伯全家就搬到哈爾。

　　搬到哈爾之後，韋伯在當地的中學就讀。當時恩斯特為了研究人體的循環系統，特別是動脈的力學性質，就開始波的運動實驗，韋伯也參與這個研究；他們將液體倒入管壁有彈性的管子中觀察流體的行為。1825年，兩兄弟在萊比錫出版厚達五百多頁的《基於實驗的波的理論》（*Wellenlehre auf Experimente gegründet*），並特地將書獻給他們的物理啟蒙老師克拉德尼教授。

　　韋伯從1822年起在哈爾大學學習數學，在那裡他親炙於物理學家‧史威格（Johann Schweigger）與數學家普夫卡（Johann Friedrich Pfaff），

並在前者的指導下研究管風琴發聲理論。1826年獲得博士學位，1827年獲得大學任教資格，並留校任教，1828年升為副教授，這樣快的晉升速度讓人吃驚，也顯示他受器重的程度。很快地，機會臨到他身上，讓他躍上更耀眼的舞台。

⋀⋀⋀ 和數學大師高斯合作

1828年，韋伯和哥哥恩斯特一起參加著名博物學家亞歷山大‧洪堡（Alexander von Humboldt）組織的德國自然科學學者和醫生協會的第十七次大會，韋伯關於管風琴琴管的演講，不僅得到洪堡的讚賞，德國著名數學家高斯也對他青睞有加。1831年，高斯邀請韋伯前往哥廷根大學，韋伯二話不說就接受邀請，從此展開他與高斯一起合作的六年黃金歲月。

哥廷根大學因自由的科學探索精神和氛圍而居於德國大學的中心地位，但讓哥廷根聲名大噪的是數學家高斯，他是哥廷根大學的教授和當地天文台的台長。數學王子高斯當時正專心一意地研究地磁，並在尋找適當的方法來絕對制定出地磁的單位。韋伯一到哥廷根就開始與高斯合作研究地磁學和電磁學，特別是電磁現象的絕對單位問題。

當時的電磁學測量都還只是相對的，換言之，之前的電磁實驗雖然可以驗證，如安培定律中電流與磁場的比例關係，但是電流與磁場都還沒有絕對的單位。反過來看，牛頓力學中所有物理量都有可以用長度（L）、時間（T）與質量（M）來做因次分析。

> 牛頓是力的單位，因次是 ML^2T^{-2}。
> 一牛頓等於1 公斤x米/秒^2，只要給定長度、時間與質量所組成的絕對單位，所有力學的物理量就可定義出它們的絕對單位。

換言之，要設定電磁相關的絕對單位等於是把電磁力納入牛頓力學的堂皇大廈中，這比想像來得難。舉例來說，磁針在地磁影響下會產生偏

轉，我們可以巧妙地設計一個扭擺可以讓磁針產生類似簡諧振動的扭動，這個扭動的頻率（ω）與磁針的磁偶矩與磁場的乘積有關，由此我們可以決定磁偶矩與磁場的乘積的單位。但問題是如何分別決定磁偶矩的單位跟磁場的單位呢？

韋伯與高斯想出一個好方法，拿出另一塊磁鐵與原先的磁場相距為R，當兩者達到力學平衡時，兩者夾角θ與磁場跟磁針的磁偶極矩的比值有關；他把磁針的磁偶極矩由扭擺的扭動頻率用ω、R、θ以及扭擺的轉動慣量J來表達，這樣地磁的絕對單位也可以設定了。1832年他們就發表關於磁場絕對單位的第一篇文章。後來韋伯把電力與電磁力也包含進來。

⋀⋀⋀ 第一個電話電報系統

他們的合作並不限於一般的理論工作而已。1833年韋伯在哥廷根市上空搭建兩條銅線，然後把一個線圈放在上下兩個水平放置的電磁鐵棒之間上下移動，產生的感應電流的方向會因線圈運動方向改變而改變，把兩個電流方向看成零跟一，再把每個字母寫成二位元組成的一組代號，就可以傳送訊號了。

高斯在給亞力山大・洪堡的信中寫道：「韋伯獨自一人架設了電報線……表現出驚人的耐心。」

韋伯在復活節當天完成物理研究所到天文台之間距離約1.5公里的電報通信。這可是世界首創的第一個電話電報系統。這個系統比英國查爾斯・惠斯通（Charles Wheastone）及威廉・庫克（William Cooke）發明的指針式電訊，以及美國人山繆爾・摩斯（Samuel Morse）利用摩斯電碼傳送電訊的發明都要早四年呢！

1836年，韋伯、高斯和亞歷山大・洪堡共同建立哥廷根磁學協會（Göttingen Magnetische Verein）。除了廣泛的電磁學實驗外，韋伯還進行物理生理學實驗，並和弟弟愛德華一起出版《人類腿部力學》

（*Mechanik der menschlichen Gehwerkzeuge*）。

　　但是政治風暴卻讓韋伯與高斯的合作在1837年戛然而止。恩斯特・奧古斯都一世[1]於1837年11月1日登基後，他宣布廢棄漢諾威王國由前任國王威廉四世欽定的、相當符合自由主義精神的憲法。 於是，哥廷根七君子[2]便在同年11月18日公開提出一份抗議信。11月底，大學副校長及四位學院長在未經大學授權的情況下，以大學名義向國王提交一份聲明，宣告大學與此七人斷絕任何關係。12月12日，恩斯特・奧古斯都一世將這七位教授解職，甚至將其中三人——達爾曼、雅各・格林以及格維努斯——驅逐出境；七君子的行動引發各地民眾巨大的響應，民眾甚至捐錢資助被驅逐出境的三人。各種高舉自由主義信念的抗議活動、抗議信在全德意志地區如雨後春筍般出現地擴散開來。哥廷根大學則在放逐七君子後，名譽受到相當長時間的傷害。韋伯是七君子中唯一的自然科學家。

∿ 第一張地球磁場圖

　　韋伯失去哥廷根的教職後，先到柏林、倫敦和巴黎，之後他回到哥廷根，在哥廷根磁學協會工作。1840年，韋伯和高斯畫出世界第一張地球磁場圖，並且定出地球磁南極和磁北極的位置。到了1843年，韋伯被萊比錫大學聘為物理學教授，他的兩位兄弟也都在萊比錫大學擔教授。

　　十九世紀初，伴隨著新發現的各種新的電磁光熱等現象，都還沒辦法用牛頓力學系統來描述，所以如何將在古典力學將新發現的電磁現象收納進來，是非常重要的工作；韋伯試圖將庫侖的靜電力與安培發現的電流之間的力統一起來，終於在1846年做到了！

　　韋伯寫出一個方程式描寫兩個電荷之間的作用力，由三個項組合而成，如果兩個電荷都是相對靜止，就會變成庫侖力；但是如果電荷相對速度不為零，就會產生安培所發現電流之間的力。基本上，韋伯把電磁作用當作是電荷間的超距力。後來韋伯和弗朗茲・恩斯特・諾伊曼（Franz

Neumann）繼續發展出一套完整把電磁力當做超距力的電動力學；這套電動力學後來成了電動力學理論的主流，一直到馬克士威的電磁理論提出後才被取代。

諾伊曼在1845年送到柏林科學院的兩篇論文《感應電流的一般定律》（*Allgemeine Gesetze der inducirten elektrischen Ströme*）和《關於感應電流數學理論的一般原理》（*Ober ein allgemeines Princip der mathematischen Theorie inducirter elektrischer Ströme*）是第一次用向量位來描述電磁現象的文章。

向量位（vector potential）後來在馬克士威的電磁理論中扮演吃重的角色，由此衍生的「規範不變性」更是二十世紀基本粒子理論最重要的基本原則。雖說電磁超距力的理論許多課本都略而不提，但就科學發展的進程上，卻是很重要的一環呢！

真空中的光速值

韋伯在萊比錫只待了六年，德國爆發1848年革命後，政治氣候丕變。恩斯特·奧古斯都一世被迫頒布比先前更為先進的憲法。1849年，韋伯被允許返回哥廷根，當時擔任他原先的教授缺是利斯廷（Johann Listing），在韋伯的堅持下，利斯廷保住了他的教職，而哥廷根物理系破天荒有了兩名教授。後來波恩與法蘭克同時在哥廷根物理教授就是拜這雙教授制所賜。韋伯待在這個職務直到1870年退休為止。1855年，高斯過世後，韋伯接任哥廷根天文台台長。

韋伯一生發明了許多電磁儀器，像是既可測量地磁強度又可測量電流強度的雙線電流表，和既可測量電流強度又可測量交流電功率的電功率表，以及測量地磁強度垂直分量的地磁感應器等等；利用這些儀器，韋伯與科爾勞施（Rudolf Kohlrausch）一起完成確定電量的電動單位與靜電單位之間關係的測量，得到的比值即是真空中的光速值。為什麼呢？因為靜

電單位是用庫侖定律以靜電力來定義電荷，而電動單位則是利用安培定律電流之間的作用力來定義電荷，它們的比值是（$\varepsilon_0\mu_0$）$^{-1/2}$。這個比值也出現在韋伯力方程式的第二項與第三項，韋伯稱為「c」。這一測量後來給了馬克士威的光學電磁理論重要的支持，而馬克士威也跟著韋伯用「c」代表光速。

> ε_0 與 μ_0 分別是真空的介電係數（vacuum permittivity）和磁導率（vacuum permeability）。
>
> 他們怎麼量這兩個單位的比值呢？他們先讓兩個電容器上戴相同的靜電荷，並且用它們的靜電作用力決定它們的電量大小，再放電讓電荷通過兩導線，然後再量導線間的吸引力。他們量到的值是 3.1074×10^8 m/s，這個值與 1849 年法國科學家費佐量的光速 3.133×10^8 m/s 非常接近，但是韋伯與科爾勞施都沒注意到這件事；而在 1856 年發表他們的結果。

磁通量的正式單位

1858年科爾勞施去世後，韋伯繼續與萊比錫的物理學家和天文學家宙涅爾（Karl Friedrich Zöllner）合作研究物質的導電性質。1859年，韋伯榮獲英國皇家學會的最高榮譽科普利獎章。宙涅爾不幸於1882年英年早逝，但是他的電荷原子概念卻成為韋伯晚年研究的重心。

他把物質想成是由帶電粒子構成的，這些帶電粒子彼此以韋伯的電磁力相互作用，如同在牛頓力學中粒子之間以重力相互作用一般。韋伯以此解釋物質的電、磁、熱等性質，得到不錯的結果，這就是後來物理現代原子論的濫觴。

1881年，韋伯和高斯提出的單位制在巴黎國際會議被確認，但是德國代表團團長赫姆霍茲建議用「安培」（Ampère）取代早已廣泛使用的「韋伯」（Weber）作為電流強度的單位。聽說赫姆霍茲與韋伯時常意見相左，大概是不太想讓自己的對頭成為家喻戶曉的名字吧？「韋伯」後來還是成為磁通量的正式單位。只是磁通量跟電流比起來還是差一截，倒是

「高斯」成了磁場的單位。

　　1891年6月23日，韋伯在哥廷根去世。他與普朗克（Max Planck）、波恩（Max Born）葬於同一墓地。讀者們若有機會到哥廷根，不妨去向這位不畏強權的前輩墳前獻花致意吧！

注釋

1 當英國維多利亞女王即位成為英國女王時，漢諾威王國與大不列顛王國的同君聯合也宣告結束。漢諾威王國在1837年迎來了自己的君主恩斯特‧奧古斯都（Ernest Augustus）一世，他是英王喬治三世的五子。

2 Göttinger Sieben，七位都是哥廷根大學的教授：除了韋伯以外，還有法學家阿爾布雷希特（Wilhelm Eduard Albrecht）、歷史學家達爾曼（Friedrich Christoph Dahlmann）、神學家與東方學學者挨瓦爾德（Heinrich Ewald）、文學與史學者格維努斯（Georg Gottfried Gervinus）、法學與德語學者威廉（Wilhelm Carl Grimm）以及著名的格林兄弟。

電感的單位：亨利

電感的單位：亨利
如果電路中電流每秒變化1安培，則會產生1伏特的
感應電動勢，此時電路的電感就定義為1亨利。

　　約瑟夫・亨利（Joseph Henry，1797~1878）出生在紐約州的阿伯尼（Albany），父母都是來自蘇格蘭的移民。當時許多歐洲企圖翻身的窮人都選擇移民美國。亨利的父親威廉・亨利在哈德遜河上的船隻工作，但因健康不佳，小亨利七歲就被送去紐約州加爾威（Galway）跟祖母同住。兩年後亨利的父親病逝，但他繼續待在加爾威讀書；後來亨利就讀的學校為了紀念他，改名為約瑟夫・亨利小學。

　　亨利十三歲時回到阿伯尼跟母親同住，當鐘錶匠和金匠的學徒，兩年後這位錶匠就收攤了。亨利的母親只好把房子變成寄宿之家，並供應三餐來維持生計。此時的亨利愛上戲劇，不只愛看還愛演，不過他最後沒變成演員，而走上學術的路，關鍵是他十六歲時，一位寄宿在他家的人借他一本《專為年輕人而寫的實驗哲學、天文學，以及化學的演講》（*Lectures on experimental philosophy, Astronomy and Chemistry, intended chiefly for the use of young people*）。亨利讀了之後愛不釋手，大為感動，立志要成為科學家，而他也的確做到了！

　　1819年，他已經二十二歲，才得以進入阿伯尼學院念書。畢業後他留在學校當實驗室的助手，之後他成為助理工程師，參與勘查興建中的哈德遜河與伊利湖之間的國道；這引發他對工程的興趣。1826年，他成為阿伯尼學院數學和自然哲學的教授。就在這個沒沒無聞的地方，亨利開始他精彩的學術生涯。

〰️ 耶魯磁鐵

　　當時電磁學才正在起步的階段，而亨利也對這個新興學科有著高度的興趣。1825年，英國科學家斯特金（William Sturgeon）將通有電流的金屬線纏繞在絕緣的棒上，裡頭裝著鐵棒，做成全世界第一個電磁鐵。這是因為當直流電通過導體時會產生磁場，而通過作成螺線管的導體時則會產生類似棒狀磁鐵的磁場。在螺線管的中心加入一個磁性物質後，這個磁性物質會被磁化，而達到加強磁場的效果。亨利得知這個發現後，在軟鐵芯上纏繞用絕緣電線做成的密集線圈，使用電流不大的電池通電後，電磁鐵變得比斯特金的電磁鐵強上許多。這是因為電磁鐵所產生的磁場強度與直流電大小、線圈圈數及中心的導磁物質有關。

　　亨利不斷地改良電磁鐵，1830年時，亨利的阿伯尼磁鐵已經可以吸上750磅（相當於350公斤）的強力電磁鐵。隔年，他再接再厲，他的「耶魯磁鐵」居然可以吸起兩千磅的鐵塊，這已經是接近一噸重的鐵塊！

〰️ 最早的電磁驅動機

　　亨利是一個頗具巧思的科學家，當他在摸索如何改良電磁鐵的時候，發現使用高電壓可以將電流傳得比更遠而且不致衰減，所以他讓學生聚集在一個鐘前，然後他利用高電壓，從一千英呎外傳送電流到電磁鐵，讓電磁鐵吸引一個鐵片讓鐵片敲響鐘。學生們自然樂不可支，喜歡演戲的亨利也是得意萬分。這是1830年的事，比韋伯在哥廷根的電報還早呢！當然，這離商業用的電報還有一段距離，最大的困難是很難將電流傳到超過一英里的距離，即使是使用高電壓也不行；這問題要等到1836年亨利發明強力電池才被解決。他的另一個相關重要發明是繼電器（relays）。

亨利的繼電器
繼電器的原理很簡單，它的輸入部分為一組電磁鐵，當電磁鐵通過電流時，產生磁性，就吸引著輸出接點閉合或斷開。當電流消失後，輸出接點又回復到原始狀態。這樣電流訊號就可以自動地重複再傳送一次。

　　亨利還有一個大發明，就是在1831年創造史上最早的電磁驅動機器之一。它沒有做圓形旋轉運動，而是一個磁鐵搖桿放置在桿子上，來回搖擺。搖桿兩端接著引線，當搖桿倒向一邊時，引線會碰到旁邊放著的電池，形成封閉電路而改變電磁鐵的磁場方向，讓搖桿往另一方倒，直到另一邊引線碰到另一邊的電池為止。這個算是現代直流馬達的始祖[1]。

電磁感應

　　真正讓亨利在科學史上佔先一席之地的是電磁感應。1830年，他發現法拉第電磁感應定律，而且比法拉第還早，可惜沒有公開。1832年，亨利發現當電流有變化時，線圈會產生一個與反抗電流變化的電壓；這是由於電流變化造成線圈中磁通量變化所造成的。他更進一步把兩個線圈放在一起，甲線圈上電流的變化會誘發乙線圈上產生與電流變化反向的電壓；這稱之為「互感」。可惜的是，法拉第比亨利早幾個月發現了互感的現象。亨利在1832年7月在《美國科學期刊》（*American Journal of Science*）發表關於自感的結果。由於亨利並不常將他的實驗結果寫成論文公開，所以吃虧不少。

繼電器與電報的發明

　　1832年，亨利離開阿伯尼學院，成為新澤西學院（College of New Jersey）的教授，這所學校是普林斯頓大學的前身。差不多同一時間，有一位畫家居然也開始從事電報的研究，他就是發明摩爾斯電碼的摩爾斯

（Samuel Finley Breese Morse）。說來奇怪，一位專業畫家怎麼會對電報產生興趣呢？摩斯從歐洲回美國時在客輪上聽到查爾斯‧湯瑪斯‧傑克遜（Charles Thomas Jackson）的演講，傑克遜當場還示範電磁鐵電流開關吸放鐵釘的實驗。摩爾斯靈機一動，看出這是遠距離傳播一個不得了的方式，所以專心投入電報的研究。

然而很快地摩斯就陷入瓶頸，電流難以遠距離傳輸這個問題馬上浮出

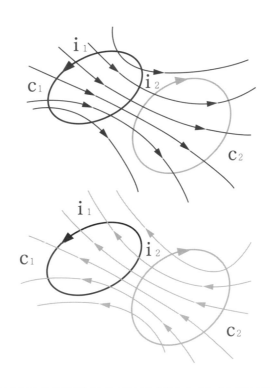

互感的原理

通過電路的電流改變時，會出現電動勢來抵抗電流的改變。

如果這種現象出現在自身迴路中，這種電感稱為「自感」（self-inductance）。

假設一個電路的電流改變，由於感應作用在另外一個電路中產生電動勢，這種電感稱為「互感」（mutual inductance）。

C_1 閉合迴路 1，上面載電流 i_1。

C_2 閉合迴路 2，上面載電流 i_2。

檯面。這時倫納德·葛爾（Leonard Dunnell Gale）告訴摩斯，關於亨利新發明的繼電器；再加上1836年亨利發明的強力電池，摩爾斯成功地在1836年將訊號傳送十英里遠！

摩爾斯與葛爾找阿爾弗萊德·維爾（Alfred Vail）一起繼續發展電報的技術，摩爾斯發明了中繼器（repeater）也算有功勞。1843年，他們在政府資助下沿著鐵路建了一條連接華府與巴爾地摩的電纜，結果意外地大出風頭！當時輝格黨在巴爾地摩召開黨員大會，提名參議員亨利·克萊（Henry Clay）競選總統；他們利用新發明的電報探詢克萊的意願，他婉拒的決定藉著電報馬上又傳回巴爾地摩；這結果讓社會大眾對電報刮目相看。後來摩爾斯就申請專利，成立公司，成了富翁。但亨利因為向來不申請專利，結果分文未得。真正令亨利惱火的是，摩爾斯從未公開承認或推崇亨利的貢獻。

雖然沒成為富翁，亨利還是備受尊重，他被認為是美國科學界的「領頭羊」。所以當史密森學會在1846年成立時，亨利眾望所歸地成為第一任會長。亨利的後半生完全投入史密森學會的經營上，他離開普林斯頓，搬到華盛頓特區，並積極推動與學會精神相符的各樣科學研究活動上。亨利在1848年曾與天文學教授亞歷山大（Stephen Alexander）共同計算太陽在不同區塊的相對溫度。他們還使用熱電堆確定太陽黑子的溫度比周圍的地區還低。

亨利後來認識了羅威（Thaddeus Sobieski Constantine Lowe），對於他的研究展現極大的興趣，也提供許多援助。羅威是個氣球狂，曾使用熱氣球來研究大氣層，特別是今天我們所說的高速氣流。羅威還試圖利用一個巨大航空器來橫渡大西洋。1860年6月，羅威將他製造且試飛成功的氣球命名為紐約市號，後來更名為大西部號。南北戰爭爆發後，羅威放棄橫渡大西洋的計畫，在亨利的推薦下羅威組成了北軍的氣球部隊（Balloon Corps），從事偵察的工作。亨利在南北戰爭時擔任林肯總統的科學顧問，史密森學會也致力於提升當時野戰醫院的醫療水準，貢獻良多。

　　亨利身為史密森學會的會長，接待過許多徵求意見的科學家和發明家，他個性和藹又有耐心，也時常展現幽默感。亞歷山大‧格雷厄姆‧貝爾（Alexander Graham Bell）在1875年3月1日帶著介紹信來拜訪亨利。亨利看到貝爾的實驗裝置後讚不絕口，他勸告貝爾在他的發明完成前，千萬不要公布他的構想。亨利大概是想起自己在發明電報時吃的悶虧吧！1876年6月25日，貝爾的實驗電話在費城展出時，亨利剛好是電氣展的評審之一，他大力稱讚貝爾的發明令人驚豔，也非常有價值。當時巴西的皇帝佩特羅二世（Pedro II）也在會場呢。據說貝爾曾跟亨利表達擔心自己缺乏必要的科學知識，亨利只回答了兩個字「get it」，這算是洋基精神的最佳寫照吧！

　　亨利除了擔任史密森學會的會長外，也是美國國家科學院（United States National Academy of Sciences）第二任的院長。1878年，亨利在華府過世。後來國際單位制導出單位中將電感的單位定為「亨利」來紀念他。由於亨利是個很常見的名字，很多人都不知道亨利是誰，希望本文能讓更多人認識這位活力充沛的美國科學先驅。

注釋

❶ 1834 年湯瑪斯‧達文波特（Thomas Davenporty）受到這個發明的啟發，發明一個會做圓形旋轉運動的直流馬達。史伯格（Frank Sprague）更以此發明了第一部可以在街上跑的電動車，但因當時電池太貴無法與汽車競爭而遭到淘汰。

電阻的單位：歐姆

　　蓋歐格·西蒙·歐姆（Georg Simon Ohm，1789~1854）出生於德國埃爾朗根（Erlangen）的一個新教家庭，父親是一名鎖匠，母親是裁縫師之女，她在歐姆十歲的時候就去世了。歐姆的一些兄弟姊妹們在幼年時期死亡，只有他和姊姊伊麗莎白·芭芭拉以及後來成為著名數學家的弟弟馬丁·歐姆三個人存活下來。

　　歐姆和馬丁小時候都沒有上學，教育完全由他們的父親來主理。雖然歐姆的父母親從未受過正規教育，但是他的父親是廣受尊敬的奇人，透過自學擁有相當高水準的學識，歐姆與馬丁學到許多高深的數學、物理、化學和哲學，全是拜他們的父親所賜。歐姆在十五歲時接受埃爾朗根大學教授卡爾·克利斯坦·凡·蘭格斯多弗（Karl Christian Langsdorf）的測試，蘭格斯多弗注意到歐姆在數學領域異於常人的出眾天賦，他甚至在結論上寫道，從鎖匠之家將誕生出另一對伯努利兄弟[1]。可見蘭格斯多弗有多看重歐姆兄弟。

　　歐姆十六歲時進入埃爾朗根大學學習數學、物理和哲學。1806年9月，歐姆在瑞士的喀斯塔德（Gottstadt bei Nydau）的一所學校取得數學教師的職務，就在那裡待了下來。

　　當時歐洲正處於拿破崙戰爭的高潮，1806年埃爾朗根被法軍佔領，1810年埃爾朗根成了巴伐利亞王國的一部分。所以歐姆就留在瑞士直到情勢穩定，1811年才回去故鄉。

歐姆二十二歲時回到埃爾朗根，並以《光和顏色》（*Licht und Farben*）論文獲得博士學位，畢業後在埃爾朗根做了三個學期的數學講師，但是大學講師的薪水實在微薄，歐姆只好另謀出路。最後巴伐利亞政府讓他到巴貝爾（Bamberg）的一間中學擔任數學與物理的老師。歐姆在這裡覺得很絕望，為了另謀出路，他寫了一本關於如何教基礎幾何的書《幾何學指導的高等教育備課材料》（*Grundlinien zu einer zweckmäßigen Behandlung der Geometrie als höheren Bildungsmittels*）。可惜他的伯樂還沒出現，學校卻在1816年2月倒了。巴伐利亞政府把他調到班堡（Bamberg）的學校幫忙。

1817年，歐姆離開班堡前去科隆一家耶穌會辦的中學任教，這間中學不僅名聲卓著，而且還有一間設備不錯的物理實驗室。在這裡，他一面繼續鑽研拉格蘭日、拉普拉斯、畢歐和帕松的數學著作，他更進一步將觸角伸到新世代的法國數學家傅立葉以及光學家菲涅爾的著作。這些數學著作對他影響非常大。1820年，當他得知厄斯特的電流生磁的實驗後，也開始利用學校的實驗室做起跟電學相關的實驗。

〰️ 歐姆定律

歐姆從傅立葉對熱傳導規律的研究中受到啟發，傅立葉發現導熱桿中兩點間的熱流正比於這兩點間的溫度差，歐姆認為電流現象與熱傳導類似，也設想導線中兩點之間的電流正比於這兩點間的某種驅動力（即現在所稱的電動勢）。歐姆用伏打電池作為電源，但因電流不穩定，後來改用鉍和銅的溫差電池使電流穩定。為了解決測量電流大小的難題，歐姆先是利用電流的熱效應，利用熱脹冷縮的方法來測量電流大小。但是這種測量方法不夠精確，後來他把厄斯特發現的電流磁效應和庫侖扭秤巧妙地結合起來，設計電流扭秤；讓導線和連接的磁針平行放置，當導線中通過電流時，磁針的偏轉角與導線中的電流成正比，由此來決定電流的大小。一開

始的數據有點奇怪，直到歐姆採納《物理與化學年鑑》的總編輯約翰·波根多夫（Johann poggendorff）的建議，改用熱電偶為電源，將實驗又重做一遍，終於得到今天大家熟知的「歐姆定律」。

歐姆在1825年發表的第一篇論文中，研究當電線長度增加時，電磁力隨之減小的現象；論文完全是從實驗結果，推導出兩者之間的數學關係。他接著在1826年的兩篇重要論文中，建立電傳導的數學模型和表達形式；歐姆由先前根據實驗結果推導出的結果，進而提出法則，解釋直流電研究的結果。這成為歐姆在接下來幾年發表完整理論前重要的第一步。這一年八月歐姆開始一年的休假，但只支領半薪。他到柏林找他的弟弟馬丁，並且專注在他的電學研究，打算以他的電學研究來找大學教職。

歐姆著名的「歐姆定律」發表在1827年的《直流電路的數學研究》（*Die galvanische Kette, mathematisch bearbeitet*），在書中完整闡述他的電學理論，給出理解全書所需的數學背景知識，提出電路分析中電流、電壓及電阻之間的基本關係。雖然歐姆的這本書對電路理論研究和應用影響重大，但在當時卻受到冷落，所以歐姆想藉著電學的研究找到大學教職的希望完全破滅，這對歐姆是沉重的打擊，當時他已經三十八歲，不但與名聲、財富、婚姻都無緣，甚至連溫飽都出問題了。

一年休假結束後，仍舊沒有大學願意給歐姆一個教職，隔年三月他毅然決然辭去在科隆的工作，留在柏林當私人家教維生。馬丁也是四處兼課維生。直到五年之後，歐姆才終於在紐倫堡高等技術學校[2]（Technische Hochschule Nürnberg）擔任非正式的大學教授，1839他成為校長。因為公務繁忙，這段時間歐姆在研究上是留白的。

為什麼歐姆定律這個偉大的成就竟然在當時不受青睞，這可能與歐姆的研究風格有關。在歐姆的論文中利用傅立葉新發展的方法，歐姆可以決定一個有限、材質均勻的物體的電阻。歐姆這種高度結合數學與實驗的研究手法雖然在法國已經相當普遍，在德國還是罕見。甚至1831年在萊比錫的物理學家費希納嚴謹證實歐姆定律之後，歐姆的知名度還是沒有提升。

不過在德語圈的物理學家們多多少少都用到歐姆的發現，像聖彼得堡的冷次（Lenz）、哥廷根的韋伯與高斯都用到歐姆的結果，著名的物理學家莫里茲・馮・雅可比（Moritz Hermann Jacobi）也在他第一篇著作中用到歐姆定律；但歐姆在德語圈之外卻是默默無聞。直到1842年，已經五十二歲的歐姆終於成為皇家學會的外國會員，1845年成為巴伐利亞科學學會的正式成員。

1843年，歐姆提出一項與聽覺生理機制有關的基本原則，他認為音高（pitch）是由聲音的諧波振幅來決定的，與諧波之間的相位是無關的。1841年物理學家希貝克（August Seebeck）發現當我們將基頻的強度以人為的方式調整為零時，被調整過後的聲音音高仍舊不變。這兩個論點引起一場爭辯。1863年，赫姆霍茲認為歐姆原則上是對的，而希貝克的發現可能是耳朵產生的非線性效果，但此時雙方墓木已拱。而後來有學者發現赫姆霍茲所提的非線性效應也無法解釋希貝克的發現。

1849年，歐姆在巴伐利亞學術院任職，並在慕尼黑大學授課，直到1852年他才終於成為慕尼黑大學的實驗物理學講座教授。但兩年後，歐姆就與世長辭，享年六十五歲。他的弟弟馬丁則是在1839年成為柏林大學的數學教授，作育許多英才，在1872年以八十高齡過世。

歐姆過世九年後，不列顛科學協會（British Science Association）提議將歐姆作為電阻的單位，1864年正式採用，一開始稱為Ohmad，1867年簡稱為Ohm，一直沿用到今日。

注釋

① 伯努利家族是歐洲最出名的天才家族，出了許多科學家。

② 現今的蓋歐格・西蒙・歐姆紐倫堡高等技術學校（Technische Hochschule Nürnberg Georg Simon Ohm），校徽是代表電阻的 Ω。

磁通量單位：馬克士威

馬克士威（Maxwell）是 CGS 制（厘米 - 克 -
秒制）的磁通量單位，縮寫「Mx」。
1 馬克士威 = 1 高斯 × 厘米 ^{2} = 10^{-8} 韋伯

　　電磁學發展到十九世紀的中葉，來到關鍵的時刻，電與磁的現象雖
然彼此勾連，乍看之下錯綜複雜，然而在眾多科學家的努力下逐漸柳暗
花明，而將這全景整個描繪出來之人，正是詹姆斯‧克拉克‧馬克士威
（James Clerk Maxwell，1831~1879）。他於1879年6月13日誕生於蘇格
蘭的首府愛丁堡。1847年自愛丁堡公學畢業後，進入愛丁堡大學就讀。
1850年10月，馬克士威前往劍橋大學就讀，四年後自三一學院畢業取得數
學學位。不久後，馬克士威向劍橋哲學學會宣讀他的論文《論曲面的彎曲
變換》（*On the Transformation of Surfaces by Bending*）。

　　1855年10月10日，馬克士威就成為三一學院的院士。同一年，馬克
士威向劍橋哲學學會提交《論法拉第力線》，這是他在電磁學領域中初試
啼聲之作。在這篇論文中，他嘗試給出法拉第的力線一個明確的數學定
義。首先他將力線延伸為裝滿不可壓縮流體的「力管」，這力管的方向代
表力場（電場或磁場）的方向，力管的截面面積與力管內的流體速度成反
比，而這流體速度可以比擬為電場或磁場。既然把電場或磁場看成是流體
速度，那麼借用流體力學的一些數學框架，即可推導出一系列電磁學的現
象。值得一提的是，馬克士威在這裡提出的流體沒有質量。他提出的模型
只是幾何的模型，還不是物理的模型。就這樣，他成功解釋了許多靜電與
靜磁的現象。

　　不過當馬克士威開始嘗試處理電緊張態時，第一道難關出現了。「電

緊張態」（electro-tonic state）是法拉第最先提出的概念，但是，這概念顯得相當模糊，法拉第的解說也是相當晦澀。馬克士威所設計的模型中流體都是穩定的流體，在任何位置，流體的流動方向和速率不含時間。但是法拉第提出的電緊張態只能在系統改變時才會顯現。所以，馬克士威先前的流體模型找不到任何對應的量來比擬電緊張態。

> 電緊張態：
> 在研究電磁感應理論時，法拉第發現當將物體放在磁鐵或電流的附近時，物體會進入一種狀態。假若不打擾這系統，則處於此狀態的物體不會自發地顯示出任何現象；但是，當系統一有所變化，像是磁鐵被移動，或電流被增大，則這狀態也會改變，因而產生電流或趨向於產生電流；法拉第把這個狀態為「電緊張態」。

　　此外馬克士威的流體模型雖然可以比擬各種電場和磁場的現象，但都是孤立的現象；換言之馬克士威的流體模型尚無法描寫一般的電磁感應。一個重要的關鍵是他注意到威廉・湯姆森於1851年曾引入向量位（vector potential）的概念[1]。向量位的旋度即是磁場。在這篇論文中，馬克士威將法拉第的電緊張態認定是向量位，並且指出電場等於向量位隨著時間的變化率。對此定義兩端做「旋度」就可以得到法拉第的感應定律！這是馬克士威對電磁學的第一個實質貢獻。但是對於如何以流體模型來描寫電磁感應的這個問題，則尚待進一步的研究。

　　1856年11月，馬克士威接受馬歇爾學院的教授職位，離開劍橋。當時馬克士威年僅二十五歲，比其他的教授至少年輕十五歲。他擔任系主任，對撰寫教學大綱以及準備相關課程的工作十分盡職盡責。1857年，馬克士威與當時馬歇爾學院的校長丹尼爾・杜瓦（Daniel Dewar）牧師成為好朋友，後來和杜瓦的女兒凱瑟琳・瑪麗・杜瓦（Katherine Mary Dewar）結婚，雖然兩人並無子嗣，但比馬克士威大七歲的凱瑟琳是一位賢內助。

　　1860年，馬克士威成為倫敦國王學院的自然哲學教授。當馬克士威搬到倫敦後不久，他就獲得光學的最高榮譽倫福德（Rumford）獎章。其

實他從在愛丁堡大學時期就對顏色的性質以及人體如何感知顏色有著濃厚的興趣，也在光學領域和色覺的研究上持續做出好成績，最後以《色覺理論》（*On the Theory of Colour Vision*）而得到肯定。1861年，他在皇家研究所演講時，展示經由三色疊加原理所拍攝的世界上第一張彩色照片。這張照片的內容是一條帶有花呢格紋的緞帶。

　　當時馬克士威的挑戰是建立一個不僅可以能夠描寫電學與磁學現象，更要緊的是能解釋電磁感應的具體模型。那時已經有人提出一些試著解釋電磁現象的物理模型。馬克士威特別提到物理大師威廉‧湯姆森在1847年提出的「彈性固體模型」。

　　在這模型裡，固體的每一顆粒子在磁場力的作用會產生角位移（Angular displacement），其轉動軸與磁場力同方向，位移大小則是與磁場力的大小成正比；而電場力則是會使固體粒子產生絕對位移，位移方向是電場力的方向，位移大小則是與電場力大小成正比。電流通過時，粒子還會產生相對於周遭粒子的相對位移，方向與電流相同，大小與電流的大小成正比。粒子具有彈性所以可以解釋電場和磁場的傳播，此外，固體粒子會因磁場的作用而產生角位移，所以也可以解釋法拉第效應。但是，湯姆森並沒有解釋電場力和磁場力如何產生。顯然，這樣的模型離馬克士威心目中完美的模型還有一段距離。

〰️ 安培定律

　　1861年，馬克士威終於發表他的第二篇電磁學的論文《論物理力線》，提出「分子渦流模型」。透過分子渦流模型，經過一番複雜的運算，馬克士威能夠推導出安培定律、法拉第感應定律等等，並合理地解釋各種電磁場現象和其伴隨的作用力。

　　這麼神奇的模型到底是什麼樣子呢？且讓筆者不用方程式來加以描述一番；首先馬克士威認為磁場是一種旋轉現象。在他設計的分子渦流模型

裡將磁力線延伸為「渦流管」。想像渦流管是由許多「渦胞」（cell，渦旋分子〔molecule vortex〕）所組成。在渦胞內，不可壓縮的流體繞著旋轉軸以均勻角速度旋轉。渦流內流體的角速度被馬克士威當成磁場，在渦胞內部的每一小塊都會感受到來自不同方向不同的壓力，由壓力的分布就可以計算出小塊感受到的力。馬克士威認為這個就是磁力的來源。

馬克士威接著假設鄰近兩條磁力線的渦胞旋轉方向相同，且渦胞之間會發生摩擦，則渦胞的旋轉會越來越慢，最後會停止旋轉；但如果這些渦胞之間是平滑的，那麼磁場就無法傳播了。為了要避免這個困難，馬克士威想出一個絕妙的解決之道：他假設有一排微小圓珠隔離兩個相鄰的渦胞，這些圓珠只能滾動，不能滑動；圓珠旋轉的方向與這兩個渦胞的旋轉方向相反，就不會引起摩擦。圓珠的平移速度是兩個渦胞周邊速度的平均值。這是一種運動學的關係，而不是動力學的關係，因為這些圓珠都沒有質量。馬克士威將這些圓珠的運動比擬為電流。從簡單的幾何關係，馬克士威得到圓珠的速度與渦胞角速度的關聯，這就是安培定律！

接下來，馬克士威賦予這些渦胞彈性的性質。假設施加某種外力於圓珠，則這些圓珠會轉而施加切力於渦胞，使得渦胞變形；這代表一種靜電狀態，這個切力就是電場。如果外力與時間有關，則渦胞的變形也會與時間有關，這樣就形成了電流。由於渦胞內部流體的流動，渦胞具有流動能量密度，馬克士威把它比擬為磁能量密度；而圓珠的切力所產生的變形而儲存的彈性能量密度，則被比擬為電能量密度。所以切力所做的總功率應該等於渦胞總能量的增加，由此馬克士威得到「法拉第電磁感應定律」。

〰️ 馬克士威修正項

設想一個原本為電中性的電介質，束縛在其中的電荷，由於感受到電場的作用，正束縛電荷會朝著電場的方向移動，負束縛電荷會朝著電場的反方向移動。由於電介質內部正負電荷的相對位移會產生電偶極，這現象

稱為電極化。靜電狀況中,這些束縛電荷不會造成電流,因為它們的移動範圍被限制住。但假設電場隨時間變化,則電荷的移動也會與時間有關,因而形成隨著時間改變的電流。如果渦胞的介質是這種電介質,則因為隨時變化的位移會產生額外的電流,馬克士威稱它為「位移電流」。所以馬克士威在安培定律中增加一個有關於位移電流的項,稱為「馬克士威修正項」。

〰 電磁理論的誕生

馬克士威很快地想到,既然彈性物質會以波動形式傳播能量於空間,那麼,這模型所比擬的電磁場應該也會以波動形式來傳播能量。馬克士威計算出電磁波的傳播速度,發覺這數值非常接近於先前法國科學家量得的光速。因此,馬克士威大膽猜測光波就是一種電磁波。

1864年,馬克士威完成論文《電磁場的動力學理論》,但隔年才刊在期刊上,在這篇論文中,他不再倚賴具體的模型,而是將電磁場遵守的數學關係整理出來。這篇論文第三節的標題為「電磁場一般方程式」,馬克士威寫出了含有二十個未知量的二十個方程式;其中,有十八個方程式可以用六個向量方程式集中表示(每一個直角坐標軸都對應一個方程式),另外兩個是純量方程式。所以,以現代向量標記,馬克士威方程組可以表示為八個方程式,分別為:

(1)總電流定律:即總電流是電流加上位移電流。
(2)磁場方程式:即向量位的定義。
(3)安培環流定律:即加上馬克士威修正項的安培定律。
(4)羅倫茲力方程式。
(5)電彈性方程式:感應電偶極與外加電場的關係。
(6)歐姆定律。
(7)電場的高斯定律。

（8）電流的連續方程式。

在這篇論文裡，馬克士威正式推導出光波是一種電磁波。推導過程中，之前他提出的安培定律中新增的「馬克士威修正項」扮演一個關鍵的角色。令後人驚訝的是在此他並沒有用法拉第感應定律，而是用羅倫茲力方程式來解釋電磁感應作用。這篇論文也明確地闡明，能量儲存於電磁場內。這篇論文宣告電磁理論的誕生。

電磁學之外，馬克士威對統計力學的建立也有不可磨滅的功績。1856年至1866年間，他建立氣體分子速度分布的理論。後來由波茲曼進一步將其推廣為馬克士威-波茲曼分布，它給出在特定溫度下以特定速度運動的氣體分子數目所占的比例。

馬克士威又進行一個可以詰難熱力學第二定律的思想實驗；他設想如果熱力學系統內部存在這樣一個機制：其可以辨識分子運動速度，並令運動速度在不同區間上的分子向系統不同部分集中（這一機制一般稱為「幽

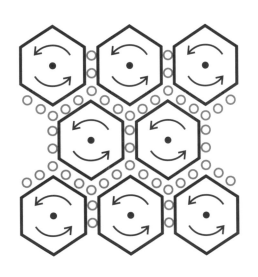

靈」）；那麼一個孤立系統的熵可能會因為這一機制的存在而減少，而這就違反了熱力學第二定律。

1865年，年僅三十四歲馬克士威在學術生涯的高峰時，決定辭去倫敦國王學院的職位，帶著妻子回到故鄉，專注在研究與寫書。1871年，馬克士威從熱力學勢（thermodynamic potential）對兩種熱力學狀態量的二階偏導與求偏導的先後順序無關出發，給出一系列熱力學狀態量偏導數間的等式關係，即「馬克士威關係」，這對熱力學發展有莫大的影響。而馬克士威方程組較為完善的形式最早出現在1873年出版的《電磁通論》中，他以四元數的代數運算表述電磁場理論，並將電磁場的勢作為其電磁場理論的核心。

1874年，素有諾貝爾搖籃美名的卡文迪西實驗室建成，這間實驗室是當時的劍橋大學校長威廉‧卡文迪西（William Cavendish）在1868年底私人捐資興建的，馬克士威受邀為首任卡文迪西教授，負責卡文迪西實驗室的發展與構置。這裡不僅讓物理教學能系統化地講授，配合講授同時進行演示實驗，甚至學生也能動手做實驗。

正當馬克士威要在卡文迪西實驗室大展長才時，不幸卻病魔纏身，在1879年11月5日因胃癌在劍橋逝世，得年只有四十八歲。馬克士威雖然英年早逝，但是他開創的電磁學在他身後繼續發展，下一回我們要回到歐陸，看看馬克士威的理論如何在那裡結出豐碩的果實。

注釋

[1] 其實最早這麼作的是德國物理學家法蘭茲‧諾伊曼。

頻率的單位：赫茲

符號：Hz，表示每一秒週期性事件發生的次數。
1930 年，國際電工委員會提出將頻率的單位
以海因里希‧赫茲命名為「赫茲」。

1865年，馬克士威推導出電磁波的波動方程式，但是這方程式在歐陸名氣並不響亮，因為歐陸學者對「場論」仍有所疑慮，韋伯等人的超距力理論比馬克士威的電磁場論來得更受學者青睞。現在常見的馬克士威方程組，其實是經過黑維塞於1884年編排修改而成。同時期，美國的吉布斯和德國的赫茲分別都研究出類似的結果。有很久一段時間，這些方程式被總稱為「赫茲-黑維塞方程組」、「馬克士威-赫茲方程組」或是「馬克士威-黑維塞方程組」。真正讓馬克士威的電磁理論名聲大噪的關鍵是1888年赫茲利用振盪電流產生電磁波。

黑維塞的電報員方程式

奧利佛‧黑維塞（Oliver Heaviside，1850~1925）是推廣馬克士威理論的第一功臣。他並非學者出身，而是自學有成的電報員。他出生於現在倫敦的郊區，年幼時得了猩紅熱，造成他聽力終生受損。中學畢業後因家境不好，沒有繼續升學，而是被他的舅舅查爾斯‧惠斯通[1]送去電報公司工作，兩年後黑維塞成了丹麥大北方（Great Northern）電報公司的電報員。當時這家公司牽了海底電纜從英格蘭的紐卡索（Newcastle）連到丹麥。1872年，黑維塞初試啼聲，在著名的期刊《哲學期刊》（*Philosophical Magazine*）發表他的第一篇科學論文，內容是如何最佳地

利用惠斯通電橋來測量電阻。隔年他申請加入電報工程師協會（Society of Telegraph Engineers），卻被以「我們不需要電報員」而吃了閉門羹，後來他求助於物理學家威廉‧湯姆森才得以加入該組織。

真正改變黑維塞一生的事是在1873年當他看到馬克士威的《電磁通論》（*Treatise on Electricity*），黑維塞直到晚年依然清晰地記得看到這本書時的激動心情。1874年，黑維塞毅然向電報公司辭職，開始他孤獨而貧窮的學術生涯。黑維塞消化馬克士威理論的精隨之後，開始發揮他的一身好本領。首先他提出電報員方程式（telegrapher's equations），他透過方程式指出若將電感平均分布於傳輸線上可以減少訊號衰減和雜訊，而且當電感夠大，電阻夠小，所有頻率的電流都會等比例地衰減，就會不產生雜訊了。這對電報的發展幫助非常大。

1880年，黑維塞研究電報傳輸上的集膚效應，簡單而言就是電流集中在導體的「皮膚」部分，產生這種效應的原因主要是隨時變化的電磁場在導體內部產生渦旋電場，把原來的電流相抵消。

1884年，他將馬克士威方程組重新表述，把四元數改為向量，將原來二十條方程式減到四條微分方程式。黑維塞跟馬克士威還有一個很大的不同，馬克士威認為電位和向量位是他的方程組中心概念。但是黑維塞對此相當不以為然，他認為只有電場和磁場才是最基礎、最實際的物理量，試著除去方程組內的位勢變量。但黑維塞大概沒想到，當量子物理登場後，他眼中沒有物理意義的電位與向量位卻扮演非常重要的角色，特別它們是引入了規範不變性的概念；這是今天粒子物理的基石。也許馬克士威真的是天賦異稟吧！

到了1888年，海因里希‧赫茲利用振盪電流產生電磁波，這則來自德國的新聞讓黑維塞大為振奮；三年後，黑維塞這樣說：「三年前，電磁波到處都不存在，很快地，它們卻無所不在。」的確，這不僅是馬克士威的勝利，更開啟了通訊的新紀元！

〰️ 赫茲證明了電磁波的存在

海因里希・魯道夫・赫茲（Heinrich Rudolf Hertz，1857~1894）出生在德國漢堡一個改信路德派的猶太家庭，有三個弟弟和一個妹妹，父親是一位律師，後來成為參議員。赫茲小時候被送到當時漢堡著名的教育家蘭格（Wichard Lange）所開設的新型學校，這所學校的教學內容著重在科學與工程，不教希臘文與拉丁文，也不帶任何宗教色彩。

上大學時，赫茲先去法蘭克福要當建築師，後來到德勒斯登念工程，但沒畢業就被徵召去當兵。退伍一年後，他到柏林大學繼續念書，在物理大師赫姆霍茲（Hermann von Helmholtz）手下學習和工作，赫姆霍茲對他未來的事業起了重大的影響。

當時赫姆霍茲正與哥廷根的韋伯展開一場漫長的論戰，赫姆霍茲對韋伯的超距力理論大不以為然，尤其不喜歡韋伯的帶電粒子基礎理論。相反地，他相當欣賞馬克士威的理論，但他不太滿意馬克士威的理論架構，所以他努力「改良」馬克士威的理論來符合自己的想法。

赫姆霍茲很快就看出赫茲是匹千里馬，就讓他研究「電流到底有沒有慣性」這個大問題；換言之，赫姆霍茲想要知道電流有沒有動能。赫茲透過估計它對線圈自感的影響，得到電流動能的上限；這項工作讓赫姆霍茲大為驚豔。

1879年，赫姆霍茲以「實驗證明絕緣體電介質極化和電磁力之間的關係」為題，設置柏林科學院獎。赫茲提出三個可能的方向給赫姆霍茲；第一個方法是，將絕緣體塞到LC電路的線圈裡看頻率的變化。所謂LC電路是指連接一個電感與一個電容的電路。第二個方法是，將絕緣體放在持續放電充電的電容器中，研究它對磁棒磁力的反應。第三個方法是，將電介質做成的球在磁場上旋轉，觀察它受到的感應電動勢。但是赫茲評估這些實驗都太困難了。

1880年，赫茲獲得博士學位，但繼續跟隨赫姆霍茲學習。這段時間他

一共寫了十五篇文章，可以說是當時物理界的新秀。

1883年，他接受基爾大學的邀請擔任講師。赫茲搬到基爾後，潛心研究電磁理論。他認為磁通量變化產生的電力與靜電力本源應該要相同，由馬克士威的向量位與電位寫成的公式中，向量位相對時間的改變量與電位梯度的組合正是單位電荷所受的電力，所以他開始傾心於馬克士威的理論。

1885年，赫茲獲得喀斯魯（Karlsruhe）大學正教授資格，讓他能一展身手，設計實驗來證實馬克士威的電磁理論。之後兩年，他花許多心血設計儀器，特別是會放出火花的高頻放電器。到了1887年，赫茲在物理實驗室中解決了1879柏林科學院懸賞的問題，同時證明了電磁波的存在。

赫茲的實驗裝置是將一對金屬棒，點對點，中間隔一小縫隙用來產生放電火花，當金屬棒被給予正負電荷強到足以產生放電火花時，電流會沿著金屬棒及跨越縫隙而前後振盪；這種振盪器產生頻率極高的振盪電流，足以使接收的迴路次級線圈縫隙產生火花，使附近的絕緣體介質極化。就這樣，赫茲證明馬克士威的位移電流的假說，回答柏林科學院在1879年提出的問題，同時也製造出第一個可以操控的電磁波。一石兩鳥，真是令人佩服。

電磁波的速度等於光波

接下來赫茲更證明了電磁波的速度等於光波，最後並證明電磁波和光波的同一性。其實赫茲量到的速度是200000km/s，比實際光速小。直到1889年7月英國科學家歐里佛・洛茲（Oliver Lodge）發現赫茲在計算電流頻率時少一個根號二的因子。修正之後，赫茲得到的電磁波波速值就與光速一致了。

在赫茲的實驗成功時，他的學生很想知道這個神奇的現象是否可做任何應用，赫茲卻只是淡淡地說：「沒什麼用，只是個實驗，它驗證馬克士

威是正確的，我們確實擁有這些肉眼看不到的電磁波，它們的確存在。」

後來赫茲持續解決電磁波的反射、折射、極化、干擾及速度的問題，他的發現很快就激發無線電和無線電報的發明，比如洛茲發明無線電用的檢波器。

赫茲研究電磁波時偶然發現光電效應，他發現紫外線打到帶電的金屬板上時，金屬板上的電荷似乎會減少；但他把結果寫成論文投稿到《物理年鑑》（*Annalen der Physik*）之後，就沒有再深究了。接著在1886~1889年間，赫茲發表兩篇《接觸力學》（*contact mechanics*）的論文，概述當兩個軸對稱的物體接觸時會如何表現，他利用古典彈性理論和連續力學得到答案。

然而就在赫茲準備在學界大鳴大放之時，卻開始怪病纏身，在1894年的元旦不敵病魔，因為敗血症在德國波昂離世，只活了三十六年，他死後被安葬在漢堡的猶太墓地。

羅侖茲-黑維塞單位制

赫茲過世後，黑維塞仍持續對電磁學有所貢獻。1888~1889年，他計算電場和磁場受移動中的電荷而產生的改變，和電荷進入更密的媒質時的影響；這跟後來的契忍可夫輻射和羅倫茲-費茲傑羅收縮理論有關。1902年，為了解釋無線電波的反射，黑維塞猜想大氣有一層導電物質；但這個大氣層的存在直到1923年才得到證實，這層大氣現在稱為「肯涅利-黑維塞層」（Kennelly-Heaviside Layer）。

黑維塞窮困潦倒一輩子，晚年才開始受到肯定。1891年，他成為皇家學會會員；1905年，哥廷根大學授予他一個名譽博士頭銜；但他卻變得愈來愈古怪，離群索居，與世隔絕，最後在德文郡托基逝世，享年七十五歲。

比較赫茲與黑維塞兩人，很難找到更不一樣的人生了，將他們連繫起

來的只有對馬克士威理論的狂熱而已。

　　電磁學中的「羅侖茲-黑維塞單位制」相對於國際單位制，勞侖茲-黑維塞單位制可以視作調整馬克士威方程組，歸一ε_0與μ_0，轉而在馬克士威方程組中使用光速c的結果。由於勞侖茲-黑維塞單位制中，電學單位與磁學單位是分離的，則當電學量與磁學量出現於同一方程式，就需引入一個常數來構建兩者之間聯繫。在羅侖茲-黑維塞單位制中，這個常數就是電磁場的傳播速度c。說到底，黑維塞與馬克士威方程式就是分不開。

注釋

1 惠斯通是商用電報的發明人。

磁感應強度的單位： 特斯拉

　　尼古拉・特斯拉（Nikola Tesla，1856~1943）出生於斯米連（Smiljan，當時屬於奧地利帝國，現屬於克羅埃西亞的戈斯皮奇市）的一個村莊，父母都是塞爾維亞裔。父親米魯廷（Milutin）是東正教的神父。母親則是一位塞爾維亞裔的東正教神父的女兒，她非常擅長於製作家庭手工工具，雖不識字但能背誦許多塞爾維亞的史詩。特斯拉自認自己的發明天賦是遺傳自母親。1862年，因為他父親的工作緣故，全家移居到戈斯皮奇教區。

　　1870年，特斯拉到卡爾洛瓦茨（Karlovac）上中學，學校上課用的是德文。1875年，他進入奧地利的葛拉茲（Graz）科技大學開始攻讀電機工程。一開始尼古拉表現非常出色，但在第二年時他跟老師發生爭吵，失去獎學金又迷上賭博，只好離開葛拉茲到斯洛維尼亞的馬里波（Maribor），在這期間他患上神經衰弱。幾經波折，在父親過世後，終於1880年在兩位長輩的資助下他到布拉格查理大學（Charles-Ferdinand）大學就讀。1881年，他在布達佩斯的一間電報公司工作；隔年，他又到法國巴黎在新開張的歐陸愛迪生公司當工程師。後來他被公司派到斯特拉斯堡[1]（Strasbourg）修護德鐵的直流電照明系統。但是他愛流浪的天性讓他無法安定下來。1884年，特斯拉踏上新大陸，來到紐約，在愛迪生公司工作，負責直流電機的重新設計，但是沒多久特斯拉就悻悻然離開了，發生什麼事呢？

據特斯拉自己的說法：「如果我完成馬達和發電機的改進工作，愛迪生將提供給驚人的五萬美元（相當於今天的一百萬美元）。」特斯拉說他的工作持續了將近一年，幾乎將整個發電機改頭換面，公司從中獲得巨大的利潤。當特斯拉向愛迪生索取五萬美元時，愛迪生回答他：「特斯拉，你不懂我們美國人的幽默。」

愛迪生的說法則是，當時特斯拉要求加薪至每周二十五美元，遭到拒絕後辭職。其實特斯拉與愛迪生註定是要翻臉的，因為特斯拉鍾情於交流電的運用，跟愛迪生的立場是格格不入。

〰️ 電流大戰

電流戰爭是愛迪生推廣的直流輸電系統與西屋公司的老闆威斯汀豪斯（George Westinghouse）以及幾家歐洲公司所倡導的交流輸電系統之間的一場商業大戰。電流戰爭涉及很多美國和歐洲公司，這些公司都在電力分配系統中有巨額投資，他們都希望自己的電力分配系統能取得更大的市場分額。對於當時主要使用電力的設施來說，如白熾燈和電動機，直流電很好；直流電可以直接連接到蓄電池上，當發電機停電時還能作為備用電源。直流發電機還可以輕鬆地並聯，當電能需求變小時，可以關掉一些發電機來節約能源。

愛迪生還發明電度錶，讓用戶可以根據消耗電能的多寡來付費，但是這種電度錶只能在直流電下工作。最重要的是，當時還沒有能夠實用的交流電動機，所以一開始愛迪生的直流輸電系統可以說是佔盡優勢。

在北美推廣交流電的人主要是西屋公司的老闆威斯汀豪斯，他僱小威廉·史坦利（William Stanley, Jr.）來研發新型的升壓和降壓變壓器在交流電輸電系統中來使用。史坦利離開西屋公司後，沙倫貝格（Oliver B. Shallenberger）接管交流電項目。

當年的開式核心雙極變壓器的效率非常低。早期的交流電系統使用串

聯的電流分配系統,使得關掉或斷開線路上的單一負載會造成迴路中其他設備電壓的變化。直流輸電系統則沒有這些缺點。兩者之間卻開始產生意料不到的消長。

1884年秋天,匈牙利的Z.B.D團隊(Károly Zipernowsky、Ottó Bláthy和Miksa Déri)發明一種效率很高的閉式變壓器,這個新變壓器比戈拉爾(Lucien Gaulard)和約翰‧迪克生‧吉布斯(John Dixon Gibbs)發明的單相開式變壓器的效率提高了3.4倍。今天我們使用的變壓器與當年三位發明家所發明的變壓器基本原理是一樣的。他們的專利還包括一個很大的革新:在輸電系統中使用並聯代替串聯。特斯拉就在這節骨眼跳上這場電流戰爭的舞台上。

離開愛迪生的公司後,特斯拉在1886年創建自己的公司「特斯拉電力照明與製造公司」(Tesla Electric Light & Manufacturing),但沒多久投資商不同意特斯拉關於交流電發電機的計劃,就炒了他魷魚。在1886年到1887年的期間,特斯拉在紐約只能打零工維持生計。幸虧後來他找到兩個金主——布朗(Alfred S. Brown)與貝克(Charles Peck),讓他又回到工程界。

1887年,特斯拉組裝最早的無電刷交流電感應馬達,並在1888年為美國電氣電子工程師學會作了演示。同年,他發展特斯拉線圈,並且開始為威斯汀豪斯工作。1888年7月,威斯汀豪斯得到特斯拉的多相交流感應電機和變壓器專利許可,聘請特斯拉為顧問,在西屋公司的匹茲堡實驗室工作一年。威斯汀豪斯還另外購買戈拉爾和約翰‧吉布斯的交流變壓器專利,同時取得義大利物理學家和電氣工程師費拉里斯[2](Galileo Ferraris)所發明的異步電動機在美國的專利,這解決了機器不能使用交流電的問題。

這時愛迪生慌了!為了打擊對手發明的交流電系統,愛迪生用交流電電死狗,讓大眾對於交流電產生危險的印象,最後愛迪生甚至參與使用交流電的電椅的研發,一時讓社會大眾對西屋推動的交流電印象大壞。愛迪

生真是個狠角色！

　　雖然愛迪生極盡所能的打壓西屋公司，但事實證明，交流電才是適合社會所需的供電系統；因為直流電在長途傳輸下會不斷地損失，所以每隔一段距離就要增設發電站；而交流電則可以通過變壓器升到非常高的電壓，用細導線輸送，再於目的地降低電壓給電力用戶。

　　1889年匈牙利工程師奧托・布拉西（Ottó Bláthy）發明交流電的電表，解決了決定用電度數的問題。而愛迪生在1889年離開自己的公司後，愛迪生公司也開始發展交流電。1893年的世界博覽會（即芝加哥可倫布紀念博覽會）第一次為電子展品開設展區，特斯拉與威斯汀豪斯用交流電照亮了整個博覽會，並藉此向參觀者介紹交流電。電流戰爭終於以交流電大勝落幕。

⼁⼁⼁⼁衣錦還鄉

　　電流戰爭告一段落後，特斯拉從1890年起又迷上無線輸送電力以及無線電通訊。1891年，特斯拉拿到美國國籍，同年在紐約第五大道建立自己的實驗室。1892年起，特斯拉在倫敦、巴黎等地演講推廣交流電；甚至受邀到塞爾維亞王國的首都貝爾格勒演講，造成轟動，塞爾維亞國王亞歷山大一世（Aleksandar Obrenovi）頒聖勳章給他。他母親臨終對他說：「你終於回來了，尼古拉，我的驕傲。」這個中輟生可以說是光宗耀祖了。

　　1894年，特斯拉被選為塞爾維亞皇家學術院的通訊會員。但隔年三月，特斯拉的實驗室在一場火災中付之一炬，年底他又在格林威治村附近重建一個新的實驗室。特斯拉在四十一歲時申請第一個無線電專利。

　　1898年，他在麥迪遜廣場花園的電學博覽會上向公眾演示無線電遙控船隻，特斯拉稱船隻為「遠程自動機」（teleautomaton）；演示引起一陣轟動。特斯拉甚至嘗試把無線電遙控魚雷的構想賣給美國軍方，可惜沒有成功。

175

第二部 電磁學

1899年，特斯拉搬到科羅拉多州的科羅拉泉（Colorado Spring），並開始在那兒進行高頻高壓實驗的研究；他在自己的實驗與發現的基礎之上，通過計算得出地球的共振頻率接近八赫茲。直到二十世紀五〇年代，研究人員才證實電離層的空腔諧振頻率在此範圍之內，後來稱之為「舒曼共振」。

舒曼共振

1954 年德國物理學家舒曼（Winfried Otto Schumann）認為距離地面約一百英哩的天空有一層環電離層，它會隨著日光強弱發生變化，與地球表面剛好形成一個類似空腔諧振器的空間。

1900年1月7日，特斯拉離開科羅拉多泉市（colorado spring），實驗室被拆除，裡面的東西也都被賣掉來抵債。接著特斯拉接受金融家約翰‧皮爾蓬‧摩根（John Pierpont Morgan）的投資，用十五萬美元開始建造沃登克里弗塔（Wardenclyffe Tower），最終完成一座高187英尺鐵塔，鐵塔頂部有一個直徑68英尺的半球型圓頂。可是在1901年12月12日，馬可尼在特斯拉之前完成跨大西洋的無線電傳送實驗，摩根就停止對特斯拉實驗的資助。

隔年七月，特斯拉的研究從休士頓街移到沃登克里弗塔，但特斯拉開始陷入財政危機。火上加油的是，1904年美國專利及商標局撤銷原本的判決，發給馬可尼無線電的專利權。然而不管特斯拉多麼惱火，馬可尼在無線電方面的商業成就舉世矚目，而且精明地使馬可尼世界無線電公司一直處於無線電發展的商業領先地位。馬可尼在1909年拿到諾貝爾物理獎。

雖然特斯拉是個科學天才，但他對於財務法律卻不在行，所以吃了不少虧。1912年，特斯拉被判罰2.35萬美元，用來償還他的債務，同時實驗工地的設備被法院沒收充當抵押，沃登克里弗塔後來也在1917年被拆除。晚年他變得深居簡出，獨居在紐約市的一間旅館裡，偶爾才向新聞界發表一些不同尋常的聲明。1943年1月7日，特斯拉因心臟衰竭在旅館中辭世，

他的骨灰在1957年被安葬於塞爾維亞貝爾格勒的尼古拉特斯拉博物館。

　　諷刺的是特斯拉去世後不久，美國最高法院在1943年6月21日推翻了承認馬可尼發明權的原判，而裁定特斯拉提出的基本無線電專利早於其他競爭者，無線電專利發明人是尼古拉・特斯拉。

　　特斯拉生前根本沒當過塞爾維亞的國民，他死後卻成了塞爾維亞的國民英雄，塞爾維亞首都有一座以他名字命名的國際機場，塞爾維亞的紙幣上有他的頭像。不過我想特斯拉最得意的是國際單位制中用來衡量磁感應強度（也作磁通量密度）的單位是以他的名字命名，符號T，這是國際度量衡大會在1960年確立的。

注釋

① 當時斯特拉斯堡屬於德意志帝國，因普法戰爭後法國將它割讓給德國。

② 費拉里斯相信他所提出的旋轉磁場理論以及他所開發的新產品在科學上的價值，遠遠超過物質上的價值，因此他不為自己的發明申請專利，而是在實驗室向公眾演示這些最新成果。

第三部

熱力學

十九世紀被納入古典物理的現象是熱。十九世紀初，科學家們普遍把熱想像成物質，法國的年輕工程師卡諾在熱質說的前提下，開始思索熱機效率極限的問題，開啟熱力學的大門。二十年後，英國的焦耳以實驗證明，熱不是物質而是一種能量的形式。

開啟熱力學大門的卡諾父子

1832年夏天，一位仕途失意的退役軍官染上霍亂，幾天之後，孤伶伶地死在醫院，享年只有三十六歲。在簡單的葬禮之後，他被草草地埋在公墓的一角，他就是被稱為「熱力學之父」的尼古拉·萊昂納爾·薩迪·卡諾（Nicolas Léonard Sadi Carnot，1796~1832）。薩迪沒有料到他不僅將在歷史留名，他的想法也深刻改變了這個讓他飽感苦澀的無情世界。

虎父無犬子

薩迪·卡諾出生於法國巴黎的小盧森堡宮，他的父親是帶領法國打敗多國聯軍、保障法國的獨立不屈、人稱「勝利的組織者」的拉扎爾·尼古拉·瑪格麗特·卡諾（Lazare Nicolas Marguerite Carnot）。薩迪出生這一年，拉扎爾成了督政府的五人執政團的成員，住進小盧森堡宮的官邸。幾番宦海浮沉，拉扎爾在1802年離開公職，全心投入研究數學與工程。

拉扎爾的數學造詣非同小可，他的《論無窮小計算的形而上學》（La métaphysique du calcul infinitésimal）一文，為論證無窮小計算結果的正確性做出嘗試。他對數學分析論據的各種方法，如窮舉法、除不盡法、極限法的技巧選擇及其對拉格朗日解析函數論的評價，為十九世紀初數學分析的改革奠定基礎。

離開公職後，拉扎爾更是佳作不斷，接連發表《關於幾何圖形的

相互關係》（*De la correlation des figures de géométrie*）、《位置幾何學》（*Géométrie de position*）、《橫截面理論的研究》（*Théorie des transversales*）等論文。他在《橫截面理論的研究》文中推廣孟氏定理（Menelaus' theorem），分析研究四點的交比和四直線的交比，及其在射影和橫截面情況下的不變性。另外，他在流體力學也留下研究當流體截面突然變大或變小時，流體所損失的動能的「博爾達–卡諾（Borda–Carnot）方程式」。

拉扎爾親自教導二個兒子的數學、科學、語言與音樂。1812年，薩迪順利考進巴黎理工綜合學院，當時學院的豪華師資令人瞠目結舌，許多赫赫有名的數學家、化學家、物理學家都齊聚一堂，有安培、阿拉戈、給呂薩克、泰納（Louis Jacques Thénard）、帕松；年輕的薩迪在這裡受到最精良的數學與科學訓練。然而這段期間遇到拿破崙在俄羅斯丟盔棄甲，接著在萊比錫會戰一敗塗地的國難當頭，巴黎理工綜合學院的學生被派去防衛萬塞訥（Vincennes）要塞，這是薩迪一生唯一的戰鬥經驗。

1814年，薩迪畢業，同年底進入位於麥次專門培養工程人才的應用砲兵學校（École d'application de l'artillerie）。1819年，薩迪到索爾本大學以及法蘭西公學院上課旁聽，此外他對當時方興未艾的工業產品產生興趣，常去參觀工坊與工廠。兩年後薩迪獲准前去馬德堡，探望流亡在外的父親與弟弟希波呂塔（Hippolyte）。

工程老手拉扎爾對1818年才剛在馬德堡出現的蒸汽機大感興趣，引發薩迪試圖針對蒸汽機建立一個抽象理論。卡諾父子在馬德堡的時候，正是全歐洲最優秀的工程師都在苦思如何提高蒸汽機效率以及安全性的高潮。雖然薩迪對技術上的細節以及困難瞭若指掌，但是他所受的訓練卻讓他獨具慧眼，看到別人沒有想到的一面，不誇張地說，熱力學可以說就是從他的腦袋瓜裡開始萌芽，他的研究可媲美當年伽利略對運動學以及動力學的貢獻且毫不遜色。

⩗ 卡諾循環與卡諾定理

當薩迪回到巴黎後，開始相關的研究。當1823年夏天，拉扎爾在馬德堡以七十高齡過世後，希波呂塔也回到巴黎，幫助薩迪整理手稿。在1824年6月12日，薩迪的傑作《關於火的動力以及應用此動力機械的沉思》（*Réflexions sur la puissance motrice du feu et sur les machines propres à développer cette puissance*）終於問世，長達118頁，僅有五幅插圖。整本書風格簡潔優美，沒有太多算式，更沒有複雜的方程式，然而時人卻莫能識其慧。

全書分成四個部分：薩迪首先討論許多自然現象，如風以及洋流等，來支持他的主張；亦即熱是許多運動的根源。比起這些現象，蒸汽機產生的動力可謂小巫見大巫。接然，薩迪指出一個核心的觀念，只要有溫差，就可能產生動力。薩迪很可能是從水利學得到靈感，要推動水車就需要水道流經有高度差的地方。

第二部分則是定義「理想引擎」（現在稱為卡諾機）以及相應的「理想循環」（現在稱為卡諾循環）。令人意外的是，我們熟知的卡諾循環的壓力-容積圖根本就沒有出現在這本書上。

在這裡薩迪將實際的蒸汽機徹底地簡化，一個封閉的柱體裡有氣體（或液體）以及一個活塞在上下來回運動；在柱體一邊有一個溫度較高的物體，另一邊則有溫度較低的物體。薩迪完全不考慮磨擦、漏氣等實際的問題，他只關心一個終極的問題：在這樣理想的狀況下，熱機的效率要如何才能達到極大呢？薩迪認為關鍵在於柱體內的氣體不可以與柱體旁的高低溫物體以外的更高（或更低）溫物體有所接觸，否則會發生無法作功的熱傳導。這與拉扎爾決定利用水力的機械效率是一樣的準則，顯然拉扎爾許多想法都被薩迪承襲下來。

卡諾循環是首先讓柱體與高溫物體接觸，讓柱中氣體自由擴散以推動

活塞，這時柱體與高溫物體溫度相同，然後將高溫物體移開，活塞在沒有外加熱源下持續上升，等到氣體溫度下降到與低溫物體相同時，再推回活塞讓氣體體積縮小，等到氣體體積回復原來體積時再移開低溫物體，活塞持續下降去直到氣體溫度與高溫物體相同。

這是一個完整的循環。第一個過程是等溫膨脹，再來是絕熱膨脹，然後是等溫收縮，最後是絕熱收縮。整個過程的淨效果（net effect）是熱從高溫物體傳到柱體中的氣體再傳到低溫物體，而且活塞對外做功，但是氣體回到原來的狀態，所以完全沒有浪費任何的熱，這正是卡諾循環讓效率達到最大值的理由。

更關鍵的是，卡諾還指出整個過程都是「可逆的」過程所組成，如果把整個循環倒過來，等於把熱由低溫物體傳到高溫物體，但是氣體不對外做功，而是由外力對活塞做功。這是由於卡諾討論的是理想化的熱機，沒有摩擦或是漏氣這些不可逆的額外熱損失，所以卡諾主張「可逆機」的效率高於「不可逆機」，這個原則後來被稱為「卡諾定理」。

書中的第三部分，卡諾進一步主張所有的可逆機的效率只與高溫物體與低溫物體的溫度有關；換句話說，與柱體中氣體的性質無關。但是他並沒有得到我們今天熟知的理想熱機的效率公式，只說它是高溫與低溫的函數。他只提到如何高溫與低溫的溫差維持定值時，這個效率在較低溫時較大。

現在我們都知道效率＝（高溫-低溫）/低溫，但必須用「絕對溫度」來計算，而絕對溫度是幾十年後才被提出來的觀念。其實薩迪在一個註解中有建議利用理想熱機來當作溫度的絕對標準，可惜當時的人都忽略這個註解。

最後在第四個部分，薩迪回到現實，認可使用高壓的氣體可以提高效率，因為高壓氣體收縮時溫度掉得比較快。他也評論水蒸汽的優缺點，優點是它能在很小的溫度範圍內膨脹得很快，但他也指出同樣質量燒煤產生

的熱遠高於燒水，所以未來的熱機應該朝這方向發展。

　　薩迪的著作出版一個月後，數學家也是工程師的吉拉[1]在法蘭西科學院介紹這篇著作，當時有拉普拉斯、給呂薩克、安培、帕松等眾大師在座，但是並沒有引起太多注意。一來薩迪個性孤冷，不善與人交際，更不擅長為自己的工作做宣傳，而且薩迪的風格對工程師太抽象，對數學家又太具體，所以沒有引起任何回應。1828年，薩迪辭職後全心投入科學的研究。杜隆（Pierre Louis Dulong）在1831年出版的兩篇論文讓薩迪又燃起對氣體性質的研究熱忱，然而不久後他就病倒了，之後他的身體一直沒有完全康復，不久之後就在霍亂的浪潮中撒手人寰。

　　事實上從薩迪的遺稿顯示，他曾嘗試將功與熱聯接起來。在先前著作中，薩迪還採用當時流行的熱質說，也就是將熱視為物質，然而他發現熱

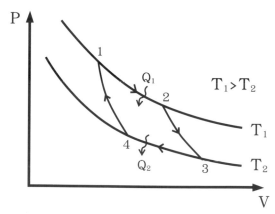

卡諾循環的克拉佩龍圖

1-->2 等溫膨脹 溫度為 T_1，這個過程吸收熱量 Q_1。

2-->3 絕熱膨脹 溫度由 T_1 降到 T_2 這個過程不吸收熱量。

3-->4 等溫收縮 溫度為 T_2，這個過程放出熱量 Q_2。

4-->1 絕熱收縮 溫度由 T_2 升到 T_1 這個過程不放出熱量。

整個過程吸收熱量為 Q_1 減去 $Q_2 = \Delta Q$。

質說與他的學說其實是有扞格的。遺憾的是，這份遺稿在1878年才被出版，而熱力學第一定律早已被提出。在遺稿中，薩迪甚至提出類似後來焦耳所做的關於熱功當量的實驗！這些原該屬於他的榮耀都仿佛隨著他的早逝而像露水般地消失了。

〰 克拉佩龍圖

然而薩迪沒有被歷史遺忘，他過世兩年後，他在巴黎綜合理工學校的學弟埃米爾·克拉佩龍（Benoît Paul Emile Clapeyron）在法蘭西學術院出版的雜誌上發表《關於熱的動力的備忘錄》（*Mémoire sur la puissance motrice de la chaleur*），讓薩迪的想法得到應有的重視。

克拉佩龍使用更為簡單易懂的圖解法，表達出卡諾循環在P-V圖上是一條封閉的曲線，曲線所圍的面積等於熱機所做的功。凡是學過普通物理的人都學過這張被稱為克拉佩龍（Clapeyron）的圖。

十年後，英國青年物理學家威廉·湯姆森發表的《建立在卡諾熱動力理論基礎上的絕對溫標》一文，就是根據克拉佩龍介紹的卡諾理論來寫的。又過十餘年後，德國物理學家克勞修斯也一直沒看過卡諾原著，而是通過克拉佩龍和湯姆森的論文來學習卡諾的理論。而熱力學發展的棒子就交到了威廉·湯姆森與克勞修斯兩人手上。

注釋

1 Pierre-Simon Girard，吉拉對水利工程相當在行，也曾參加拿破崙遠征埃及的探險。1830年成為法蘭西科學院的主席。

維多利亞時代的物理巨擘：
開爾文男爵

溫度的計量單位是以開爾文男爵命名。
開爾文（Kelvin）是國際單位制的七個基本單位之一，
符號為 K。

　　開爾文男爵的全名是威廉・湯姆森（William Thomson，1824~1907），出生於北愛爾蘭，父親詹姆斯・湯姆森（James Thomson）是蘇格蘭格拉斯哥大學數學系教授。格拉斯哥是蘇格蘭啟蒙運動的中心和歐洲工業革命的發源地之一，而湯姆森正是在這種一方面秉持理性樂觀的啟蒙主義氣氛，另一方面專注在改善人類生活的實用主義結合下最完美的產物。

　　1841年湯姆森被安頓在劍橋大學的彼得學院（Peter house），熱衷對科學的追尋，尤其是數學、物理和電學的研究。1845年，湯姆森從劍橋畢業，並且在數學畢業考試中得到第二名的榮譽。第一名是聖約翰學院的巴金森（Stephen Parkinson）。雖然痛失狀元，但湯姆森贏得第一屆的史密斯獎，這個獎不像畢業考那樣通過考試答題，而是要看原創性研究。據說當時的考官艾理斯對另一個考官感嘆道：「你和我都只是適合修補他的（鵝毛）筆。」

　　1845年6月，湯姆森被推選為聖彼得學院的院士，之後他出訪巴黎，花了一些時間在著名的化學家雷紐（Henri Victor Regnault）的實驗室。雷紐是巴黎綜合理工學院的教授，當時做許多與氣體性質相關，如氣體擴散等實驗。1846年，湯姆森被任命為格拉斯哥大學自然哲學教授，當時他才剛滿二十二歲，就穿著學會教授袍在英國最古老的大學之一授課。

　　1847~1849年，湯姆森與劍橋的斯托克斯開始合作處理流體力學相關

的問題，後來兩人的合作後來一直持續了五十年。他們魚雁往返留下了許多珍貴的資料，其中407封湯姆森寫給斯托克斯的信，以及249封斯托克斯寫給湯姆森的信，後來都出版了。

∿ 絕對溫標

年輕的湯姆森貢獻最多心力的是熱力學。1847年，湯姆森參加英國科學促進會在牛津的年會，他聽到焦耳的報告說，熱和功可以相互轉換，並且兩者在力學上是等價的。湯姆森對焦耳的想法很感興趣，但持著懷疑態度，因為他知道熱轉換為功與其他型式的能量轉換為功有著非常微妙的差異，因為熱無法完全無損失地轉換為功。換句話說，功可以換成熱，可以再把熱換回功，卻無法不損失一部分的力學能。但是他覺得焦耳的實驗結果需要以理論來解釋，所以他回到卡諾-克拉佩龍的熱機理論中試圖找到解釋。他預測冰的熔點必定隨壓力增加而下降，否則其凝固時的膨脹可以作為一個永動機，但是卡諾的熱機理論明白地告訴我們不可能會有永動機。他的實驗結果證實了這一點，這加強他的信心。

湯姆森由於不滿氣體溫度計只能給溫度的一個操作性的定義，進一步從卡諾-克拉伯龍的理論出發，在《關於一種從卡諾的動力理論以及雷紐的觀察而得到的絕對溫標》（*On an Absolute Thermometric Scale founded on Carnot's Theory of the Motive Power of Heat, and calculated from Regnault's observations*）中提出「絕對溫標」。單位熱質從在該溫標下溫度為T的物體A，轉移到溫度為（T-1）°的物體B，將給出相同的機械能（功），無論T的值是多少。這樣的溫標將「獨立於任何特定物質的物理性質」。

這個提議是依照熱質說而來。而通過採用這樣的「熱質瀑布」，湯姆森推論存在一個溫度代表「熱質瀑布」的底；換言之，存在一個溫度，在此熱流無法繼續，也就是在此處無法有進一步的熱轉移，也就是1702年法國科學家吉勞米·阿芒頓（Guillaume Amontons）在《關於熱的動力的省

思》（*Reflections on the Motive Power of Heat*）中提出攝氏−267°是絕對
零度，當時阿芒頓還無法掙脫熱質說的束縛。

湯姆森使用雷紐發表的測量數據來校準阿芒頓的換算刻度，他用當時
的空氣溫度計測算出絕對零度等於−273°C，這個值是由空氣在攝氏零度
時空氣的膨脹係數0.00366，取倒數後得到的。

⋀⋀⋁ 熱力學第二定律

湯姆森發表絕對溫標的文章後，持續在思考熱力學的問題。1851年2
月，幾易其稿之後，他最終確定要調和卡諾和焦耳兩人的理論，開始萌生
出一些初步有關熱力學第二定律的想法。

在卡諾的理論中，熱損失是熱質徹底的損失，但湯姆森認為這是「對
人類而言無可挽回地失去了，但對物質世界而言並沒有失去。」

最後湯姆森完成《從焦耳的（與功）等價的熱單位之數值結果與雷紐
對蒸氣的觀察而得的熱之動力理論》（*On the Dynamical Theory of Heat,
with numerical results deduced from Mr Joule's equivalent of a Thermal
Unit, and M. Regnault's Observations on Steam*）。湯姆森在文中宣布：
「完整的熱動力理論建立在兩個命題上，分別歸功於焦耳以及卡諾和克勞
修斯。」

接著，湯姆森給了熱力學第二定律一種新的陳述形式：「試圖利用沒
有生命物質的作用，將物體的溫度冷卻到它周圍環境中最低的溫度以下，
藉此從物質的任何部分獲得機械作用（功），是不可能的。」

在這篇論文中，湯姆森終於認可「熱是運動的一種形式」的理論，
但也承認他只是接受戴維爵士和焦耳以及德國科學家尤利烏斯·馮·邁爾
（Julius Robert Mayer）的實驗結果，但是他在論文中表示關於熱轉換為
功是否已經被實驗證實一事仍然尚未塵埃落定，有待日後更詳盡的研究來
決定。

〰〰 焦耳-湯姆森效應

焦耳讀到這篇文章後，立刻寫信給湯姆森，表達他的意見和問題。自此開始兩人之間一段成效卓著（雖然主要通過書信）的合作：焦耳進行實驗，湯姆森分析實驗結果，並建議進一步的實驗。他們的合作從1852年持續到1856年，其成果便是「焦耳-湯姆森效應」，有時也被稱為「開爾文-焦耳效應」，而且發表的結果讓焦耳的研究和分子運動論更容易被接受。

在一般絕熱可逆過程中，氣體膨脹對外做功，溫度會下降，而自由擴散時，理想氣體的溫度不會改變，但是對於真實的氣體，事情可就沒這麼單純了。如果讓氣體處在兩個定壓之間，氣體會從高壓處往低壓處跑，那麼氣體的溫度會上升還是下降呢？答案是，要看氣體一開始的溫度；如果一開始的氣體溫度在「焦耳–湯姆森反轉溫度」以下，那麼擴散以後氣體溫度會下降；反過來，如果是在「焦耳–湯姆森反轉溫度」以上，擴散之後氣體溫度則會上升。不同氣體的焦耳–湯姆森反轉溫度都不同，而這個過程的溫度變化則是取決於焦耳–湯姆森係數。這個係數與氣體的體積、定壓比熱和膨脹係數有關。這種過程後來稱之為等焓（enthalpy）過程。

從十九世紀的五〇年代後期開始，湯姆森逐漸投身於許多實業的大計畫之中，像是鋪設大西洋電纜之類偉大的事業，熱力學不再是他最關心的題材。但可貴的是，他從來沒有失去學者本色，對於教學與研究始終不輟；像是他建立格拉斯哥大學的物理教學實驗室，讓學物理的學生除了學會解方程式，還要學測量電荷、測量流體的流速、估計誤差等等；這在當時是開風氣之先，可說改變了整個世代物理的教學方式。

除了實驗之外，他也很注重理論的訓練。從1855到1867之間，他與彼得·泰特（Peter Guthrie Tait）合著一本力學的教科書《自然哲學通論》（*Treatise on Natural Philosophy*），這本書在1879擴充成兩部，後來成為物理教學的標準教科書。

♒ 以太的漩渦

1870~1890年之間，將原子想像成以太的漩渦這種想法在英國相當流行，始作俑者正是湯姆森與泰特，他們發展出今天數學中糾結理論（knot theory）的雛型，在二十世紀末又流行起來。

1884年，湯姆森在約翰霍布金斯大學的「分子動力學與光的波動理論」課程中嘗試將電磁波當作是「以太」中的波動；後來湯姆森依據學生亞瑟·斯塔福德·海瑟威（A.S Hathaway）上課中抄的筆記在1904年將它出版。

十九世紀後半英國還有一件大事，就是達爾文在1859年出版了《物種起源》，但是湯姆森卻對達爾文的演化論大大地不以為然，他對地質學家宣稱的地球存在四十億年這件事尤其感冒。他針對赫胥黎（T.H. Huxley）在1868年的倫敦地質學會發表的演說特別寫了《關於地球的動力學》（*Of Geological Dynamics*），強烈主張地球年齡比地質學家宣稱的要短得多！湯姆森在1864年就曾私下估計地球年齡只有兩千萬到四億年之間，他是由地球內部溫度、岩石融化的溫度以及岩石的比熱和地球內部熱對流的情況來推算的。

1897年，他重新又估計了一次。他在那一年寫給斯托克斯爵士的公開信中，他宣稱地球只有兩千萬到四千萬年。1903年，科學家發現輻射性，讓湯姆森的論證有效性大打折扣。但是湯姆森可沒這麼容易認輸，他認為沒有陽光就無法解釋地球沉積物的紀錄，而太陽的能量來源單單來自重力，所以太陽的年齡從熱力學推斷不可能老過兩千萬年！當然，這要到後來發現核融合是太陽主要能量來源，才推翻湯姆森的說法。

1900年4月27日，湯姆森應邀到皇家科學研究所演講，題目是「熱與光的動力理論頭上的十九世紀烏雲」（Nineteenth-Century Clouds over the Dynamical Theory of Heat and Light），著名的兩朵烏雲，一朵是黑體輻射，一朵是邁克生干涉實驗，就是在這次演講中出現的。

　　由於他在熱力學方面的成就，以及他強烈反對愛爾蘭自治的言論，他在1892年被封為拉格斯的開爾文男爵，這個頭銜來自於流經他在蘇格蘭格拉斯哥大學實驗室的開爾文河；所以一般多稱他為開爾文男爵。湯姆森接受爵位後，因而成為首位進入英國上議院的科學家。1902年，愛德華七世登基時，他還被任命為樞密院的成員。這也象徵著維多利亞時代落幕，大英帝國雖然依舊日不落，但是頹勢漸現，而湯姆森也逐漸從物理研究的前線退下來。1907年11月向來強健的湯姆森偶感風寒，但是病情急轉急下，於12月17日病逝於自宅，享壽八十三歲。

開創熱力學的
普魯士學者克勞修斯

　　魯道夫・朱利斯・埃曼努埃爾・克勞修斯（Rudolf Julius Emanuel Clausius，1822~1888）的故鄉是當時隸屬於普魯士王國的波美拉尼亞省的克斯林市（現今波蘭的科沙林市）。1840年，魯道夫進入著名的柏林大學就讀，四年後畢業，拿到在中學教書的執照，他就在文理高中教數學；同時在語言學家柏克（August Boeckh）的皇家神學院底下學習。

　　1847年，克勞修斯將他的博士論文《造成光反射的大氣層的粒子》（*De iis atmosphaerae particulis quibus lumen reflectitur*）送到哈爾大學，順利取得博士學位。在這篇論文中，克勞修斯試圖以光的折射與反射來回答為什麼天空看起來是藍色的問題。雖然後來是英國的瑞利男爵解答了這個問題，因為光與大氣層的分子的散射截面與波長四次方成反比。但克勞修斯在這篇論文中顯現出他過人的數學技巧以及強大的推理能力，這些正是他得以出人頭地的條件。

　　1850年，克勞修斯在物理年鑑發表《論熱的移動力及可能由此得出的熱定律》（*Über die bewegende Kraft der Wärme und die Gesetze, welche sich daraus für die Wärmelehre selbst ableiten lassen*）一文後，逐漸在科學界中嶄露頭角；他在文中清楚表明熱力學的第一定律與第二定律，把熱質說（Caloric theory）徹底從歷史舞台上給掃地出門了。克勞修斯憑著這篇論文獲聘為柏林的皇家砲兵工程學院的物理學教授，同時成為柏林大學的無俸講師。

〰〰 克勞修斯-克拉佩龍方程式

　　熱質說是由英國科學家普利斯特里在1783年的論文《關於燃素的省思》（*Réflexions sur le phlogistique*）提出的，熱質被設想為熱的實體物質，以流體的形式存在。依照這個理論，宇宙中熱質的總量為一定值，而且熱質會由溫度高流到溫度低的地方。許多現象都可以用熱質說來解釋，像是熱傳導、氣體受熱膨脹乃至於熱輻射以及相變（如水變蒸氣）的潛熱等等。當卡諾發展熱機理論時也是採用熱質說，埃米爾·克拉佩龍也是採用熱質說而寫下克拉佩龍方程式，以此來計算蒸氣壓隨溫度的變化係數，看來熱質說似乎無往不利。

　　但其實早在1798年時，英國科學家倫福德伯爵就發現在加農砲鏜孔時，只要持續加工，加農砲就會持續發熱，產生出來的熱甚至可以使水沸騰，而且單位時間的發熱量不會下降。但熱質說卻無法解釋這些現象。到了1845年，英國科學家焦耳就以實驗證明了重物下落時的機械能可以用來轉動一個放置於隔熱水桶中的帶轉槳轉輪，轉動會使水溫升高。由此測得的熱功當量為819ft·lbf/Btu（4.41 J/cal），但是開爾文男爵在1848年依然在他那篇定義絕對溫度的論文中寫：「熱轉化為機械能不太可能，而且至今也尚未被發現。」

　　但是年僅二十八歲的克勞修斯卻在他的文章中斬釘截鐵地宣稱熱，就是物體內部組成的動能，並且提出兩條定律來取代。第一條定律是：

$\Delta U = Q - W$

　　Q代表輸入到系統的熱量（若是系統對外輸出熱的話則取負值），W代表系統做外的功（若是外界對系統做功時則取負值），而ΔU則是系統內部的能量變化。

　　克勞修斯雖然提出U，卻沒有對它命名。後來開爾文男爵將U稱之為系統內能（intrinsic energy）。假設沒有熱量的輸出與輸入，系統能對外界所作的功的最大值正是U。這裡正負號採用克勞修斯原始的定義。此

外，克勞修斯不採用熱質說就重新推導了克拉佩龍方程式，所以今天都稱為「克勞修斯-克拉佩龍方程式」。

∿ 熱的動力

克勞修斯的第二定律則是：系統在沒有外界作功的情況下，熱一定是從高溫流向低溫。在熱質說中，「熱質」由高溫流到低溫似乎是天經地義之事，但是既然沒有「熱質」，要怎麼去理解這個看似自然，事實上卻是相當深奧的現象呢？這正是克勞修斯面臨的挑戰。

一年後克勞修斯提出第二定律的另一個形式：不可能從單一熱源吸收能量，使之完全變為有用功而不產生其他影響。換言之，熱是無法完全轉換成功，轉換的效率有其上限。也就是說，只許功自發轉化為熱這一個過程是單向進行而不可逆的。這兩個說法其實是等價的，這是所有現代熱力學課本都有的材料。但是克勞修斯並不滿意，他繼續尋找更為有力的數學表達。

四年後，克勞修斯又寫了一篇文章《熱的動力學第二基本定理的修正形式》（*On a Modified Form of the Second Fundamental Theorem in the Mechanical Theory of Heat*），論證兩個熱機動作可以相互取代，只要它們某一個特殊的物理量相等即可，在等溫過程中，這個特殊的物理量為熱機吸收的熱量Q除以溫度T。這又往建立熱力學的路上前進了一步。

一年後，三十三歲的克勞修斯接受蘇黎世新設立的瑞士聯邦理工學院（Eidgenössische Technische Hochschule Zürich，簡稱ETH）的教授一職。到蘇黎世後不久他就發表《關於熱的動力學在蒸汽機的應用》（*On the Application of the Mechanical theory of Heat to the Steam-Engine*），對熱機的循環過程定義這個特別的量：

$$\oint dQ/T = -N$$

他稱為「所有無法補償的變換的等價值」，當整個過程是可逆時，N

必需等於零。當循環過程是不可逆時，N則是正的。這是由卡諾定理可推得的結果。

　　克勞修斯發表這篇文章之後，開始對氣體動力論產生興趣。氣體動力論就是通過分子組分和運動來解釋氣體的宏觀性質，如壓力、溫度、體積等。他的第一篇關於氣體動力論的論文《我們稱之為熱的運動》（*Über die art der Bewegung, welche wir wärme nennen*）發表於1857年，雖然比克羅尼敍（August Karl Krönig）關於氣體動力論的論文晚了一年，但是克勞修斯的工作顯然比克羅尼敍的更完整，更成熟。他指出除了克羅尼敍考慮的平移運動之外，氣體分子的轉動以及振動模式的運動也不可忽視。同時他還特別強調分子的大小不必列入考慮，而且分子間的作用力也弱到不需考慮，簡單地說，就是將氣體看成大量做永不停息的隨機運動的粒子。快速運動的分子不斷地碰撞其他分子或容器的壁造成壓力。這樣可以

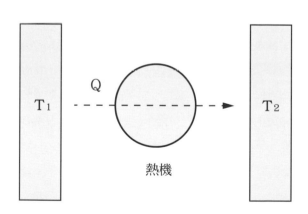

當熱量 Q 由 T_1 之處流到 T_2 時，這個量則為 Q（$1/T_2$-$1/T_1$）。
1852 年，克勞修斯論證兩個熱機動作可以相互取代，只要 Q（$1/T_2$-$1/T_1$）的值相同即可。

得到理想氣體定律，但是當時法國科學家雷紐的實驗證明了氣體並不完全遵循理想氣體定律，不過克勞修斯還無法處理這個問題。這要等到後來二十世紀的荷蘭科學家凡德瓦（Johannes Diderik van der Waals）才終於解決。

克勞修斯利用分子來解釋潛熱，像是水在煮沸前會吸收熱量溫度卻維持在沸點，這是因為熱量被用來掙脫液體分子間的束縛。在這篇文章的末尾他還算出在特定溫度下氧、氮與氫分子的平均速度，數值約在每秒數百到數千公尺。

荷蘭的科學家白貝羅（C.H.D. Buys-Ballot）讀到這些數值後馬上提出質疑，因為一般氣體擴散現象比起這些數值慢多了！白貝羅認為這是氣體動力論是錯誤理論的明證。為了回應這個質疑，隔年克勞修斯在《關於氣體分子運動中一個分子穿過的平均路徑長度》（*On the Average Length of Paths Which Are Traversed by Single Molecules in the Molecular Motion of Gaseous Bodies*）這篇文章中提出「平均自由徑」的概念，就是一個分子在兩次碰撞之間行進的距離。

氣體擴散的速度之所以遠小於氣體分子的速率，是由於氣體分子速度方向是隨機的，而且每次碰撞後都會改變，而且只要平均自由徑遠大於分子大小，那麼之前由氣體動力論導出理想氣體定律的推導都不受影響。平均自由徑與分子碰撞的頻率成反比，而氣體分子的碰撞頻率與氣體分子的密度和散射截面成正比，由此可推算氣體分子的平均自由徑。

雖然一開始「平均自由徑」只是為了反駁質疑而提出的想法，但是馬克士威很快就採用它來推算氣體的各項性質，如黏滯性等，後來甚至成為愛因斯坦在1905年提出測定分子大小的方法的基礎，讓當年關於分子是否真的存在的大辯論塵埃落定。這是克勞修斯當年無法預見的吧。

〰️克勞修斯不等式

克勞修斯在蘇黎世的不只事業得意，1859年他娶了德國姑娘阿德萊‧倫龐（Adelheid Rimpam），這段婚姻相當幸福，兩人育有六名子女。1862年克勞修斯又回到熱力學的研究，這一年他發表《轉換到內部的功的等價值之定理的應用》（*On the Application of the Theorem of the Equivalence of Transformations to Interior Work*）。他首先提出對可逆與不可逆的循環過程都適用的關係式：

$$\int dQ/T \leqq 0$$

這個式子被稱為克勞修斯不等式。此處熱機吸熱dQ為正值，放熱為負值。在1862年的論文中，他用相反的符號。可逆循環過程時等號成立。

接著為了理解這個定理，他嘗試將他在氣體動力論的工作與熱力學有所聯結。他以冰吸熱融解成水為例，雖然分子間距離沒有改變太多，但是組織的方式改變了，所以單以能量的角度去思考冰變成水的相變是不夠的，所以他引入「離散」（disgregation）這個概念，當冰吸熱時，熱量並沒有讓溫度上升，而是去克服分子間的作用力，增加系統離散的傾向。雖然分子間的力很難在理論表達出來，但克勞修斯認為克服這些內部分子之間的力所需的功倒是不難放到理論中。他還認為這些功與溫度成正比。把這部分的功除以溫度就足以表達系統「離散」的程度，這時克勞修斯只差臨門一腳了。

1865年的4月24日，克勞修斯在蘇黎世哲學學會宣讀他一生最重要的一篇論文：《關於熱的動力學基本方程式的數個合宜的形式》（*On Several Convenient Forms of the Fundamental Equations of the Mechanical Theory of Heat*）。在這篇論文中，他引入一個重要的**物理量定義為熵**（**entropy**）。

熵（entropy）這個字是克勞修斯從希臘文中的 en 加上 tropein，是「內在的變動」的意思。而且他刻意讓 entropy 看起來與 energy（能量）看起來十分相似，分別對應到熱力學的第一與第二定律。據說克勞修斯還特意用 S 代表熵來向熱力學的先驅薩迪・卡諾（Sadi Canort）致敬。

熵是一個狀態函數，它只取決於系統所處的狀態，而不取決於系統到達那裡的路徑，並且dS=dQ/T。因此，在可逆過程中，循環開始時系統的熵必須等於循環結束時的熵。假設有一不可逆過程A從狀態1變成2，我們可以找到一個可逆反應B從2變成1，將兩個反應聯結成為一循環過程。

克勞修斯將這個結果運用到整個宇宙，在論文的最後，他是這麼說的：「如果我們設想整個宇宙如同一個物體擁有熵一般，可以一致地測量它的熵，並且同時（我們可以）對整個宇宙引進另一個更簡單的能量概念的話，那麼我們可以將宇宙的基本定律用熱力學理論的兩個基本定理來表達。那就是一、宇宙的能量是常數。二、宇宙的熵傾向最大值。」真是鏗鏘有力的結尾啊！

⋀⋀⋁ 均功定理

回到現實，克勞修斯發表熵的論文後，過了兩年，他還是離開了蘇黎世，來到巴伐利亞地區歷史最悠久的符茲堡（Würzburg）大學擔任教授。在他離開普魯士到瑞士之後，全歐有著天翻地覆般的變化。普魯士在名相俾斯麥的帶領下分別在1864年打敗丹麥，1866年更擊敗龐大的奧地利帝國，整個德意志世界快速走向統一之路。而克勞修斯也就在這關鍵時刻回到德國。

兩年後，克勞修斯接受來自波昂的邀約，成為波昂大學的教授。到了波恩沒有多久，他就發表《關於一個可以應用到熱的力學定理》（*On a Mechanical Theorem Applicable to Heat*），這篇論文的內容是所謂的均功

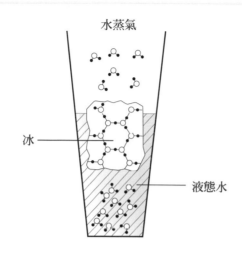

水蒸氣

冰

液態水

融解熱

冰吸熱時，熱量並沒有讓溫度上升，而是去克服分子間的作用力，增加系統「離散」的傾向。

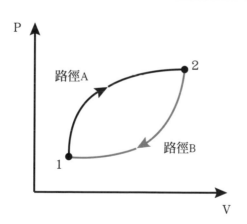

P

路徑A

2

路徑B

1

V

克勞修斯不等式：$\int_A dQ/T$（$1 \rightarrow 2$）＋$\int_B dQ/T$（$2 \rightarrow 1$）$\leqq 0$
所以得到
S（2）$-S$（1）$= \int_B dQ/T$（$1 \rightarrow 2$）$\geqq \int_A dQ/T$（$A \rightarrow B$），
對一個封閉系統，$dQ=0$，我們就得到 $\triangle S \geqq 0$。

定理（virial theorem），它是一個是描述穩定的多自由度體系總動能和體系總位能時間平均之間的數學關係。這個定理有著廣泛的運用，但也是克勞修斯在熱力學的封筆之作了。

> 均功（Viral）這個字也是克勞修斯選的，字根是拉丁文的 vis，意思是活力。

　　就在這一年普法戰爭爆發，雖然克勞修斯已經四十八歲，無法上前線打仗，但他還是組織救護隊，在維翁維爾（Vionville）戰役與格拉韋洛特（Gravelotte）戰役中，冒著生命危險運送傷患。他在戰鬥中膝蓋受傷，後來因此被授予鐵十字勳章；但是從此不良於行。四年後他的妻子不幸死於分娩，留下他一個人獨立撫養六個小孩。幸虧他個性堅毅，沒有被這些事情擊垮，依然堅守學術崗位，只是研究成果不如往日豐碩。1876年，他將在1864年出版的論文集重新出版為《熱的力學理論》（*Die mechanische*

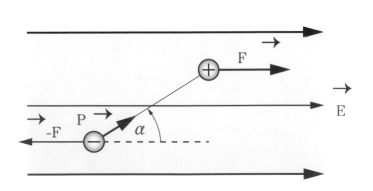

F：正電荷受到的電力。
E：外加電場。
-F：負電荷受到的電力。
α：電偶極與外加電場的夾角。
P：電偶極矩。

Wärmetheorie），這本書在往後好幾個世代都是熱力學的標準教材。

　　而自這時起，克勞修斯也逐漸將目光轉移到電動力學。他所發展的電動力學系統是奠基於超距力，只是力的形式甚為複雜，而且與速度有關。克勞修斯也將分子的觀點用到物質的介電性質上，寫出連結微觀分子的感應電偶極與巨觀的極化率的關係，就是電磁學教科書裡的「克勞修斯–莫索提方程式」。莫索提（Ottaviano-Fabrizio Mossotti）是一位義大利物理學家，但是因為他懷抱著自由主義理念而被迫離開故鄉，後來到阿根廷的布宜諾斯艾利斯大學任教。他們兩人獨立提出相同的結果。

　　1881年，克勞修斯參與在巴黎召開的國際電學大會（electrical congress）討論電磁學的單位制定。1884年他升任院長，1886年他再婚，育有一個孩子。當時他已經六十四歲了。兩年後的8月24日，他在德國的波恩因病去世。根據他弟弟的說法，克勞修斯在病床上依然主持考試不輟並且還繼續修訂《熱的力學理論》的第三版，遺憾的是還未完成他就過世了。

　　雖然克勞修斯一生中常跟英國科學家為了科學發現的功勞而爭吵，但他還是在1879年得到英國皇家協會最高榮譽科普利獎章的肯定。熵的概念將永遠與這個執拗的普魯士學者的大名綁在一起，流傳到後世。

為科學而生，為原子而死的波茲曼

　　熱力學在克勞修斯與開爾文男爵的努力下，終於成為一門新興的物理學，然而熱力學在波茲曼與吉布斯的手上，進一步發展成統計力學。統計力學應用的範圍極廣，不僅包含各式各樣的物理系統，連化學反應以及生物組織都在其中。締造如此耀眼功績的波茲曼與吉布斯卻是完全不同類型，波茲曼的人生與一生平靜無事、與人無爭的吉布斯相比，可以算得上是波瀾壯闊。

　　路德維希‧愛德華‧波茲曼（Ludwig Eduard Boltzmann，1844~1906）生於維也納。波茲曼自1863年開始在維也納大學攻讀物理，在只比他年長九歲的史帝凡（Joseph Stefan）的指導下，僅三年後就獲得博士學位，他的論文主題是氣體運動論。

　　1869年7月，波茲曼受聘為格拉茲大學的教授。就在這一年，波茲曼與格拉茲的一位有抱負的數學和物理老師亨利耶塔（Henriette von Aigentler）相遇，當時奧匈帝國的大學不讓女性入學，亨利耶塔在試圖旁聽當地大學講授的課程時遭到拒絕。她在波茲曼建議下申訴成功，成為格拉茲大學第一位女學生，主修數學與科學，輔修哲學。後來亨利耶塔與波茲曼陷入愛河，兩人在1876年結婚，婚後育有三個女兒和兩個兒子。

　　1873年，波茲曼成為維也納大學的數學講座教授，也針對熱的力學理論開班授課。1876年，他又回到格拉茲任教，成為物理所的所長。接下來波茲曼逐漸醞釀利用統計的方法將微觀的動力學與巨觀的熱力學聯結

起來的宏偉構想。讓我們來看看他在格拉茲前後兩段時間（1869~1873，1876~1890）做了哪些劃時代的研究。

〰️ 馬克士威-波茲曼分布函數

　　波茲曼一生深信不疑的是古典力學的有效性，他認為整個自然科學都應該奠基在古典力學之上，特別著迷在如何從動力學來闡明熵，以及如何用古典力學來「證明」熱力學第二定律。所謂思而不學則罔，波茲曼當然先從最重要的前輩馬克士威學習。馬克士威在1860年第一次推導出馬克士

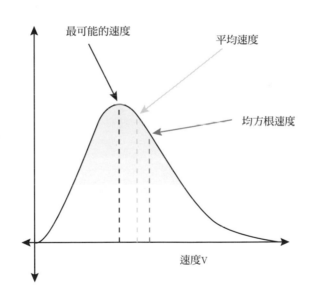

馬克士威氣體分子速度分布

分布函數（distribution function）：是指當一個由多粒子所組成的物理系統處在溫度 T 時，在系統達熱平衡時，粒子處在某一速度狀態的機率分布。透過分布函數，科學家可以將巨觀的物理量溫度 T 與氣體動能連接起來。

威速度分布函數,它解釋了許多基本的氣體性質,包括壓力和它的擴散性質。

波茲曼在1868年發表的論文中,將馬克士威的推導推廣到系統受到外力的情況,他嘗試將原本只適用於理想氣體的馬克士威分布推廣到一般的力學系統,定義在相空間(phase space)中的機率密度ρ(x)。古典力學中我們知道ρ沿著粒子的軌跡是不變的,稱之為**劉維爾(Liouville)定理**。假設系統總能量不變,在相空間上的曲面 H(x)=E(這裡的H是系統的漢密爾頓函數)上任一點都在某一條特定的軌跡上,那麼整個曲面的機率密度ρ都會相同。由此波茲曼寫出微正則系綜的機率密度ρ(x),得到馬克士威分布函數,所以現在我們通稱它為「**馬克士威-波茲曼分布函數**」。這是第一次機率考量是應用在整個系統上,而不是單一個粒子。雖然這個推導比原先馬克士威適用範圍要廣得多,卻必須仰賴一個嶄新的假設,就是**遍歷性假設(ergodic hypothesis)**。

換句話說,對時間平均而得的結果,與對系綜平均而得的結果「應該」是相同的。當時波茲曼還沒有理解到這樣的假設會有什麼問題,但他在1871年的論文中提到,當物體在相空間軌跡如果是封閉的,他的論證就不會成立;因為曲面上就會有若干點不在同一條軌跡上。但他也認為一個至微小的擾動就會改變封閉的軌跡,所以這些封閉軌跡的物理效應是可忽略的,這個議題可沒有這麼簡單就消失。

敏銳的波茲曼在1872年又發表一篇重要的論文《氣體分子熱平衡的進一步研究》(*Weitere Studien über das Wärmegleichgewicht unter Gasmolekülen*),他在文中提出兩項非常重要的東西,一樣是波茲曼方程式,另一樣則是所謂H定理。波茲曼再一次嘗試從微觀的動力學出發,希望能「證明」熱力學第二定律,所以他再提出波茲曼方程式來敘述理想氣體系統內部粒子的運動情況。波茲曼方程式是一個非線性積微分方程式。方程式中的未知函數是一個包含了粒子空間位置和動量的六維機率密度函數f(r,p,t)。這個方程式描述粒子位置和動量機率分布如何在相空間中隨

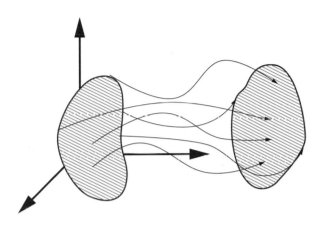

劉維爾（Liouville）定理示意圖

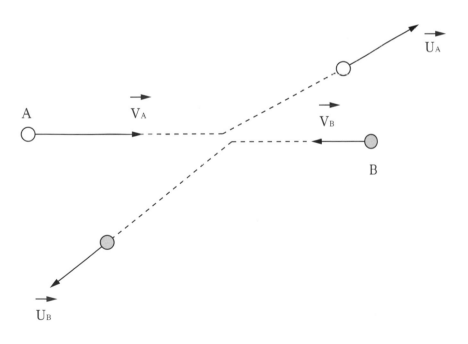

分子混沌假設示意圖

時間和空間變化，波茲曼假設的碰撞項完全是由假定在碰撞前不相關的兩個粒子的相互碰撞得到的。這個假設被波茲曼稱為「Stosszahlansatz」[1]，其實正是馬克士威之前所提的「分子混沌假設」。

$$H(t)= \int_0^\infty f(E,t) \left[\log \left(\frac{f(E,t)}{\sqrt{E}} \right) -1 \right] dE$$

對於孤立理想氣體（總能量和分子數量不變），當f是馬克士威-波茲曼分布時函數H會有極小值；如果系統處於其他分布時，H值會變大。

波茲曼在這篇論文中證明，當波茲曼的碰撞項會使任何不是馬克士威-波茲曼分布的f（E,t）都不穩定，並且會發生不可逆的變化，直到函數H達到最小值為止。換句話，f會朝向馬克士威-波茲曼分布演化。在氣體容積不變的情況下，波茲曼發現他的函數H與克勞修斯定義的熵根本是同一回事，事實上熵等於–kH。波茲曼對這個結果非常自豪，他認為自己已經用動力學證明了熱力學第二定律，甚至還認為他的證明在數學上是站得住腳的嚴格證明。但背後是什麼機制造成的呢？

⋀⋀⋁ 波茲曼熵公式

波茲曼的解釋是一個擁有龐大自由度的封閉系統會愈來愈混亂，愈來愈無序。而熵正是刻劃「無序」的物理量。波茲曼沿用馬克士威的方法，氣體分子模型化為箱中相互碰撞的撞球，而隨著粒子間的碰撞，速度分布會變得愈來愈無序，最終導致系統的巨觀性質趨於均勻。而微觀來看，則是系統處於最為無序的狀態，這是因為無序的微觀狀態數一定遠多於有序的微觀狀態數。如果讓系統自行演化，統計性地來看，系統到達微觀狀態數目多的機率也一定遠大於到達數目少機率。也就是說系統的熵一定會趨於最大值。

波茲曼總結，粒子「以同樣的速率在同一方向」運動的有序狀態「可

以想像，是系統最不可能處於的狀態，亦是最不可能的能量組態。」所以**熱力學第二定律代表的是一個封閉系統不管起始狀態為何，最後都會趨向最為無序，也就是最為混亂的狀態**。更進一步，波茲曼在氣體運動論中發現了熵和微觀狀態的機率分布的對數關係，並提出著名的波茲曼熵公式：

S=k log W

其中k = 1.3806505（24）×10^{-23}J/K，稱作**波茲曼常數**。W是德語的機率（Wahrscheinlichkeit）的縮寫，這裡更準確地說，W是系統的微觀狀態的數目。這個公式後來甚至刻在波茲曼的墓碑上，它為何如此重要呢？因為正是這個看似簡單的公式提供了一個對大自然非常深刻的洞見。

波茲曼在格拉茲平穩地度日，在學術上也有令人驚艷的成就，但是1885年他摯愛的母親過世讓他悲痛異常，四年後他的長子雨果因盲腸炎夭折，讓他自責不已，他的精神狀態開始不穩定。1890年，波茲曼受聘為慕尼黑大學的理論物理學教授，離開格拉茲。在這裡波茲曼結識許多科學家，其中對波茲曼影響最大的是當時在萊比錫任教的奧斯特瓦爾德（Wilhelm Ostwald），雖然他後來成了波茲曼的主要論敵，但兩人終身維持惺惺相惜的交情。

但是波茲曼在慕尼黑沒有待多久，1894年，他繼承他的導師史帝凡成為維也納大學的理論物理學教授，這是他第二次在母校任教。但這一次他只在維也納大學待了六年，原因跟他的火爆脾氣與容易與人爭論的性格有關。他與在維也納大學的哲學及科學史教授馬赫（Ernst Waldfried Josef Wenzel Mach）關係形同水火。兩個人話不投機在科學史上滿有名的。1897年當波茲曼在維也納的帝國科學院演講時，馬赫聽完後公開宣稱：我才不相信他的原子真的存在。

1900年波茲曼轉到萊比錫隔年，馬赫就因中風而離職，所以他又重返維也納大學任教。此時波茲曼無疑地已經是奧匈帝國學術界的大老。1904年，波茲曼六十歲生日當天的祝壽活動上，一本由一百一十七位作者共同

撰寫的《賀壽專刊》論文集送到他手上,這可說是當時歐陸科學界的一大盛事。

但是1904年在美國聖路易舉辦的一個物理學會議上,與會的大多數物理學家都否定原子的存在;波茲曼甚至沒有受邀去參加物理部門的討論,而是被安排到應用數學部門。想來波茲曼是不開心。1905年,波茲曼試圖通過與現學學先驅哲學家布塔諾(Franz Brentano)的廣泛交流來進一步理解哲學的本質,他想讓科學擺脫它的影響,但逐漸地他本人也對這個想法失去信心。6月他又去了一趟美國,回程他寫了一篇幽默的遊記《一個德國教授到黃金國的旅程》(*Journey of a German professor to the Eldorado*)。

雖然波茲曼回到維也納時似乎是在巔峰狀態,但幾個月後他卻身心崩潰,到了1906年中,他的精神狀態已經惡化到不得不暫時離職。9月他與他妻子及女兒在義大利的杜伊諾(Duino)度假,趁著家人去游泳時,他在房間內自縊身亡,得年六十二歲。波茲曼沒有留下遺書,只有留下一個巨大的謎團與遺憾。

讀者們如果有機會到維也納,除了欣賞壯麗的建築與美麗的音樂,也許可帶一束花到波茲曼在維也納中央公墓的墓碑前致意,他的墓碑上鐫刻著這個公式:

$$S=k \cdot \log W$$

提醒我們,追求真理是何等孤寂的一條漫長的路,但他帶給我們的卻又是如此深刻而豐富的洞見。在維也納美麗的街景中跳動的是一顆堅毅的心。

注釋

[1] Stoss-zahl-ansatz 是由波茲曼的學生 Paul Ehrenfest 創造的新字。Stoss 是撞擊的意思,zahl 是計算的意思,ansatz 是物理學術語;意思是先作出一個假設,並且按照這個假設去進行一系列的演算,用所得到的結果來檢驗最初的假設是否成立。當一個問題難以用直接的方法解決的時候,擬設經常是解決問題的出發點。

建立現代統計力學架構的吉布斯

　　吉布斯（Josiah Willard Gibbs，1839～1903）出身於美國北方的書香世家，1854年進入耶魯學院。數學家和天文學家休博特・牛頓（Hubert Anson Newton）是吉布斯在耶魯唸書時的良師益友。1858年，他以優秀的成績從耶魯學院畢業後留校成為雪菲爾德科學研究所（Sheffield Scientific School）的研究生。十九歲時，吉布斯當選康乃狄克藝術與科學學會會員。1861年3月，吉布斯的父親去世後，他繼承了一筆足以應付日常開支的遺產。一個月後南北戰爭爆發，體弱加上眼睛患有散光的吉布斯沒有受到徵召，一直留在耶魯平靜的校園中。

　　1863年，耶魯學院授予吉布斯美國第一個工程的哲學博士學位，這也是美國有史以來授與的第五個博士學位。他在學位論文《論直齒輪輪齒的樣式》（*On the Form of the Teeth of Wheels in Spur Gearing*）中，利用幾何方法探討不同的齒輪設計樣式。畢業後，吉布斯留在耶魯當了三年助教，前兩年講授拉丁語，第三年講授物理。

　　1866年，吉布斯申請一項有關火車煞車的專利，美國的火車因為此項專利不再需要配備制動員。同年，他在康乃狄克學會宣讀一篇《長度單位的確切大小》（*The Proper Magnitude of the Units of Length*）的論文，在文中提出機械領域中計量單位系統的一個合理化方案。這一年他卸下助教的職務，與姊姊安娜和茉莉亞一起去歐洲旅行，這趟旅行改變了吉布斯的一生。

　　此時正是歐洲的物理學進展神速的世代，馬克士威剛發表他的電磁方程式不久，而克勞修斯也才發表關於熵的論文；反觀美國在自然科學方面遠遠落後歐洲，特別是在熱力學、電磁學以及光學等領域的研究，完全看不到車尾燈。可以想像這些物理的新發現對這位年輕的美國工程博士帶來何等的震撼。

　　1866年末至1867年初，姐弟三人都是在巴黎度過的。吉布斯在那裡旁聽由著名數學家劉維爾（Joseph Liouville）和夏萊（Michel Chasles）在索爾本的巴黎大學以及法蘭西公學院的講座。之後吉布斯來到德國首都柏林，旁聽數學家魏爾斯特拉斯（Karl Weierstrass）和克羅內克（Leopold Kronecker）以及化學家馬格納斯（Heinrich Gustav Magnus）的講課。這些學者都是一時之選。

　　1867年，吉布斯在海德堡大學見習物理學家赫希荷夫、赫姆霍茲以及化學家本生（Robert Bunsen）的研究工作，當時赫希荷夫與本生正在研究光譜學，赫姆霍茲則在研究聲學與聽覺相關的問題；這些最尖端的學術成果讓吉布斯大開眼界，收穫良多。

　　1869年6月，吉布斯回到耶魯，負責教工科學生法語，同時致力於設計一種新型的蒸汽機調速器，這也是他最後一項在工程領域的重要研究。

　　1871年，他成為耶魯學院的數學物理學教授。這是美國國內第一個數學物理教授的席位。兩年後吉布斯在《康乃狄克學會學報》（*Transactions of the Connecticut Academy*）上發表兩篇論文[1]，論述如何利用幾何方法表示熱力學量。他在這兩篇論文主要在探討怎樣將相圖應用到熱力學。

　　吉布斯很喜歡使用相圖來啟發自己的想像力，而不是使用機械模型的方法。在第一篇論文中，吉布斯特別討論體積-熵（V-S）圖。而第二篇中吉布斯將二維相圖推廣到三維，三個座標分別是體積（V）熵（S）以及能量（E），並且以三維相圖討論化學反應的相結構和穩定性的問題。

　　這兩篇論文引起英國大科學家馬克士威的注意和熱情回應，甚至親手做了一個描繪吉布斯所提出的三維相圖的黏土模子。隨後，馬克士威利用

這個模子製作了兩個石膏模型，並將其中一個寄給了吉布斯。那個模型現在還陳列在耶魯大學物理系。[2]

　　吉布斯隨後將他發展的熱力學分析方法拓展到混合的系統，並考慮到許多實際的情況，這些研究成果都發表在《關於多相物質平衡》（*On the Equilibrium of Heterogeneous Substances*），吉布斯在這部專著中利用這兩條定律，再運用他高超的數學分析技巧，嚴謹而巧妙地闡釋物理化學現象，對大量原本孤立的實驗事實和觀測結果做出解釋，並將它們聯繫起來；像是有名的「吉布斯相律」也是在這裡提出的。它說明了在特定相態下，系統的自由度跟其他變量的關係是相圖的基本原理。

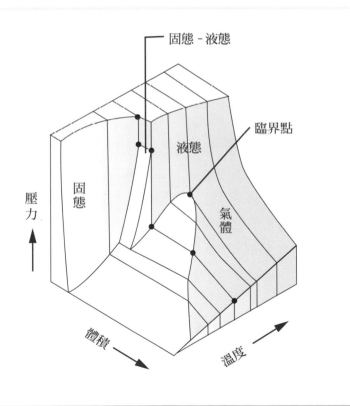

三維相圖

這裡的坐標是溫度、體積與壓力

吉布斯相律

吉布斯相律的表達式為：F=C-P+n，其中 C 代表系統的獨立組元數
（number of independent component），P 是相態的數目，而 n 是外
界因素，多數取 n=2，代表壓力和溫度；對於熔點極高的固體，蒸汽壓
的影響非常小，可取 n=1。以水為例子，只有一種化合物，C=1，F=1-
P+2=3-P。在三相點，P=3。F=3-P=0，所以溫度和壓力都固定。當兩
種態處於平衡，P=2，F=3-P=1，有一個自由度，而在一個特定壓力，
便恰好有一個熔點，符合吉布斯相律的描述。

　　吉布斯這部專著被後人稱譽是「熱力學的自然哲學的數學原理」，被
認為是一部無所不包的專著，為物理化學奠定堅實的理論基礎[3]。將這部
專著譯為德語的奧斯特瓦爾德（Wilhelm Ostwald）把吉布斯稱作是「化
學能量學的鼻祖」。吉布斯最擅長用嚴謹的數學推導出非常實用又貼切的
物理量定義，包括1873年他引入的吉布斯自由能（Gibbs free energy）、
1876年引入的化學勢（chemical potential）都是這類的新物理量。

　　吉布斯自由能可以用來評估一個反應是否具有自發性，用來估算一個
熱力系統可以做出多少非體積功。當應用熱力學於化學領域時，吉布斯自
由能是最常用到與最有用的物理量之一。

　　化學勢，指的是在化學反應或者相變中，此物質的粒子數發生改變
時所吸收或放出的能量。在混合物中的某種物質的化學勢定義為此熱力學
系統的吉布斯自由能對此物質粒子數的變化率，在化學平衡或相平衡狀態
下，自由能會處於極小值，各種物質的化學勢與化學計量係數乘積之總和
為零。可以說，吉布斯演出了數學、物理與化學完美的三重奏，在科學史
上少有幾人做得到啊！

〰 統計力學

　　吉布斯在物理與數學許多領域都有貢獻，但最大的貢獻還是在統計力
學上，他創造「統計力學」（Statistical Mechanics）這一個名詞[4]。統計

力學的宗旨在利用統計方法從大量微觀粒子的運動角度得到對於宏觀的熱力學現象的微觀解釋。吉布斯最大的貢獻是引入力學系統的相的概念,並在這一概念基礎上引入系綜(ensemble)的概念,並由此給出對於由馬克士威和波茲曼提出的粒子系統統計性質理論更為普遍的表述。

系綜概念

所謂的系綜代表一定條件下,一個體系的大量可能狀態的集合。也就是說,系綜是系統狀態的一個機率分布。對一相同性質的體系,其微觀狀態(比如每個粒子的位置和速度)仍然可以大不相同。實際上,對於一個宏觀體系,所有可能的微觀狀態數是天文數字。在機率論和數理統計的文獻中,通常會使用「機率空間」指代相同的概念。常用的系綜有:

· 微正則系綜(microcanonical ensemble):系綜裡的每個體系具有相同的能量(通常每個體系的粒子數和體積也是相同的)。

· 正則系綜(canonical ensemble):系綜裡的各體系可以和外界環境交換能量(每個體系的粒子數和體積仍然是固定且相同的),但系綜內各體系有相同的溫度。

· 巨正則系綜(grand canonical ensemble):正則系綜的推廣,各體系可以和外界環境交換能量和粒子,但系綜內各個體系有相同的溫度和化學勢。

　　吉布斯所提出的系綜概念在理論物理學界和數學界都產生非常巨大的影響。數學物理學家萊特曼(Arthur Wightman)這樣評價吉布斯:「每位曾經學習過熱力學和統計力學的人都會注意到,吉布斯的科學工作最令人印象深刻的特點之一,就是他對於概念的表述非常貼切。這讓它們在理論物理學和數學經過百年動盪洗禮後仍能倖存下來。」

　　吉布斯通過多粒子系統的統計性質對於熱力學現象的經驗定律進行理論推導,這項工作在他去世前一年發表於教科書《統計力學基本原理》(*Elementary Principles in Statistical Mechanics*)中。這本書於對後世具有很大影響力,大數學家亨利·龐加萊於1904年提出,儘管馬克士威和波茲曼更早利用機率的概念解釋宏觀物理過程的不可逆性,但吉布斯在這一問題上看得更為透徹,他在書中所做出的理論解釋也更容易為人所理解。

吉布斯對於不可逆性的分析及他對H定理和遍歷假設的闡釋，對於二十世紀數學物理學的發展產生重大影響。

雖然吉布斯名揚歐陸，卻直到1880年才開始領到耶魯的薪酬，二千美元的年薪。吉布斯在耶魯任教超過四十年，然而他不算是一個成功的老師。有些數學較差的學生時常跟不上吉布斯的進度。作家詹姆斯·克魯（James Gerald Crowther）這樣描述吉布斯與美國科學界同行的關係：「吉布斯到了晚年，看起來像是位身材高大、充滿威儀、步伐矯健而又臉色紅潤的紳士。他每天操持自己的家務，為人友善，對學生也是和藹可親，雖然學生大概聽不懂他講話的內容。他受到朋友高度的尊崇。」

但當時的美國科學界太過重視解決實際問題，以至於吉布斯那些影響深遠的科學工作，在他還在世時沒得到重視。他在耶魯度過了寧靜的一生，被一些有才能的學生所仰慕，但卻沒有在美國科學界留下與他的天資相稱的印記。不過，吉布斯還是獲得當時美國科學家所能獲得的所有重要榮譽。1901年，英國皇家學會頒發給吉布斯當時被認為是自然科學界地位最高的國際獎項科普利獎章，並稱他「首次對熱力學第二定律在化學、電學、外力作功轉化的熱能及熱容量等方面的運用做了詳盡的討論」。

1903年4月28日，吉布斯因急性腸梗阻在紐黑文去世，享年六十四歲。耶魯大學同年5月舉行他的追悼會，發現電子的英國物理學家J.J.湯姆森出席追悼會並做了一個簡短演講。他的葬禮與他的人生一樣低調而平凡。

注釋

1 第一篇題目：《流體熱力學中的圖像法》（*Graphical Methods in the Thermodynamics of Fluids*）。第二篇題目：《利用曲面幾何表示物質熱力學性質的方法》（*A Method of Geometrical Representation of the Thermodynamic Properties of Substances by Means of Surfaces*）。

2 馬克士威在1875年出版的《熱的理論》（*Theory of Heat*）的新修訂本中，用了一整章的篇幅敘述吉布斯的這項工作。他在倫敦化學學會的一次演講中也敘述了吉布斯所提出的圖像方法，而且在為大英百科全書撰寫的有關圖解法的文章中也提到吉布斯的工作。然而，兩人之間的合作卻因馬克士威英年早逝而在1879年戛然而止。而一句話隨後傳遍了紐黑文（New Haven）：「只有一個活人能理解吉布斯的論文，那就是馬克士威，但他現在卻死了。」

3 這部專著分為兩個部分，分別由康乃狄克學會於1875年和1878年出版。這部300餘頁的專著包含700個有標號的方程式。

4 一般史家公認，吉布斯與馬克士威及奧地利物理學家路德維希‧波茲曼共同創建了統計力學的理論。

解人所不能解的鬼才
昂山格

拉斯‧昂山格（Lars Onsager，1903~1976）出生於挪威奧斯陸。父親是律師。1925年，昂山格取得挪威理工學院化學工程學學位。昂山格念大學時，把英國數學家威塔科（Whittaker）和華生（Watson）合著的《現代分析》（*Modern Analysis*）念得滾瓜爛熟，甚至解完書中超難的習題，所下的苦功使得他的數學技巧在化學、物理界無人能出其右，成為他日後學術研究最大的本錢。

1924年，他發現德拜–休克爾（Debye-Hückel）電解質理論[1]沒有考慮到電解質中離子的布朗運動而需要被修正。當時休克爾在瑞士蘇黎世聯邦理工學院擔任德拜的助理，他們通過考慮離子間的作用力來說明強電解質溶液的性質，以解釋他們所引入的電解質溶液的電導率和熱力學的活度係數。

隔年昂山格在瑞士蘇黎世聯邦理工學院見到德拜，他把德拜–休克爾需要修正的想法告訴德拜，讓德拜對他印象好極了，就留他當助手。昂山格聯邦理工學院學習許多物理，出版描述德拜-休克爾的電解質理論該如何修正的論文，也結識許多科學家。

1928~1929年，昂山格轉往美國，先後在約翰霍普金斯大學和布朗大學擔任教職。但他的課晦澀難懂，在布朗大學時，據說全班只有一個學生福奧斯（R.M. Fuoss）能聽懂他教的統計力學，後來福奧斯成了他的得力助手。

　　這段時間昂山格在美國的物理評論期刊發表著名的「昂山格對易關係」（Onsager reciprocal relations），描述連結「熱力流」與「熱力」的二階張量是對稱的。這個聽起來很抽象，但正因為抽象，所以可以適用到許多不同的系統；例如像是熱電效應，或是非均向晶體的導電與導熱，甚至是擴散現象等等，而且這個關係適用於非平衡狀態呢！不過它的適用範圍是系統尚未遠離平衡狀態，系統對外來擾動的回應與擾動成正比的區域。這個關係是來自於系統微觀的時間可逆性，所以很特別的，不適用於有外加磁場或是科氏力的情況。

　　1933年，美國大蕭條衝擊到校園時，昂山格從布朗大學移到耶魯大學之前，在奧地利認識了和德拜一起發現「德拜–福肯漢根效應」（Debye-Falkenhagen effect）的電化學家漢斯・福肯漢根（Hans Falkenhagen）。

德拜 – 福肯漢根效應
是指加在電解液上的電壓的頻率很高時，可使電解液的電導增加。這是他們在 1929 年研究電解液在電場作用下，電解液產生的離子運動的情況時所發現的。由於溶液中離子間的相互作用，而產生它們的空間關聯，任何離子的轉移，都要求近鄰離子重新調整它們的相對位置，而這些都是與時間有關的，因而使電導和介電常數和所加電場的頻率有關。

　　後來昂山格娶了福肯漢根的小姨子瑪格莉特・阿萊特德（Margrethe Arledter）。據說他們第一次約會時，昂山格的表現非常拘謹，晚餐後在露台上睡著，他醒來後就問瑪格莉特：妳愛上我了嗎？幾天後他們就結婚了。兩人婚後育有三男一女，看來授課不受歡迎的昂山格，談戀愛的功夫是滿厲害的嘛。

　　昂山格從歐洲回到耶魯後，大家才赫然發現他的研究很出色，卻沒有博士學位！昂山格就寫了一篇《周期為4π的馬丟方程式的解及其相關函數》（*Solutions of the Mathieu equation of period 4π and certain related functions*）送到耶魯大學申請學位，結果化學系與物理系的教授們都看不懂，但數學系的教授們直說：「要是物理系不將學位頒給昂山格，那我們

就要頒了。」所以昂山格在1935年取得耶魯大學的化學博士學位。

昂山格從1930年代末期開始對電介質的電耦極理論產生興趣，他提出了「維恩效應」的理論解釋；所謂「維恩效應」是在當電壓梯度很大之下，電解液的離子遷移率和電導率都會增大，這是維恩從實驗觀察得出的。但昂山格投稿到德拜擔任主編的《物理期刊》（*Physikalische Zeitschrift*），卻被退搞了，因為德拜覺得昂山格錯了。所以昂山格又把論文投到《美國化學學會期刊》（*Journal of the American Chemical Society*）；但直等到戰後，德拜才了解到昂山格是對的。

接下來的幾年，昂山格開始著迷於「如何在統計力學的架構下描述固體的相變」這個難題，為此他發展出數學非常優美的理論；特別是他在1943年得到二維易辛模型的嚴格解，更是數學物理的驚人成就。

ᴧᴧᴧ 易辛模型

易辛（Ising）模型最早是由德國物理學家威廉‧冷次（Wilhelm Lenz）在1920年發明的，原先他只是把該模型當成是給他學生恩斯特‧易辛（Ernst Ising）的一個問題。這個模型是用來描述物質的鐵磁性。該模型中包含可以用來描述單個原子磁矩的參數 σ_i，其值只能為+1或-1，分別代表自旋向上或向下，這些磁矩通常會按照某種規則排列，形成晶格；並且在模型中會引入特定交互作用的參數，使得相鄰的自旋互相影響。易辛在1924年求得一維易辛模型的解析解，並證明它不會產生相變，也將結果發表。

事實上，當易辛得到這個結果時非常失望，甚至放棄了物理，由於他是猶太人，所以從1939年起他藏身於盧森堡，躲避納粹的迫害，當1947年，易辛前往美國教書時，他才發現以自己名字命名的「易辛模型」成了教科書的內容。

〰 二維易辛模型

　　二維方晶格易辛模型要比一維的情況難出許多，因此其解析的描述直到1942年2月28日，昂山格在紐約的一場會議上，當時瑞士物理學家瓦尼爾（Gregory Hugh Wannier）演講介紹他與荷蘭物理學家克拉姆斯（Hendrik Anthony "Hans" Kramers）利用二維易辛模型高溫與低溫的一個對應關係可以決定二維易辛模型的臨界溫度；演講結束時，昂山格站起來宣布他得到了二維易辛模型的嚴格解。此話一出，語驚四座！

　　不過相關論文卻直到1944年才出現在期刊物理評論上。昂山格證明該模型的相關函數和自由能可以由一個無交互作用的格點費米子場（noninteracting lattice fermion）來界定。昂山格的解法與現在教科書的解法已經完全不同了，據說當他寫出嚴格解時，別人都看不懂他在幹嘛。但是大家都公認這是件偉大的成就，連大物理學家包立也讚嘆不已。

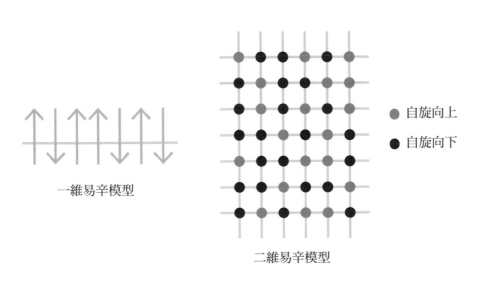

一維易辛模型

● 自旋向上

● 自旋向下

二維易辛模型

一維易辛模型（左）與二維方晶格易辛模型（右）

當時第二次世界大戰打得如火如荼，許多科學家忙著製造原子彈、算雷達，然而昂山格因為不是美國公民，得以繼續投身於純學術的研究。

昂山格在1945年歸化成為美國公民，並且成為耶魯大學的理論化學吉布斯講座教授。他與吉布斯有許多相似之處，不僅是學術興趣相似，行事為人都極為低調，而且研究成果往往沒有得到應有的重視，不禁有曲高和寡之嘆。昂山格也是個完美主義者，像是1948年他發表二維易辛模型的自發磁化公式，卻沒有發表完整的推導，因為他對數學的嚴謹性要求極高。

二戰之後，昂山格在1949年首先嘗試解釋液態氦的超流體行為，兩年後費恩曼也提出類似的理論，但顯然費恩曼並不知道耶魯的這位「化學家」的工作。根據費恩曼的回憶，有一次在日本的會議，費恩曼提到他的超流體理論無法妥善解釋在臨界點的熱力學行為，昂山格舉手說：「費恩曼先生是這一個領域的新人，所以我們需要開導他。」

費恩曼當場嚇呆了，昂山格接著說：「目前沒有人能解釋任何實際系統在臨界點的熱力學行為，所以他的理論算不上有缺陷。」

費恩曼這才如釋重負。

除了超流體之外，昂山格還研究液晶的理論以及冰的電性。他曾以傅爾布萊特（Fulbright）學者的身分待過英國劍橋，在那裡研究金屬的磁性，並且發展出關於金屬的磁性流的量子化的重要想法。

1968年，昂山格同時被提名諾貝爾物理獎和化學獎，最終獨得諾貝爾化學獎。此外，昂山格還得過美國藝術與科學院的拉姆福德（Rumford）獎章、荷蘭皇家學會的羅倫茲獎章、美國化學學會的彼得·德拜（Peter Debye）獎章等等。他還接受哈佛、劍橋等校的榮譽博士學位，其中甚至包括當年請他走人的布朗大學。

1973年昂山格從耶魯退休，轉到邁阿密大學的理論研究中心，並成為邁阿密大學的傑出大學教授。他依然興致勃勃對半導體物理、生物物理以及輻射化學都有濃厚的興趣，無奈不敵病魔，在1976年於佛羅里達州邁阿密去世。

　　昂山格的母校挪威理工學院雖然當年拒絕頒博士學位給他，卻在1993年成立昂山格演講（Lars Onsager Lecture）與昂山格講座（Lars Onsager Professorship）。世人往往前倨後恭，想來對昂山格而言，也不以為意吧。

　　吉布斯與昂山格絕對不是今天媒體寵兒類型的科學家，即使生前由於他們的見解深刻費解，再加上他們表達的方法對於旁人來說往往過於晦澀難懂，所以他們都沒有真正被公正地評價。然而科學是一種志業，不是一種職業，志業所要求的是全然投入與奉獻，而不是一時的名聲或讚譽。在《美國的反智傳統》一書中對美國社會一味追求實用，短視近利有著非常嚴厲的批判與討論，但就算如此，美國社會還是出現像吉布斯與昂山格這樣自備一格的學者；強大的包容力是美國強大的祕訣吧！

注釋
1 彼得・德拜（Peter Debye）與埃里希・阿曼德・亞瑟・約瑟夫・休克爾（Erich Armand Arthur Joseph Hückel）在1923年所提出來的。

第四部

二十世紀之後的物理

進入二十世紀之後，物理經歷一番天翻地覆的改變，相對論改變了我們對時空理解，重力波也首次被探測到，這個根基於愛因斯坦提出的廣義相對論終於被證實了，這百年的追尋又是怎樣一個過程？

現代物理的推手
羅倫茲

　　相對論與量子力學的出現，都與電動力學有著千絲萬縷的關係，因為相對論是來自於對光傳播方式的謎團，量子物理則肇始於原子輻射光譜所帶來的困惑，而光的傳播與電磁輻射都是電動力學裡的重要議題，所以電動力學的集大成者亨德里克‧安東‧羅倫茲（Hendrik Antoon Lorentz，1853～1928）自然而然成為催生現代物理的推手，就讓我們看看這位承先啟後的人物是如何躍上歷史的舞台。

　　羅倫茲出生於荷蘭。1870年，他進入萊頓大學研讀物理和數學，一年半後就通過學士資格考，之後他回到家鄉在當地學校教書，並準備博士論文。

　　當時歐陸的物理界深受韋伯等人的影響，一直試圖利用傳統超距力的力學型式，也就是寫出與電荷位置與速度有關的複雜電位能與向量位來描寫電磁現象；在馬克士威的理論出現後，企圖調和這兩種思路的嘗試如雨後春筍，其中最成功的是赫姆霍茲所建構的公式。

　　在馬克士威的電磁理論出現之前，所盛行的光學理論是將以太（luminiferous ether）當做有彈性的固體，而將光視為以太的彈性產生的振動，然而這個理論無法解釋為何沒有縱向偏振的光波；而且也無法給出正確的透射波與反射波的振幅比。但在1870年馬克士威的電磁理論是否能完美解釋先前光學實驗的結果，仍是一個研究的處女地，而羅倫茲適時填滿了這個空缺。

1875年，羅倫茲以《有關光的反射和折射》為題的論文取得博士學位，他在文中運用德國物理學家赫姆霍茲的電磁超距力理論導出電磁波的方程式，並運用它來微觀地解釋光的反射與折射，並進一步討論光在晶格中的行為以及全反射的現象。

三年後，羅倫茲再接再厲寫出一篇利用帶電粒子的振動來探討色散現象的論文，得到很高的評價，因而當時年僅二十四歲的羅倫茲被任命為新成立的萊頓大學理論物理學教授。之前物理教授是不分理論與實驗，因此這不僅是荷蘭第一個理論物理的教授缺，也是全球第一個呢！

以太牽曳爭論

羅倫茲在教授的就職演講中強調物理研究的目的是找到適用於所有現象的基本原則，並警告不要過分重視心理圖像，尤其不該企圖從這些心理圖像妄自去強解物理的原則；所以他主張各種不同的思路都該儘量發展，不管是歐陸的超距力理論，還是流行於英國的場論以及渦環原子模型，都該同時進行研究；只有這樣物理學家比較實驗結果與理論計算，來決定哪

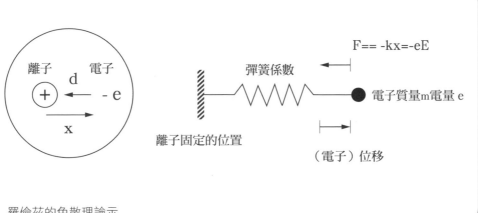

羅倫茲的色散理論示

一個理論才是正確的。羅倫茲這種不自我設限的開闊心胸是他為學的特色，也使他日後成為電動力學的權威。

1886年，羅倫茲發表一篇有關「以太牽曳爭論」的文章。1810年，法國科學家阿拉戈論證，稜鏡的折射率與光在玻璃內外的速度比有關。那麼要是把稜鏡放在望遠鏡的目鏡之前，由於不同方位來的星光到達地球時，考慮到它們與地球公轉的速度夾角不同，地表看到的光速應該不同，透過稜鏡後的折射角也該有所不同；奇怪的是，阿拉戈卻發現通過稜鏡的星光的折射角都相同。

但是另一方面，早在1729年英國天文學家布萊德利就發現，同一顆星在不同季節仰角的確有所不同，這現象被稱為「光行差」。那麼阿拉戈為什麼量到的折射角都一樣呢？

為了解釋這個現象，菲涅爾1818年在提出「以太牽曳假設」。他假設像稜鏡這樣的介質與以太的相對運動會牽曳部分的以太，由於光波是藉著以太傳播的，所以計算光在稜鏡中的光速要加上這個效應。換句話說，地球大氣層不會牽曳，所以星光穿過靜止的以太到達地球表面時，地球公轉的運動會產生光行差。這樣一來，既可以解釋光行差，又能解釋阿拉戈的實驗。

1851年，費佐讓光通過有流水通過的水管，證實了菲涅爾的以太牽曳係數。1871年，英國天文學家艾里將望遠鏡管中灌水，效果與稜鏡類似，艾里也沒觀察到任何異狀，再一次肯定了阿拉戈的觀察。

當時一水之隔的英國盛行另一套理論，斯托克斯在1845年提倡在介質中的以太與介質完全沒有相對運動。斯托克斯假設以太是不可壓縮，也不會旋轉產生旋渦的流體，當地球在軌道上行進時，地球周遭的以太會跟地球以相同速度前進，但遠離地球之處的以太則是靜止，由此可以解釋光行差。但是在地球表面就不可能測得以太與地球的相對運動。斯托克斯進一步假設以太進入介質時密度變大，離開介質密度變小，由此來解釋費佐的

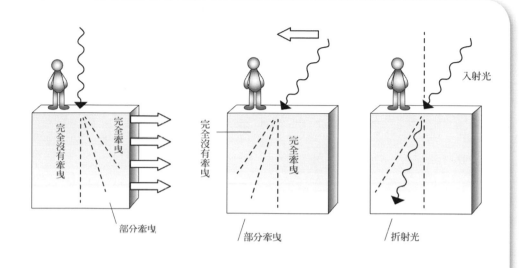

完全沒有牽曳

完全牽曳

部分牽曳

入射光

完全沒有牽曳

完全牽曳

部分牽曳

折射光

以太牽曳

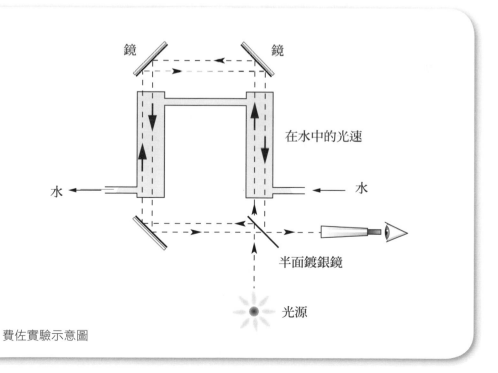

鏡　　　　　鏡

在水中的光速

水　　　　　　　　　　水

半面鍍銀鏡

光源

費佐實驗示意圖

實驗。這兩個理論在當時都各有支持的人。

　　到了1881年當美國物理學家邁克生（Albert Michelson）在波茲坦（Postdam）用干涉儀測量以太與地球的相對運動時，對菲涅爾理論的支持者造成相當大的衝擊，因為邁克生的實驗的精密度可以量到（v/c）2 的效應。邁克生在1887年與愛德華・莫勒（Edward Morley）重新再做一次相同的實驗，而且提升了精密度，依然沒有量到地表的以太風。對斯托克斯的支持者來說，這個結果可以算是一劑強心針！

　　但就在邁克生與莫勒的實驗前不久，羅倫茲發表一篇論文，證明不可壓縮流的流速在移動的剛體球周遭不可能旋度為零，同時在介面上與球同速。事實上，羅倫茲甚至認為介質的運動根本不會造成以太的改變。靜止的以太加上將電流當作是帶電的微粒子的運動的想法，正是日後羅倫茲研究的基本思路。

　　1892年，羅倫茲寫了一篇長達兩百頁的論文《馬克士威電磁理論與其對運動物體的應用》（*La théorie électromagnétique de Maxwell et son application aux corps mouvants*），寫出電磁場與帶電粒子交互作用的拉格蘭日的函數，並且利用變分法推導出馬克士威方程式與羅倫茲力方程式。更進一步，羅倫茲設想介質中的帶電微粒中會吸收再放射電磁波，造成電磁波在物質中速度變低，由此他解釋了菲涅爾的牽曳係數，卻不需假設以太被牽曳。德國科學家波恩曾稱讚這篇文章為「物理世界中最優美的數學分析範例」。

〰️ 對應狀態定理

　　1895年，羅倫茲在《運動物體的電學現象與光學現象的理論嘗試》（*Versuch einer Theorie tier electrischen unci optischen Erscheinungen*）中提出所謂的「對應狀態定理」（theorem of corresponding states），主張在不同座標系所有電磁現象在兩個座標系的差別，都比v/c 還要小。v是地

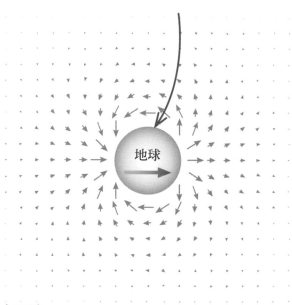

斯托克斯的以太理論

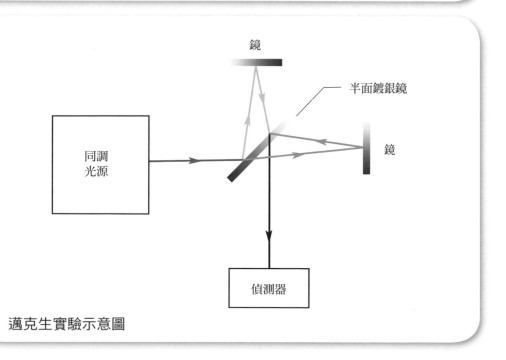

邁克生實驗示意圖

球座標系相對於以太的速度。由此他導出一套在「以太座標系」與「地球座標系」間的電磁場以及時空座標的變換。利用這個變換，羅倫茲不僅可以解釋光行差，還能解釋光的都卜勒（Doppler）效應以及費佐實驗的結果。

在這篇論文中，羅倫茲在研究一個靜電系統對以太有相對運動的實例中，發現靜電系統在運動方向會產生「收縮」，必須利用這個收縮才能解釋地球自轉不會影響靜電平衡。但是真正讓羅倫茲傷透腦筋的是所謂的「局所時」的問題。當羅倫茲將研究對象由靜電系統擴大到隨時而變的系統時，羅倫茲發現在非以太系統中必須使用「局所時」來取代「時間」，而局所時隨著位置不同而不同。

這與馬克士威的電磁理論有本質上的關聯。在馬克士威的四條方程式中，安培定律讓電場隨時間變化的速率與磁場的旋度產生關聯，而法拉第定律則是讓磁場隨時間變化的速率與電場的旋度產生關聯，所以要在非以太座標系描寫電磁現象，勢必要使用局所時。

但是局所時是不是我們熟悉的「時間」呢？更精確一點來問，局所時是不是非以太座標系在描寫一般運動時使用的「力學」的時間呢？這是個大哉問，羅倫茲當時沒有更一進步的討論，但是他的電子理論卻在隔年得到預料外的發展。

羅倫茲電子理論的勝利

1896年，季曼（Pieter Zeeman）在研究鈉焰的光譜時將納放在磁場之中，結果光譜線發生令人驚訝的變化。光譜線變寬了！事實上光譜線分裂了，而且分裂的程度與磁場成正比。這正是當年法拉第努力嘗試卻沒有得到的結果。而羅倫茲的電子理論很快給出對這個奇特現象的解釋，這是羅倫茲電子理論的一大勝利！

1896年10月31日，羅倫茲在阿姆斯特丹的荷蘭皇家藝術與科學院會議

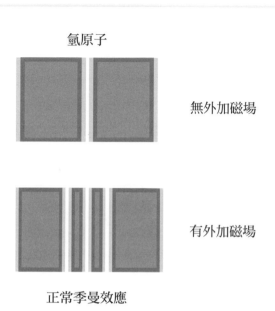

氫原子

無外加磁場

有外加磁場

正常季曼效應

季曼效應：上圖是無磁場時的氫光譜線，下圖是外加磁場的情況。

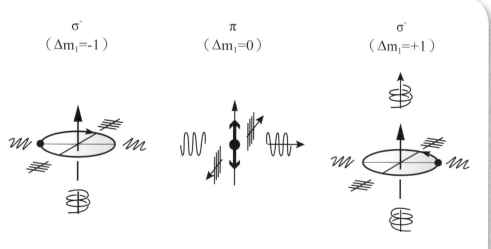

羅倫茲解釋季曼效應的示意圖。

上,第一次聽說季曼的發現;兩天後,羅倫茲就對季曼的實驗結果給出解釋,這一解釋是基於羅倫茲的電磁波理論。簡單地說就是假設在原子內有帶電粒子在振動產生電磁波,就是元素發出的光譜線,當帶電粒子放到外加磁場時,由於羅倫茲磁力所以粒子軌道會變大或縮小(取決於磁場方向與粒子的角速度),振動頻率也會跟著改變。這樣的解釋還可以漂亮地說明光譜線偏振方向與磁場方向的關係。

〰️ 羅倫茲變換

1899年,羅倫茲以《運動物體電學與光學現象的簡化理論》(*Théorie simplified des phénomenes électriques et optiques dans des corps en mouvement*)這篇論文回應雷納德(Alfred Liénard)認為讓光通過水或玻璃等介質時,邁克生實驗還是可以測到以太風。

羅倫茲則認為這是不可能的,他將「對應狀態定理」擴張到二階效應,他在文中出的時空變換就是今天大家熟悉的「羅倫茲變換」。更重要的是,羅倫茲在這裡第一次開始提出運動中的物體質量也會隨著速度改變的主張。電磁理論與牛頓力學之間的矛盾在這個階段,愈來愈鮮明了。

1902年,羅倫茲與季曼共同獲得諾貝爾物理獎。羅倫茲依然努力要讓電子理論達到完美的境界,他的巔峰造極之作《以比光速小運動的速度運動系統的電磁現象》(*Electromagnetic Phenomena in a System Moving With Any Velocity Smaller Than That of Light*)終於在1904年完成。羅倫茲在論文中將「對應狀態定理」視為嚴格成立的定理,也就是說在任何一個與以太做直線相對運動的座標系中,電磁現象都與在以太座標系相同。

此外,他也主張不管是否帶電,物體的質量都會隨著與以太的相對速度而改變;而電子的質量則是完全來自它的電荷產生的電磁作用。再來電子自身的大小與電子之間的距離在沿著相對於以太的運動方向會產生羅倫茲收縮,不僅如此,電子間的束縛力與靜電力也一樣都會被與以太的相對

運動所改變。

但是羅倫茲還有一個最棘手的問題尚未解決，就是如何詮釋「局所時」的問題。第一個接下這個燙手山芋的是法國數學泰斗龐加略（Henri Poincaré），他在1905年提出以光來校定時鐘的過程來解釋局所時的意義，他主張光速與光源運動無關，由此他認為在運動中的時鐘彼此應該以光來通訊並校定時間，而結果正是羅倫茲所推導出來的局所時。

龐加略更進一步主張「相對性原理」，也就是說不管在以太座標系還是在運動座標系，電磁現象滿足的是相同的規律；而且他也發現羅倫茲變換構成了數學上的群。所以當1905年沒沒無聞的愛因斯坦提出他的特殊相對論時，事實上羅倫茲和彭加略已經幾乎完成整個理論架構，那麼為何愛因斯坦還是被冠以特殊相對論的發明者的桂冠呢？

這是因為愛因斯坦認清只要接受光速與光源運動無關以及相對性原理，就足以推導出羅倫茲變換，這一切都與特定的電子理論無關。在愛因斯坦的詮釋下，所謂羅倫茲收縮是來自於測量一根棍子的頭與尾的兩個測量「事件」必須發生在同一個時刻，而事件「同時」與否又取決於座標系的選擇，所以實際上根本沒有東西收縮。

換句話說，**愛因斯坦是從運動學出發，改造整個動力學，包含電動力學**。而其他人則是從電磁理論出發，企圖建構出一個具體的模型可以解釋所有的實驗結果，隨著電子理論的發展，他們逐漸相信電磁理論擁有原先沒想到的普遍性。但不得不將許多難以理解的效應歸諸於「以太」與「電子」之間複雜的動力學。

這也就是為何羅倫茲等人雖然致力將物質與以太分開，讓以太逐漸失去力學的性質，卻無法像愛因斯坦那樣一刀割開哥丁結[1]，將「以太」一筆勾銷，開創一個科學史上新的里程碑。

晚年的羅倫茲成為當時歐洲物理界的宿老，從1911年直到1927年一直都擔任索爾維會議的主席。他能清晰地總結最複雜的說法，再加上他無與倫比的語言天賦，成了大會的靈魂人物；尤其著名的第五次索爾維會議奠

定量子力學的基礎，在大會的照片中，羅倫茲坐在正中央，旁邊則是坐著愛因斯坦與居禮夫人。1928年2月4日，羅倫茲逝世，享年七十五歲。

注釋

1 哥丁結是亞歷山大大帝在弗里吉亞首都戈爾迪烏姆時的傳說故事。這個結在繩結外面沒有繩頭。亞歷山大大帝來到弗里吉亞見到這個繩結之後，拿出劍將其劈為兩半，解開了這個問題。一般作為使用非常規方法解決不可解問題的隱喻。

隕落在一戰戰場上的科學家

世界大戰結束一百周年，特別撰寫這篇文章來紀念這兩位在戰爭中不幸喪生的優秀物理學家。

協約國的亨利·莫斯利

莫斯利（Henry Gwyn Jeffreys Moseley，1887~1915）出生於英國南部海岸的韋茅斯。他自小就出類拔萃，拿到獎學金進入著名的伊頓公學，1906年得到物理與化學獎。同一年他進入牛津大學的三一學院就讀。1910年從牛津大學畢業後不久就進入曼徹斯特大學（Victoria University of Manchester）擔任助教；從第二年起，莫斯利開始全力投身研究工作，在當時的實驗物理泰斗拉塞福的指導下從事研究。

莫斯利在1912年發現放射性物質像是鐳，在發生貝他衰變的時候會產生高電位，由此莫斯利發明第一個原子能電池，也稱為**核電池**。莫斯利的裝置由一個內部鍍銀的玻璃球體組成，鐳發射器安裝在中心的電線尖端；來自鐳的帶電粒子在從鐳快速移動到球體內表面時產生電流。但是真正讓莫斯利在史上留名的卻是「**莫斯利定律**」（Moseley's law），這個發現不僅在物理上非常重要，在化學更是重要，讓我們花點工夫瞭解它。

〰️ 莫斯利定律

1913年，莫斯利用晶格繞射的方法測量多種金屬化學元素的X光光譜，發現X射線波長與X射線管靶中的金屬元素原子序之間有系統性的數學關係，這就是所謂的「莫斯利定律」。在量子力學的發展歷史裡，這個定律佔有舉足輕重的角色，因為莫斯利發現剛發表不久的波爾原子模型可以解釋這個神祕的定律，從此之後波爾原子模型才開始受到世人的矚目。

莫斯利定律不僅證實波爾原子模型，開啟後來波濤洶湧的量子革命。也是人類第一次理解到原子核的單位電荷數目，也就是所謂**原子序是決定元素化學性質的關鍵**。在發現這定律之前，原子序只是一個元素在週期表內的位置，並沒有牽扯到任何可測量的物理量。

莫斯利只從事短短的兩年研究，就得到非常豐碩的成果。1914年，莫斯利辭去曼徹斯特大學的職位，計劃回到牛津大學繼續他的研究，但八月第一次世界大戰爆發，他不顧家人與朋友的反對，毅然決然放棄牛津大學提供的職位，報名參加英軍的皇家工兵部隊。他在軍中負責在戰場上架設電話來傳遞命令，這可是非常危險的工作；1915年4月，在加里波利戰役中架設電話的任務中，他被土耳其軍隊的一名狙擊手擊中頭部而當場身亡，年僅二十七歲。

〰️ 同盟國的卡爾・史瓦西

接下來要紀念的是同盟國這邊的史瓦西（Karl Schwarzschild，1873~1916），他出生於德國美因河畔的法蘭克福的一個猶太家庭。史瓦西十一歲時開始在法蘭克福的猶太小學學習，之後升入當地高中。他在這一時期就表現出對天文學的興趣，常常攢下零用錢去購買透鏡等零件來製造望遠鏡。他的這份興趣受到他父親的朋友愛潑斯坦（Theobald. Epstein）教授的鼓勵，愛潑斯坦在當地擁有一間私人業餘天文台。史瓦西與愛潑斯

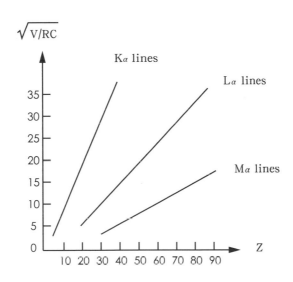

莫斯利發現 X 射線波長與 X 射線管靶中的金屬元素原子序之間有系統性的數學關係。一個 L → K 的躍遷傳統上被稱為 K_α，一個 M → K 的躍遷稱為 K_β，一個 M → L 的躍遷名為 L_α，以此類推。

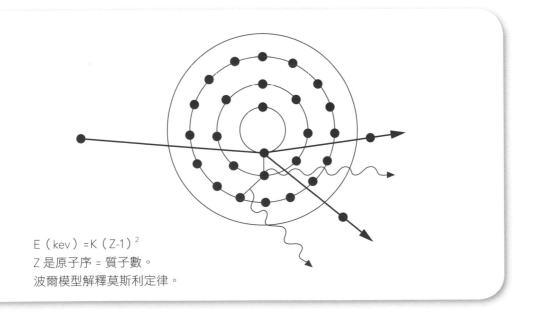

$E(kev) = K(Z-1)^2$

Z 是原子序 = 質子數。

波爾模型解釋莫斯利定律。

坦的兒子保羅‧愛潑斯坦（Paul Epstein）終身都是好友，保羅後來成為數學家。

卡爾自幼就有數學神童之稱，未滿十六歲就發表兩篇天體力學的論文，登在期刊《天文新聞》（*Astronomische Nachrichten*）。1891年，他進入史特拉斯堡大學就讀，學習了兩年實用天文學。1893年，卡爾進入慕尼黑大學繼續進修，並在1896年取得博士學位。卡爾的博士論文題為《均一轉動流體平衡態的龐加萊理論》（*Die Poincarésche Theorie des Gleichgewichts einer homogenen rotierenden Flüssigkeitsmasse*），他的指導教授是當時德國首屈一指的天文學家雨果‧馮‧澤利格（Hugo Hans Ritter von Seeliger）[1]。

1897年起，卡爾在維也納的庫夫納（Kuffner）天文台擔任助理。在那裡卡爾發展一個用來計算攝影材料性質的公式，其中牽涉到一項指數，現在被稱作史瓦西指數。

> **史瓦西定律**
> $E = It^p$。E 是「曝光效果」——即所引發的光敏材料不透明度的變化——的量度（與在倒易律適用區域的曝光值 $H=It$ 等同），I 是亮度，t 是曝光時間，p 是史瓦西係數。史瓦西的經驗值 p=0.86。

攝影銀版與人眼對不同波段的光感光度雖然不同，兩者對於恆星光度的標度卻可以通過共同的零點聯繫在一起。而人眼觀測與攝影而得的星等的差異可以用來估測恆星的溫度。卡爾藉此在1899年發現造父變星的溫度漲落效應。造父變星是建立銀河和河外星系距離標尺的可靠且重要的標準燭光，因為其變光的光度和脈動週期有著非常強的直接關聯，所以知道它的脈動周期就可以得知它的光度，再與視星等相比就能得知它與地球的距離了[2]。1901年，卡爾成為哥廷根大學的教授，開始有機會與一些大師一同工作，包括數學大師大衛‧希爾伯特與赫爾曼‧閔可夫斯基。卡爾後來還成為哥廷根天文台的台長。

〰️ 恆星的二流理論

1904年，卡普坦提出恆星的二流理論，認為全天的恆星大體上朝著兩個方向流動。這個理論為日後建立銀河系自轉的理論奠定基礎。卡爾對於恆星自行的統計研究正是雅各布斯·卡普坦的二流理論的源流之一。1906年，卡普坦提議在天空中均勻、隨機地選出206個區域（卡普坦選區），由世界各地的天文台分工協作進行恆星計數。這些工作開創統計天文學的先河，促進恆星天文學和星系動力學的發展，為人們了解銀河的結構起巨大的推動作用。1907年，卡爾在這一理論的基礎上發現銀河系中恆星運行速度的分布規律，之後在銀河自轉理論的架構內得到確認。

除了天文觀測之外，卡爾在星體演化的理論也有重要的貢獻。1906年，史瓦西在恆星大氣層理論中引入輻射平衡的概念。在這種狀態下，恆星大氣層內通過輻射完成的能量交換、對流以及熱導率都可以忽略。他在維恩定律[3]的基礎上得到輻射平衡的數學理論，並發展相應的恆星大氣層結構模型。這個模型是非對流恆星結構模型的基礎。

> **維恩位移定律**（Wien's displacement law）是物理學上描述黑體電磁輻射光譜輻射度的峰值波長與自身溫度之間反比關係的定律：一個物體愈熱，其輻射譜的波長愈短（或者説其輻射譜的頻率愈高）。

史瓦西還曾研究過恆星輻射層中粒子平衡理論及其在彗尾中的應用、光學儀器像差、電動力學中的變分原理以及波爾模型中氫原子的斯塔克效應[3]。他引入的作用量-角度座標[4]對於哈密頓量守恆系統的研究也是非常重要。

1909年起，卡爾擔任波茨坦天文台的台長。這是整個德國天文學界的龍頭。在1910年至1912年間，卡爾編制精確的3500顆視星等高於7.5的恆星的目錄，這一統計工作對於估計恆星的溫度以及距離非常重要。這時期，他還推導恆星的絕對星等和視星等與空間密度之間的通用積分方程式。

1912年，卡爾更上一層樓成為地位崇高的普魯士科學院會員。1914年，第一次世界大戰爆發後，儘管他已年過四十，依然選擇入伍服役，進入遠程炮兵指揮所工作，研究炮彈軌跡計算。1915年，他將有關軌跡修正的報告（解密後於1920年發表）寄給普魯士科學院，並因此獲得普魯士軍人最高榮譽的鐵十字勳章。

⋀⋁⋀ 史瓦西解

1915年，卡爾在東線服役時寫了兩篇關於相對論的論文。當時愛因斯坦剛剛發表廣義相對論，其中的重力場方程式是非線性的耦合方程式，所以愛因斯坦利用微擾法得到近似解，進一步解釋水星的進動。然而史瓦西得到一般性重力理論方程式的第一組嚴格解：一個球對稱不帶電荷的質點產生的重力場的解；第二篇則是質量均勻分布的球狀物體周圍中靜態的、均向性的重力場的解。這個解被稱為「史瓦西解」。

史瓦西解後來在黑洞的研究上扮演非常重要的角色。愛因斯坦對卡爾在這麼短的時間內就找到這麼複雜方程式的嚴格解感到非常驚訝，對他的數學能力也是讚嘆不已。之後愛因斯坦協助將他的結果發表在普魯士科學院會刊，然而發表當時卡爾已經在俄國前線的戰壕中染上一種自身免疫性疾病天皰瘡。1916年3月，病重的卡爾被送回德國，5月11日終於不敵病魔，與世長辭；葬於哥廷根的中央墓地，享年只有四十二歲。

一百年就這樣過去了，過去浴血奮戰的戰場早已成為遊客如織的景點，成排的十字架在高明的攝影師手下甚至成了奇景。無名戰士墓的衛兵換哨更成了吸引觀光客的節目，然而對莫斯利與卡爾，我只想引用羅伯特・勞倫斯・畢昂的〈致戰歿者〉詩句表達我的哀悼與景仰之情：

「當我們化為灰塵時，眾星依然明亮，

　在天上的平原上成列運行；

　閃爍在我們這個黑暗時代閃亮的眾星啊！

　到最後，到最後，他們仍然健在。」

注釋

① 澤利格的主要研究是對波昂星表和天文協會波昂部分星體目錄的恆星統計，以及所導致的宇宙結構的結論。他還通過對土星環反照率變化的研究證實了馬克士威有關土星環構成成分的理論。

② 造父變星脈動的原因被稱為「愛丁頓閥」。氦是過程中最活躍的氣體。雙電離（缺少兩顆電子的氦原子）的氦比單電離的氦更不透明。氦愈熱，電離程度也愈高。在造父變星脈動循環最暗淡的部分，在恆星外層的電離氣體是不透明的，所以會被恆星的輻射加熱，由於溫度的增加，恆星開始膨脹。當它膨脹時，開始變冷，所以電離度降低並變得比較透明，允許較多的輻射逃逸。於是膨脹停止，並且因為恆星重力的吸引而收縮。這個過程不斷重覆，造成星球半徑不斷變化，亮度也跟著變化。

③ 史塔克效應（Stark effect）是原子和分子光譜譜線在外加電場中發生位移和分裂的現象。分裂和位移量稱為史塔克分裂或史塔克位移。

④ 在古典力學裡，作用量 - 角度坐標（action-angle coordinate）是一組正則坐標，通常在解析可積分系統時有很大的用處。應用作用量 - 角度坐標的方法不需要先解析運動方程式，就能夠求得振動或旋轉的頻率。作用量 - 角度坐標主要用於完全可分的漢密爾頓 - 雅可比方程式。

發現中子的查德威克

　　自從亨利・莫斯利的X光光譜實驗後，波爾的模型廣為科學界接受，波爾模型的前提拉塞福的原子模型，也就是帶正電的原子核四周圍繞著電子自然被視為理所當然。但是一群帶正電的粒子是如何凝聚在一個無比狹小的空間內？原子核內是否有結構？更進一步，神祕的放射性與原子核有什麼關係？原子核是否總是穩定的，或可能藉著外力變成不穩定？這一連串的問題都等著科學家們來解答。

　　而查德威克正是解開這些謎題的關鍵人物，因為他發現了解決這些問題的關鍵──中子。而相關的研究逐漸成長成物理學中重要的一個分支，就是原子核物理。

　　查德威克（James Chadwick，1891~1974）是家中的長子，父親約翰是棉紡工人，母親是幫傭，家境並不富裕。但查德威克憑著傑出的學業表現，於1908年進入曼徹斯特維多利亞大學。他原本打算讀數學，但註冊時卻誤打誤撞進了物理系。當時的物理系系主任正是日後成為原子核物理之父的大人物拉塞福（Ernest Rutherford），他給查德威克的題目是設計實驗來比較兩種不同輻射源的輻射強度，這次的實驗結果成了查德威克的第一篇論文，而拉塞福是這篇論文的共同作者。

　　1911年，查德威克以優異成績從大學畢業後，留在母系繼續研究如何測量各種氣體及液體的伽瑪射線吸收量；隔年就拿到碩士學位。1913年他拿到「1851年大英博覽會獎學金」，這個獎學金為期三年，查德

威克就前往德國柏林的帝國技術物理研究所（Physikalisch Technische Bundesanstalt）跟著師兄漢斯・蓋格（Hans Geiger）研究貝他輻射。蓋格是德國人，在拉塞福指導下與歐內斯特・馬斯登（Ernest Marsden）完成有名的金箔實驗。

蓋格新開發的計數器比之前感光偵測法更加準確。查德威克憑著這個儀器證明了貝他輻射的能譜並非之前所認為的離散線，而是在某些區間出現高峰值的連續能譜。貝他輻射的連續能譜，一直要到1930年奧地利物理

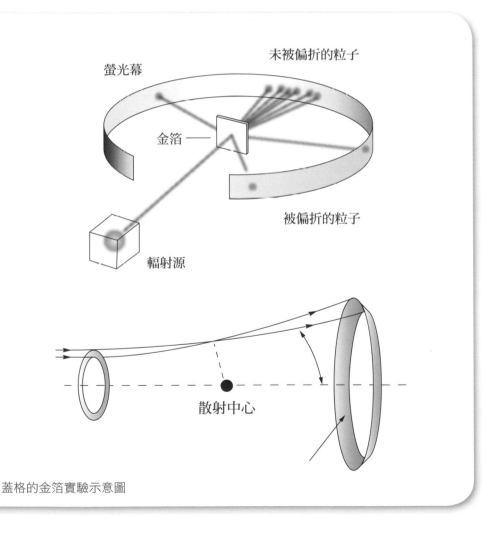

蓋格的金箔實驗示意圖

學家包立設想一種新的中性而且質量極輕的粒子的存在，才得到完美的解釋。1934年，這個粒子被費米命名為微中子（neutrino）。

正當查德威克醉心於物理研究時，第一次世界大戰爆發了。當時查德威克身陷敵國，被送至魯赫本拘留營；德國依據日內瓦公約讓拘留營的人自治，雖然空間擁擠，日子倒還算安穩，裡頭還能辦音樂會跟足球賽呢。所以查德威克也獲准在馬槽中設立實驗室，利用輻射牙膏等臨時物料進行實驗。他在拘留營認識英國皇家工兵見習生查爾斯‧德拉蒙德‧埃利斯（Charles Drummond Ellis），兩人在拘留營一起研究磷的離子化及一氧化碳和氯氣的光化學合成。

1918年11月停戰協定生效，查德威克被釋放，回到父母在曼徹斯特的家之後，將之前四年的研究發現整理成文，向萬國工業博覽會委員會報告。而埃利斯回到英國後也棄戎從筆，到劍橋大學三一學院念物理。

戰後，拉塞福在曼徹斯特為查德威克提供兼職的教學工作，讓他能夠繼續研究鉑、銀與銅的核電荷，並發現它們與原子序是一致的，誤差僅在1.5 %之內。1919年4月，拉塞福出任劍橋大學卡文迪西實驗室的主任；已拿到博士學位的查德威克則在1923年出任他的助理研究主任。

查德威克在此和埃利斯重聚，兩人後來合寫一本關於輻射的書：《放射性物質的放射性》（*Radiations from Radioactive Substances*）。埃利斯後來成為倫敦國王學院的教授。

1927年德國科學家瓦爾特‧博特（Walther Bothe）和他的學生赫伯特‧貝克爾（Herbert Becker）用釙放出的α射線去轟擊鈹，產生一種不尋常的輻射。

查德威克和拉塞福曾假定一種假想粒子叫中子，它是電中性的核子。這個想法的源頭是為了解釋由帶正電的質子如何能形成原子核而來的。當時已知的粒子指有質子與電子，所以拉塞福主張原子核中存在有電子，而質子與電子的吸引力是讓質子能束縛在一起形成原子核的機制。當電子與

質子暫時束縛在一起時就形成了不帶電的中子,所以這個不帶電的粒子應該與質子重量非常接近。

對查德威克而言,這種新的輻射就是中子存在的證據。所以查德威克讓他的澳洲學生休‧韋伯斯特(Hugh Webster)去複製博特的結果。韋伯斯特後來成為昆士蘭大學物理系的教授。

接著在1932年2月查德威克注意到另一項出乎意料的實驗。居禮夫人的女兒與女婿讓‧弗雷德里克‧約里奧-居禮(Jean Frédéric Joliot-Curie)和伊雷娜‧約里奧-居禮(Irène Joliot-Curie)用釙和鈹所得的輻射將石蠟的質子給敲出來,約里奧-居禮夫婦認定這是伽瑪射線造成的。但拉塞福與查德威克都認為不太可能,因為質子對伽瑪射線而言太重了;反之如果不是伽瑪射線而是中子,只需少量的動能就能達到相同的效果;他們懷疑約里奧-居禮夫婦發現的正是中子[1]。

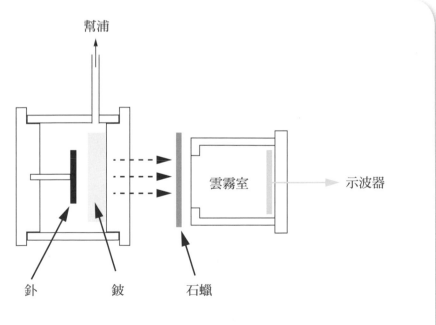

查德威克發現中子的實驗儀器。

　　為了證明中子的存在，查德威克設計一套簡單的儀器，一條圓柱體裡面裝著作為輻射線來源的釙和作為轟擊目標的鈹，然後把所得的輻射指向各種材料，如石蠟，被擊中的粒子進入小的離子室，接著就可以用示波器觀測到裡面的質子。查德威克發現散射截面比康普頓效應高一個數量級，證明了產生的不是伽瑪射線，而是質量與質子相當的不帶電粒子。1932年5月，查德威克將實驗的詳細內容發表在皇家學會報告A系列（*proceeding of Royal society A*），正式宣布他發現了中子。

　　這個發現解決了核子物理的一個大難題。之前普遍認為原子核是由質子與電子所構成的，因為這兩者是當時僅知的「基本粒子」。（其實質子不是基本粒子，這要等到後來才知道）。

　　當自旋這個新的物理概念在1925年被引進時就產生難題，例如氮的質量數為14（表示一個氮原子核的質量是氫原子核的十四倍），假定氮的原子核是由14個質子與7個電子，這樣可以得出正確的質量與電荷。但因為質子與電子的自旋都是1/2，如此一來質子與電子自旋加起來應該是半整數，但氮原子核的自旋實際上卻是整數。

　　美國物理學家愛德華·康登（Edward Condon）和羅伯特·巴徹（Robert Bacher）讀完查德威克的論文後，想到如果中子的自旋為1/2，而氮是由7個質子及7個中子組成的話，氮的自旋就會是整數，而問題也就迎刃而解了。

　　一開始查德威克與拉塞福都以為中子是質子—電子的束縛態。這時一名納粹德國的難民兼卡文迪許實驗室研究生莫里斯·高哈伯（Maurice Goldhaber）提出氘的光致蛻變可由伽瑪射線引發（氘+光子->質子+中子）。查德威克和高哈伯研究這個反應，量出質子的動能為1.05 MeV，由此查德威克算出的中子質量在1.0084u與1.0090u之間，1_u＝一個質子的質量。所以中子的質量太大，不可能是質子—電子對，這個結果證實波爾和海森堡的理論。這是核子物理發展關鍵的一步。

　　1935年10月，查德威克到利物浦大學出任里昂瓊斯（Lyon Jones）講

座教授。諾貝爾委員會在11月就宣布查德威克獲得該年的物理學獎，不但大大地提升利物浦大學的聲譽，他還用諾貝爾獎金幫忙學校添購在劍橋時拉塞福不讓他購買的迴旋加速器。

∿ 核子醫學的先河

　　利物浦大學的迴旋加速器於1939年7月安裝完成並開始運作，查德威克則在1938年獲聘進入由德貝伯爵（Edward George Villiers Stanley, 17th

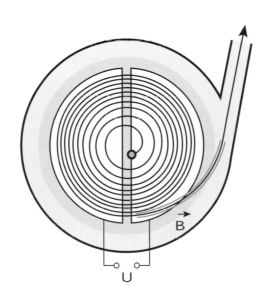

回旋加速器

1929 年由美國科學家歐內斯特‧奧蘭多‧勞倫斯（Ernest Orlando Lawrence）發明的粒子加速器，基本構成是兩個處於磁場中的半圓 D 型盒和 D 型盒之間的交變電場。帶電粒子在電場的作用下加速進入磁場，由於受到羅倫茲力而進行匀速圓周運動，每運動到兩個 D 型盒之間的電場時在電場力作用下加速，之後再次進入磁場進行匀速圓周運動。之前實驗作為探測用的 α 射線都是從自然放現源所產生，能量都是固定的，無法增加，有了加速器，就可以讓粒子能量增加，探測更小尺度的物理。加速器的發明無疑地大大地帶動原子核物理的發展。

Earl of Derby）帶領的委員會，調查利物浦治療癌症的安排。查德威克預料迴旋加速器所生產的放射性同位素及中子將會用於生化過程的研究，也可能成為治療癌症的利器。這開啟核子醫學的先河，但這時歐洲已經又戰雲密布了。

　　隨著納粹德國的崛起，歐洲情勢日益緊張。查德威克相當樂觀，他並不相信英國會與德國再開戰，仍帶著家人在瑞典北部一個偏僻的湖邊渡假。當納粹德國在9月9日入侵波蘭，英法對德宣戰，大戰又爆發的消息傳開時，他嚇壞了也不想再一次在拘留營中渡過，連忙又帶著一家人坐著貨船回到英國。關於查德威克與拉塞福的眾弟子們在二戰時的故事，就留到下一篇了。

注釋

1 遠在羅馬的義大利物理學家埃托雷‧馬約拉納（Ettore Majorana）其實也得出同樣的結論。馬約拉納曾到萊比錫跟海森堡研究原子核間的作用力，但不到一年就因健康因素回義大利。五年後馬約拉納失蹤，成為歷史的懸案。近年來非常熱門的馬約拉納費米子（Majorana fermion）的概念就是他失蹤前一年時提出來的。馬約拉納費米子是一種費米子，它的反粒子就是它本身。馬約拉納一生只寫了九篇論文。

大英帝國的原子彈計畫

上一篇提到查德威克發現中子後，科學家就想要利用中子來完成「點石成金」的夢想。1934年，義人利科學家費米（Enrico Fermi）利用慢中子撞擊釷與鈾而得到具放射性的物質。費米認為該物質是原子序高於鈾的新元素，然而當時的女化學家伊達‧諾達克（Ida Noddack）卞以為然，她獨排眾議地認為該物質應是原子序低於鈾的元素，釷跟鈾元素是被裂解開來！然而由於慢中子傳遞到鈾元素的能量實在很低，很難想像釷跟鈾會這麼容易就被裂解了！所以當時的物理界對伊達‧諾達克的異議完全無法認同。

雖然費米在1938年得到諾貝爾物理獎的肯定，但隨後伊雷娜‧約里奧-居禮（Irène Joliot-Curie）卻發現這些所謂的超鈾元素的化學性質跟設想的原子序完全不合，讓科學家們傷透腦筋，最後是奧地利女物理學家莉澤‧邁特納（Lise Meitner）找到了答案。

⋀⋀⋙ 核分裂

莉澤‧邁特納其實是不輸居禮夫人的傳奇人物，1906年她成為維也納的第二位女博士，隔年赴柏林深造，以無薪客席的身分在柏林大學化學研究所的哈恩（Otto Hahn）實驗室裡工作。1912年，邁特納繼續在新成立的皇帝威廉研究所的化學研究所中哈恩的放射性研究組中工作，不過依然

無償，隔年她才正式成為研究所的成員。

　　第一次世界大戰時，邁特納加入奧地利東方戰場的戰地醫院，成為一名X射線護士。而哈恩則參加了毒氣研究。1917年，邁特納與哈恩再度合作發現鏷的同位素鏷231。1918年，邁特納終於獲得她自己的研究組和相應的薪水，四年後她獲得教授的職位；1926年她終於成為柏林大學實驗核物理學特別教授。但是這一切卻因她的猶太人身分而都化為泡影，1933年她先喪失教授資格，1938年奧地利被德國吞併後，她甚至不能再以研究組長的身分工作，所以她逃到瑞典，在諾貝爾研究所繼續她的研究工作。

　　1938年11月，邁特納和哈恩在哥本哈根會面跟討論之後，哈恩回到柏林與他的助手施特拉斯曼（Fritz Strassman）確定鈾被慢中子轟擊後會被裂解，而形成鋇和鑭。而且被中子轟擊後的產物質量居然還小於原先鈾的質量！

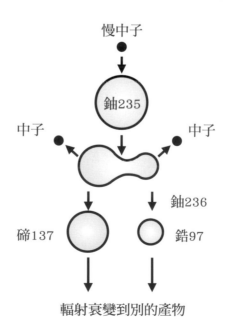

液滴模型解釋核分裂的示意圖

困惑的哈恩寫信詢問邁特納,這從物理的角度來看是否是可能的?邁特納和她的外甥弗里施(Otto Robert Frisch)利用波爾發展的原子核液滴模型來計算,他們發現鈾的同位素鈾-235形狀像雪茄。

一個中子撞擊鈾235原子核後,鈾235原子核內部因吸收中子的能量,開始作劇烈的啞鈴狀震盪,結構會因震盪過大而瓦解,產生出兩個質量較小的原子核及放出2~3個新的中子。裂解後的兩個原子核的總質量比裂變前的鈾原子核的質量還小,這個小小的質量差轉換成了能量。

當邁特納使用愛因斯坦的相對論中$E=mc^2$的方程式,計算出在每個裂變過程中原子核會釋放二億電子伏特的能量,波爾嘆道:「啊,我們真蠢啊!」而釋放出的新中子能繼續引發更多的核分裂,最終可以引發巨大的爆炸。

這個發現為數年後發明的原子彈提供理論依據。1939年邁特納和弗里施一起發表《中子導致的鈾的裂體:一種新的核反應》,這篇文章第一次為核分裂提出理論基礎。弗里施將這個現象命名為核分裂(fission)。這時歐洲已經戰雲密布,戰爭一觸即發了!

英國的原子彈夢

查德威克在二戰開戰時,驚慌失措地跑回英國後不久,1939年10月就收到科學及工業研究部部長阿普爾頓爵士[1](Edward Victor Appleton)的來信,請教他關於原子彈可行性的意見;查德威克謹慎地回信他沒有排除原子彈的可能性,但必須詳細考慮各個在理論及實踐上的難處。

當時學術界普遍相信製作原子彈需要好幾公噸的鈾235,而鈾235在大自然存量只有0.72%,好幾噸的原子彈要如何投射到敵人領土?當時的轟炸機載不了這麼重的炸彈,所以製作原子彈並不是實際可行之事。

但是1940年3月,邁特納的外甥弗里施和伯明罕大學的魯道夫‧佩爾斯(Rudolf Ernst Peierls)發表《弗里施-佩爾斯備忘錄》後卻改變了

一切。他們考慮的一塊球狀的鈾-23不只會形成連鎖反應，而且所需的鈾-235可以少至1公斤，就能發揮數公噸炸藥的威力。講起來這兩位都是歐洲來的猶太難民。

佩爾斯於1937年就任伯明罕大學教授，1939年起與弗里施以及查德威克開始進行原子能的研究。他們首先把備忘錄拿給奧利馮特（Marcus Oliphant）看。奧利馮特是澳大利亞人，拉塞福的學生，同時也是第一個做出核融合反應的人。他看完這份備忘錄後，如夢初醒地馬上去找防空科學委員會的主席第澤德爵士（Henry Thomas Tizard）。

第澤德向當時的英國首相邱吉爾報告後，邱吉爾當下就決定成立一個委員會來評估原子彈的可行性，並找倫敦帝國學院的喬治湯姆森（George Thomson）[2]擔任主席。一開始委員會以主席喬治湯姆森為名，稱作「湯姆森委員會」（Thomson Committee），後來改稱穆德（MAUD）委員會[3]。

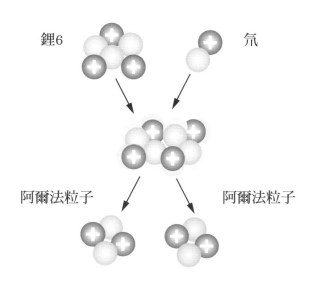

考克饒夫與沃爾頓在 1932 年利用直線加速器將質子撞擊鋰原子核，將其裂解為兩個氦原子核。

決策委員會成員有諾貝爾物理獎得主喬治・湯姆森和查德威克、考克饒夫（John Cockcroft）、布萊克特（Patrick Blackett）[4]、奧利馮特、埃里斯（Charles Ellis）、諾貝爾化學獎得主霍沃思（Norman Haworth）與穆恩（Philip Burton Moon）。由於弗里施是奧地利籍，而佩爾斯是德國籍，所以他們都被排除在決策委員會以外，只能參加另一個負責分離出鈾235的技術委員會。而除了霍沃思以外，其他人都是拉塞福的學生。這樣的陣容由此可以看出邱吉爾的決心。

穆德委員會在第澤德的要求下於1940年4月10日召開第一次會議，會中決定開始研究分離鈾235的方法。穆德委員會的運作方式是由散布在各大學的各個實驗室分頭進行；在利物浦大學領軍的是查德威克，工作重點是企圖用熱擴散來分離鈾235與鈾238，以及研究鈾-235的核散射截面。到1941年4月，他們已經確定鈾-235的臨界質量可能在8公斤或以下。

在牛津大學則是由法蘭西斯・西門（Francis Simon）負責，研究用氣體擴散法來分離鈾235與鈾238。劍橋大學是由瑞迪爾（Eric Rideal）帶領，研究鈽（Plutonium）是否能拿來製造原子彈以及重水。在伯明罕大學的團隊則是佩爾斯負責，他們的任務是考慮製造原子彈相關的理論計算並歸納各實驗室的數據。

此時納粹德國幾乎控制了絕大部分的歐洲，並從1940年9月起不斷轟炸英國本土，各個實驗室的處境都相當艱難，然而這些科學家們還是拼命地工作，所以當1941年7月美國的物理學家羅利特生（Charles Christian Lauritsen）參與穆德委員會時，他赫然發現英國的相關研究已經走到非常成熟的地步了。

穆德委員會在1941年5月17日發表最終的報告，主筆人是查德威克；報告分成兩部分，第一份報告肯定製造原子彈是可行的，預估12公斤的鈾235能產生1,800噸TNT炸藥的效果，伴隨許多有害的輻射物質；造一顆原子彈估計要花兩千五百萬鎊。

第二份報告則是關於如何控制鈾235核分裂的連鎖反應。重水與石

墨可以當作快中子的減速劑；也提到鈽可能比鈾235更適合拿來製造原子彈，所以主張繼續在英國本土研究鈽的性質。7月15日委員會合議通過這兩份報告後就解散了，並把最終報告寄給美國鈾委員會的主席布里斯。

英國首相邱吉爾隨即於1941年9月24日批准管合金（Tube Alloys）計畫，準備在英國以及加拿大繼續原子彈的研究。

〰️ 曼哈頓計劃

當時英國正陷入與德國的苦戰，但美國尚未參戰，當奧利馮特在8月冒著生命危險搭著轟炸機飛去美國時，發現穆德委員會的報告書被布里斯束之高閣，奧利馮特氣壞了！他跟S-1鈾委員會成員開會時強調，造原子彈勢在必行，而且英國沒有足夠的人力與財力，只能靠美國了。然後奧利馮特去找發明迴旋加速器的勞倫斯以及費米，後來又會集諾貝爾獎得主康普頓（Arthur Holly Compton）與時任哈佛大學校長柯南特（James Conant），他們都是科學研究與發展辦公室[5]的成員，最後他們說服了辦公室的大頭目萬尼瓦爾‧布希（Vannevar Bush）。

到了10月9日，萬尼瓦爾向羅斯福總統報告後，美國終於下定決心要造原子彈了！而且羅斯福選定陸軍，而非原先較積極的海軍來發展原子彈，這就是曼哈頓計畫的開端。

12月6日萬尼瓦爾把康普頓找來當主持人，請哈羅德‧尤里（Harold Urey）研究氣體擴散分離法來提鍊鈾235，勞倫斯研究用電磁作用來做濃縮鈾。隔天珍珠港事變就爆發了。

雖然一開始查德威克認為在英國設置同位素分離廠比較適合，所以並不願意把管合金計劃遷往加拿大。但這場計劃之浩大到了1942年時就變得更加明顯；一座同位素分離廠的試點就要價超過一百萬英鎊，這個價格已讓英國感到吃力，而全套的價格約在二百五十萬英鎊左右，因此一定要在美國興建。

1943年8月魁北克協定簽署後，管合金計畫被納入以美國為首的「曼哈頓計劃」；管合金工程負責人華萊士‧埃克斯（Wallace Alan Akers）派遣查德威克、奧利馮特、佩爾斯與法蘭西斯‧西門前往美國協助曼哈頓計劃。除了格羅夫斯准將和他的副手以外，查德威克是唯一一個可以進入美國所有鈾原子彈研究及生產設施的人。

當原子彈在1945年春天完成時，原子彈的彈芯裡有一個釙—鈹中子源點火器，正是十多年前查德威克用來發現中子的技術，只是點火器的技術經過改良而已。

1945年8月6日，第一顆原子彈投在廣島，三天後，另一顆原子彈投在長崎！但有兩位大無畏的勇者曾努力阻止這樁人類史上的悲劇，欲知詳情，請看下一篇！

注釋

1 阿普爾頓爵士是傑出的科學家，長期從事大氣層物理性質的研究，1926 年發現高度約為 150 英里（241 千米）的電離層，後被命名為「阿普爾頓層」。1947 年，獲得諾貝爾物理學獎。

2 喬治湯姆森在 1937 年因電子繞射實驗得到諾貝爾物理學獎。他的父親就是發現電子的 J‧J‧湯姆森。

3 當德國入侵丹麥後，波爾送了一封電報給弗里施，最後一行寫著：「告訴考克饒夫與穆德‧雷‧肯特（Tell Cockcroft and Maud Ray Kent）。」大家還以為穆德（Maud）是什麼暗號，像雷（Ray）代表鐳（radium）之類的，所以把委員會叫做穆德（MAUD）委員會。其實穆德‧雷是波爾的管家，而她來自肯特（Kent）。

4 考克饒夫跟布萊克特在二戰後也分別在 1951 年以及 1948 年獲得諾貝爾獎。考克饒夫與沃爾頓（Ernest Walton）在 1932 年利用直線加速器將質子撞擊鋰原子核，將其裂解為兩個氦原子核的實驗而得獎。布萊克特因為發現帶有奇異性的新粒子而得獎。

5 Office of Scientific Research and Development，簡稱 OSRD，是 1941 年 6 月 28 日成立的新機構，它的前身是國防研究委員會（National Defense Research Committee），是個經費無上限，直接向總統負責的神奇霸氣機構。

諤諤雙士：
法蘭克與西拉德

　　《史記・商君列傳》中說：「千人之諾諾，不如一士之諤諤。」的確，要獨排眾議絕非易事，如果是身在異鄉的難民就更加困難了，然而在二戰末期，我們看到詹姆斯・法蘭克（James Franck，1882~1964）與西拉德（Leo Szilard，1889~1964）敢冒大不韙，面對庇護自己的強權依然直言無諱，努力阻止那大規模的毀滅性武器施加諸在人類；雖然他們失敗了，但是他們大無畏的身影，深深烙印在後人心中。

∿ 法蘭克-赫茲實驗

　　法蘭克生於德國漢堡，她的母親來自一個猶太拉比世家，銀行家的父親則是虔誠的新教信徒。十九歲時，法蘭克到海德堡打算唸法律，後來對物理產生興趣就轉到柏林的弗里德里希-威廉（Frederick William）大學。1906年在柏林大學獲得博士學位之後，他入伍服役；但是兩個月後因騎馬發生意外受傷而提早退伍。法蘭克在法蘭克福工作一陣子後回到母校任教，到1914年為止他已經出了三十四篇論文。這在當時慢條斯理的學術界是相當驚人的數量。

　　1914年他與古斯塔夫・赫茲（Gustav Hertz）一起合作，設計出裝著低壓、溫度在攝氏一百四十到兩百度的汞蒸氣的水銀管，裡面有三個電極——陰極、網狀控制柵極、陽極；陰極與柵極之間的加速電壓是可以調整

的;通過電流將鎢絲加熱後,鎢絲會發射電子;陰極會將鎢絲發射的電子往柵極方向送去。因為加速電壓作用,往柵極移動的速度和動能會增加;到了柵極,有些電子會被吸收,有些則會繼續往陽極移動;通過柵極的電子必須擁有足夠的動能,才能夠抵達陽極,否則會被柵極吸收回去。裝置於陽極支線的安培計可以測量抵達陽極的電流。

他們發現到當電壓在4.9伏特時,電流猛烈地降低,幾乎降至0安培;當電壓在9.8伏特時,又觀察到類似的電流猛烈降低;事實上電壓每增加4.9伏特,電流就會猛烈降低;這樣系列的行為最少繼續維持至100伏特電壓。

他們在五月發表這個結果。八月第一次世界大戰爆發後法蘭克被派去戰場,後來染上痢疾,被送回柏林。之後他就留在大化學家哈伯(Fritz Haber)所主持的研究所內研發防毒面具。戰後,法蘭克繼續他的研究。

1915年,波爾寫了一篇文章認為法蘭克與赫茲實驗可以用電極發出的電子將汞原子的電子從低能階打到高能階來解釋。事實上法蘭克與赫茲還發現汞原子在與電子碰撞時,發出的紫外光其波長為254nm。如果利用普

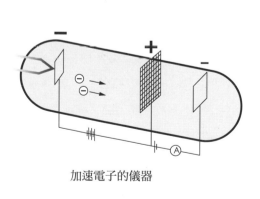

加速電子的儀器

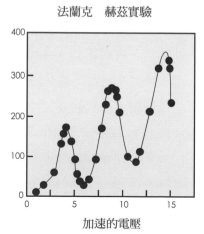

法蘭克　赫茲實驗

加速的電壓

法蘭克 - 赫茲實驗(左)與實驗結果(右)。

朗克的公式，正好對應到4.9伏特；這表示汞原子的電子被激發到高能階時，會再「掉」到低能階放出相當於是能階差的能量。

這樣一來，波爾的原子模型與普朗克的公式雙雙都得到驗證！法蘭克與赫茲在1918年12月完成論文，當時才剛停戰一個月呢。

1920年，法蘭克和波恩來到哥廷根大學，波恩擔任理論物理的講座教授，法蘭克擔任實驗物理的講座教授；他們將原本在物理方面乏善可陳的哥廷根大學變成量子物理的重鎮，培育出許多未來一代的物理界的領袖。這段期間，法蘭克發展出「法蘭克-康頓原則」來解釋分子光譜中的振動躍遷釋放的光的強度，與躍遷前後的電子波函數重疊的情形的關係；重疊地愈厲害，躍遷發出的光強度也就愈強。

1926年法蘭克與赫茲獲頒諾貝爾物理獎。好景不常，納粹黨掌權後在1933年4月通過法律將所有具猶太人身分的公務人員（包含大學教授）全都解職。雖然法蘭克因為得過一級鐵十字勳章可以豁免，不受影響，但是他決定與好友波恩同進退；於是他成為第一個公開辭職抗議納粹種族歧視法律的學者。

之後法蘭克前往美國在約翰霍普金斯大學研究重水的吸收光譜，一年後轉去丹麥，加入波爾的研究所。法蘭克在波爾研究所開始對光合作用產生興趣，後來他終其一生對這個課題都抱著高度的熱忱。

當德國入侵丹麥時，匈牙利化學家德海韋西（George de Hevesy）為防止馮‧勞厄（Max von Laue）和法蘭克的諾貝爾獎章被德軍搶走，便用王水將獎章溶解後的溶液放在波爾研究所的架子上。戰後，德海韋西回到實驗室將溶液中的金沉澱出來，諾貝爾學會將其重新鑄造成獎章。

1935年，法蘭克接受約翰霍普金斯大學邀請而搬到美國，之後跳槽到薪水較高的芝加哥大學，並在1941年歸化為美國籍。1942年2月，康卜頓在芝加哥大學設立「冶金實驗室」（Metallurgical Laboratory），為的是利用核反應生產鈽來製造原子彈。康卜頓邀請法蘭克負責化學部門時，原本擔心要德國出生的他參與攻擊祖國的計畫會強人所難，但法蘭克欣然接

受，因為他認為戰爭的對象是納粹而非德國人，德國人被納粹給綁架了；只有摧毀納粹的武力，德國才能重獲自由。法蘭克同時是關於原子彈的政治與社會問題委員會的主席，當1945年德國敗象漸濃時，法蘭克就曾跟當時的副總統華勒斯（Henry A. Wallace）提到應該慎重考慮使用原子彈的時機與方法。

傳奇點子王西拉德

1945年春天，原子彈的政治與社會問題委員會成員之一的西拉德起草陳情書，內容是建議不要對日本平民投擲原子彈，並且建議戰後原子彈要由國際社會共同管制，免得造成核武軍備競賽；並得到參加曼哈頓計畫的七十位科學家的連署。他去找當時的國務卿伯恩斯（James F. Byrnes），希望能將陳情信轉交給剛上任的總統杜魯門，可惜他找錯人，伯恩斯根本懶得理他。

1898年出生於布達佩斯的猶太家庭的西拉德是個傳奇人物，他十八歲時就贏得匈牙利全國的數學大獎。1919年他到柏林弗里德里希-威廉大學就讀物理，當時愛因斯坦、普朗克、能斯特（Walter Nernst）、法蘭克與馮‧勞厄都在那裡任教，師資可說是冠蓋雲集。

西拉德引擎與愛因斯坦冰箱

1922年他拿到博士學位，博士論文是關於統計力學中的「馬克士威幽靈」的問題，西拉德巧妙地將統計力學與訊息理論聯結起來；這一點深得愛因斯坦的讚賞。接下來他擔任馮勞厄的助手。1927年他通過教授資格檢定正式成為講師，在檢定演說中，他提出「西拉德引擎」（Szilárd engine）；這可以算得上現代訊息理論的濫觴；不過他拖到1929年才發表。後來克勞德‧艾爾伍德‧夏農（Claude E. Shannon）以他的研究為起

點開創現代信息科學。

　　西拉德是少見的點子王，他在1928年獨立構思直線粒子加速器和回旋加速器，但他並沒有製作出裝置，也沒有將構思發表在科學期刊，只申請了專利。西拉德還跟愛因斯坦一起構思「愛因斯坦冰箱」；這是一種吸收式製冷系統，不用電也沒有活動零件；後來他們還在許多國家申請到專利，像是瑞典的伊萊克斯買斷了他們專利。德國的AGE還據此發展出愛因斯坦-西拉德電磁汞，而這個愛因斯坦-西拉德電磁汞後來被用在核子增殖反應爐的製冷系統。

愛因斯坦冰箱

一般冰箱的原理是這樣的：液體冷媒通過管道上的小口閥門進入製冷室減壓蒸發，變成氣體，這會吸收製冷室的熱量，達到冷凍的效果；然後冷媒氣體再進入壓縮機加壓；加壓後，冷媒溫度升高，再流經設在冰箱外面的散熱管散熱，冷媒氣體溫度降低後變成液體；然後再開始下一個循環。冰箱內的熱量通過這套系統被帶到了冰箱外面，讓冰箱內溫度降低。因為壓縮機長期使用，機器容易產生裂痕，使得冷媒外洩，當時冰箱冷媒採用的是丙烷等有毒的碳氫化合物，所以一旦氣體外洩會造成傷亡。

在 1926 年，柏林有一戶人家因為冰箱的外洩冷媒導致全家被毒死了。愛因斯坦得知之後感到非常震驚，為了消除冰箱這個潛在的危險，愛因斯坦就和西拉德著手設計一款非常簡單的製冷系統，完全不需要使用壓縮機。這個冰箱的詳細操作原理請參考 p261 圖，他們在 1930 年 11 月拿到美國專利。

其實這種冷卻機的原理並不是愛因斯坦創造的，十九世紀就有人想到用水和硫酸作為製冷劑，製造了簡單的冷卻機，這種冷卻機是利用硫酸吸收水的性質。愛因斯坦只是發明了一套利用氨、丁烷和水的製冷系統。但是沒多久大家發現，愛因斯坦冰箱如果要達到足夠的製冷效果，需要很大的體積，很占空間。

後來西拉德與愛因斯坦討論，又設計了兩種不同的冰箱。一種是噴射式冰箱，他們採用甲醇作冷媒，利用水壓噴射出高速水流，流經甲醇表面上方後即形成一個低氣壓區，從而加速甲醇的蒸發，達到製冷的目的。另一種是採用將液態金屬密封於一個不銹鋼氣缸中，在氣缸外側纏繞線圈並通入交流電。透過電磁感應讓液態金屬的電磁場發生變化，這樣液態金屬便在氣缸中往復運動，不斷壓縮製冷劑，達到冷卻的效果。可惜，後來發明了無毒的冷媒，因此，這三種愛因斯坦的冷箱都沒有被廣泛使用。

　　1933年，當西拉德讀到拉塞福宣稱原子能的實用性是癡心妄想，他大為光火，沒多久他就構思出利用最近發現的中子產生連鎖反應的想法。當時核分裂還未被發現，他信心滿滿地相信中子一定能引發產生能量的核反應，隔年就申請了專利。後來他與查爾默斯（Thomas A. Chalmers）一起發展出用中子將同位素從化合物中分離出來的方法，稱之「西拉德–查爾默斯效應」（Szilárd –Chalmers effect）。

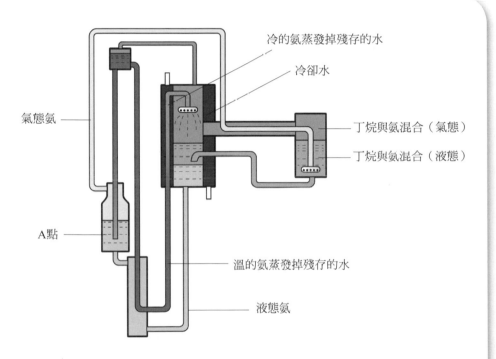

愛因斯坦冰箱的基本原理是，液體的沸點在高壓時變高，低壓時變低。

在 A 點加熱，讓 A 點保持定溫，氨溶液會分離出氨蒸汽與水。氨蒸汽沿管線送到儲存丁烷與氨混合（液態）的槽，讓丁烷的分壓降低而使丁烷沸點降低而蒸發，蒸發需要吸收周遭的熱。由此產生冷卻的效果。而剩下的水沿管線送到儲存丁烷與氨混合（氣態）處。水吸收氨氣而使丁烷氣體分壓升高，這使得丁烷蒸汽凝結成液體。吸收氨氣的水的比重比液態丁烷重，所以它會沉到儲存丁烷與氨混合（氣態）處底下，沿管線再送到 A 點，完成一個循環。

西拉德－查爾默斯效應

如果材料吸收中子並隨後發射出伽瑪射線時，會導致原子核的反彈；通常反彈的能量足以破壞原子與其組成分子的其他原子之間的化學鍵，因此雖然吸收中子的原子是原來的原子的同位素，但是化學性質卻會產生變化。舉例來說，如果氯酸鈉（$NaClO_3$）的水溶液被緩慢的中子轟擊，則氯 37 轉化為氯 38，其中許多氯 38 原子從氯酸鹽中斷裂並以氯離子的形式進入溶液。於是我們就使用硝酸銀沉澱出同位素氯 38。

　　西拉德在1930年拿到德國公民的身分，可是他已經嗅出德國的政治空氣中的法西斯氣味，所以當1933年1月希特勒被任命總理時，西拉德馬上離開德國到英國。1937年，政治嗅覺敏感的他覺得另一場大戰已近，就決定搬到美國，隔年就落在腳紐約的哥倫比亞大學。接下來幾年他成了許多科學家難民的救星，直到1939年二次世界大戰開戰為止，他一共幫忙安置超過兩千五百位從歐洲逃來美國的科學家。他在1943年歸化為美國公民。

　　西拉德聽到核分裂的消息時，立即了解鈾將是原子彈的材料。他說服費米做這個實驗，結果發現中子速度太快，不易引發連鎖反應；所以他們開始找適當的中子減速劑。一開始他們用水效果不好，之後改用石墨，後來他認為重水最適合，但因重水很貴而作罷。

　　二戰爆發時，西拉德敦請愛因斯坦致信給羅斯福總統，提到德國可能製造原子彈，美國不能置之不理。之後西拉德也加入芝加哥的冶金實驗室，在曼哈頓計畫中扮重要的角色。當第一次人造的核連鎖反應在芝加哥的第一個核反應爐形成時，他還當場向費米握手致賀。

　　在西拉德的陳情書遭到漠視時，戰局也走到盡頭，1945年4月底納粹德國一敗塗地，希特勒自殺之際，曼哈頓計劃也即將大功告成。原本擔心希特勒會造出原子彈的眾多科學家終於鬆了一口氣，可是軍方可不這麼想，沖繩島戰役中美軍傷亡慘重；人心渴望戰爭早日結束，日本卻遲遲不願意投降。

　　到了6月12日，法蘭克帶著他和核物理學家休斯、輻射專家尼克生、生物物理學家拉賓諾維奇、核化學家西博格、物理學家斯坦恩斯以及西

拉德的共同連署報告書到華府；6月21日提交給杜魯門成立的暫定委員會（Interim Committee）討論是否使用原子彈。報告書中說：

「這項新武器的演示，最好在聯合國的代表們面前進行，地點在沙漠或某個荒瘠的島嶼。當美國有能力對世界說出下面這段話的時候：『諸位均已見識到，我們所擁有，卻沒有使用的武器。我們已經準備好作出在未來放棄使用該武器的聲明，並加入其他國家的行列，與各國共同合作建立起一套妥善監督使用此核子武器的辦法』。這時全世界的輿論都將對美國有利。」[1]

當然，這樣的理想主義無法打動暫定委員會的成員，原子彈在8月6日被丟到廣島，8月9日丟到長崎。

曾有人在西拉德身旁說：「廣島長崎是科學家的悲劇，他們讓自己的發現造成毀滅。」

西拉德回道：「不，這不是科學家的悲劇，這是人類的悲劇。」[2]

的確，這不只是科學家的悲劇而已。

科學家也是人，只要與別人有關的事就有責任。擁有知識沒有特權。法蘭克與西拉德都與原子彈的完成有千絲萬縷的關係，但是他們極盡一己之力，企圖阻止慘劇的發生，真可謂是謇謇雙士。巧的是西拉德與法蘭克分別在1964年5月21日與31日死於心臟病。

注釋

[1] 出自 Report of the Committee on Political and Social Problems Manhattan Project 《*Metallurgical Laboratory*》，University of Chicago, June 11, 1945（The Franck Report）

[2] 出自英國科學史家布羅諾斯基在BBC的影集《人類的躍升》（*Ascent of Man*）。

日本的原子彈計畫：
理研的二號研究

日本戰時的原子彈計畫要從國立研究開發法人理化學研究所（Institute of Physical and Chemical Research，簡稱理研，或RIKEN）講起。對唸物理學的人來說，「理研」是塊不折不扣的金字招牌。研究量子電動力學而得到諾貝爾物理獎的朝永振一郎就是在這裡展開他的研究生涯。

1913年，發現「腎上腺素」的科學家高峰讓吉倡議設立「國民科學研究所」，這個構想獲得幕臣出身的實業家澀澤榮一的支持並開始研議，後來由日本皇室及政府補助經費，加上民間的捐款，於1917年在現今東京都文京區本駒込正式設立財團法人理化學研究所。而真正帶領理研走入黃金時代是第三任所長大河內正敏。

大河內正敏的專精是彈道學，東京帝國大學工學部畢業後到歐洲留學，1911年回到日本在母校任教。1921年他成為理化研究所的所長，建立研究室的制度，每個研究室由主任研究員負全責，並賦與主任研究員完全的學術自由以及研究室的財政人事的大權；世界第一個成功提取硫胺的科學家鈴木梅太郎、KS鋼[1]的發明者本多光太郎和發表亞洲第一篇跟原子物理相關模型的長岡半太郎，都是出自理研的科學家；他們的發明與研究所帶來的收益也大大解決了理研的經費問題。

長岡半太郎在 1904 年提出的模型是正電球旁圍繞著一圈類似土星環的電子，因為他認為正負電荷無法相互穿透，不能合在一起；不過該模型中帶負電的環將會因為靜電力的排斥力而不穩定，這不會在土星環中出現，因此長岡在 1908 年放棄這個模型。

在大河內所長時代，理研成了日本理論物理的溫床，所以理研將研究室的產品拿去大賣，盈餘拿來支持許多基礎研究，其中最為人津津樂道的就是與核子物理相關的加速器的建立，以及邀請仁科芳雄建立理論量子物理研究室。

〰️ 仁科芳雄的理論量子物理研究室

1890年出生在日本岡山縣的仁科芳雄，東大畢業後就進入鯨井恒太郎的無線通訊研究室，成為理化學研究所的研究人員。1921年，仁科前往歐洲學習，他首先來到劍橋大學卡文迪西實驗室，想研究實驗物理，但當時的實驗室主任拉塞福對他沒什麼興趣。隔年他因緣際會聽到丹麥物理學家波爾的演講，大受感動，就決定前往哥本哈根。

當時波爾的研究所是新量子物理的聖地，各國傑出人才絡繹不絕來到這裡；像是量子力學的創造者海森堡、發現不相容原理的包利以及瑞典的物理學家奧斯卡·克萊因（Oscar Klein）。1923年4月，仁科終於來到哥本哈根大學，這時距他離鄉背井已經有兩年了。這個孤注一擲的決定卻是開啟日本現代物理的關鍵，後來仁科在哥本哈根整整待了五年半。

1928年，仁科芳雄與克萊因發表康普頓散射研究論文，並提出描述康普頓散射實驗的「克萊因–仁科公式」（Klein-Nishina's formula），這是當時新發展的量子場論，第一次運用到實驗上；此時的仁科已經是一個成熟的理論物理學家。

同一年，仁科芳雄返回日本，一開始待在長岡半太郎的研究室。在當時，他是亞洲少數跟得上量子理論發展腳步的物理學家。而與波爾類似的

是，他也有一股吸引年青人投入物理的蘇格拉底式魅力，包括諾貝爾物理學獎得主湯川秀樹與朝永振一郎都曾經接受他的指導；這也是他對日本物理最大的貢獻。

1929年他邀請量子物理的兩位大師海森堡以及狄拉克訪日，當時兩人都未滿三十歲，但海森堡已經發展出矩陣力學以及測不準原理，狄拉克也已發表描寫電子的狄拉克方程式；這引發當時日本年輕一輩的研究者非常大的震撼和眼界大開，見識到新的物理思潮。

1931年7月，仁科芳雄升任理化研究所的主任研究員，並設立仁科實驗室，做理論，也做實驗。他開始製作當時前驅研究必備的器材，如威爾遜雲霧室、蓋格計數器以及高壓電離子加速器等；同時也與朝永振一郎、坂田昌一開始利用量子場論計算正負電子對生成湮滅。

仁科芳雄和他的團隊也研究宇宙線，他們根據在箱根與富士山做的測量，發現隨著高度增加，宇宙線的強度也會跟著增加；並在日蝕時測量宇宙線強度，證明太陽不是宇宙線的來源。1937年，他們利用雲霧室做當時宇宙線中未知粒子質量的測量，結果是電子質量的（180±20）倍。這在當時可說是最準確的數據，也代表仁科芳雄的研究室是走在當時科學的最前線，遺憾的是，理研這艘小船終究抵擋不了時代的巨浪，當日美開戰的陰影逐漸逼近時，理研也不得不走上武器研究的道路上。

ᚺᚺᚺ 開始研發原子彈

1941年5月，陸軍航空技術研究所正式委託理化研究所所長大河內正敏從事原子彈的研究，這個任務理所當然就由仁科芳雄負責。二年後，仁科提出「由鈾來製造原子彈是可行」的報告。當時陸軍的航空本部長安田武雄直接命令川島虎之輔負責推展執行，而且將此列入最高機密；接著就開始以仁科芳雄為核心的「二號研究」；之所以稱為二號研究，是因為仁科芳雄的名字頭一個音在念做Ni跟日文中的數字2同音。

除了仁科的研究室參與二號研究，還有飯盛里安的研究室。飯盛里安的專長是分析化學，飯盛研究室的任務就是提供含鈾的原料，主要是重鈾酸鈉。而仁科的研究室集中心力想利用熱擴散法來提煉鈾235。

提煉鈾235的方法有四種，即熱擴散法、氣體擴散法、電磁法、高速離心法。曼哈頓計畫中先利用熱擴散法濃度提高到0.89%，再使用氣體擴散法達到23%，最後再使用電磁法達到89%。但是戰時日本尋找不到足夠的鈾礦石，而且為了節省時間，仁科芳雄的團隊決定採取最省事的熱擴散法。

熱擴散法就是將鈾238進行氟化處理成六氟化鈾，然後利用溫度差產生對流。藉此較重的鈾238會沉澱，而較輕的鈾235則會浮在水面上。

當時仁科研究室是採大家分工負責研究，木越邦彥負責製造六氟化鈾，玉木英彥負責計算鈾235的臨界量，竹內柾負責開發熱擴散分離裝置的開發，山崎正男則是負責檢測鈾235。

竹內柾製作的分離筒是銅製的雙層筒，直徑約五公分，高約五公尺；內筒接上電線可加熱到240~250度，外層則是浸在60度的溫水中，利用內外溫差造成對流。木越邦彥發現通過砂糖可以讓鈾碳化，然後再用碳化的鈾進行氟化，最終可以製成六氟化鈾。後來木越發現用澱粉的碳化效果更好，之後的六氟化鈾製作便選擇用澱粉。從1944年7月開始，提煉成功的六氟化鈾開始在分離筒進行分離試驗。但因為六氟化鈾的強腐蝕性，分離筒的管道也經常被腐蝕出孔洞，導致事故頻發，因此試驗進行很不順利，進展緩慢。

1945年4月，用於熱擴散法提純鈾235的分離筒也在美軍的空襲中被摧毀。仁科嘗試在金澤市重建分離筒，但由於金澤也遭到激烈的空襲，所以到戰爭結束時都沒有進展。

1945年8月6日，美國在廣島投下原子彈後，8月8日仁科芳雄被緊急召至廣島。8月12日大本營在廣島開會，仁科與另一位原子彈計畫主持人京都帝大的荒勝文策教授一致同意，不知名的新型炸彈就是原子彈。

就在8月9日長崎被原子彈轟炸之前，三個長方形金屬容器被投放到長崎周邊地區，裡面有一封由三名參與「曼哈頓計畫」的美國原子物理學家[2]寫給嵯峨根遼吉的信；他們在信中希望嵯峨根遼吉可以警告日本政府，如果繼續作戰將造成很嚴重的後果。

8月14日仁科到長崎，再一次確認美軍丟的是原子彈。8月15日，日本就投降了！當天仁科藉由廣播向全國解說原子彈。

盟軍佔領日本後，大河內正敏所長被當作A級戰犯關在巢鴨，理研集團被勒令解散；最慘的是仁科的回旋加速器被丟入東京灣。後來大河內所長雖然無罪釋放，株式會社科學研究所成立時，仁科成為第一任的所長被禁止擔任任何公職。可笑的是當韓戰爆發後麥克阿瑟只好來個髮夾彎，將它取消。而仁科在重建戰後的日本科學界扮演了吃重的角色，他是株式會社科學研究所的第一任所長，可惜他在1951年因為肝癌而英年早逝。為了紀念他的貢獻，仁科芳雄獎從1955年開始頒發給優秀的日本物理學家。

而理研在1958年日本國會通過「理化學研究所法」，特殊法人「理化學研究所」才又重生。2015年4月又改成「國立研究開發法人理化學研究所」，成為日本科研的重鎮。前一陣子理研還拿到新元素113的命名權，有人建議用Rikenium，有人建議使用Nishinanium，紀念仁科，最終還是代表日本的Nihonium雀屏中選。我想一生致力建立日本物理根基的仁科芳雄，應該也樂見這樣的命名吧！

注釋

① KS 鋼是一種特殊的鋼材，它的保磁力是一般鋼材的三倍。

② 阿爾瓦雷茨（Luis Alvarez）、莫里森（Philip Morrison）、瑟倍爾（Robert Serber）。他們是嵯峨根遼吉在加州大學伯克利分校時的同事。阿爾瓦雷茨後來因研究核共振態而獲諾貝爾獎。

F 計畫

　　接下來要講的則是由日本海軍所主導的F計畫。這個計畫的核心人物，是京都帝國大學的荒勝文策教授。

　　荒勝文策（1890~1973）出生於日本兵庫縣姬路市。他的生父是長田重，他過繼給荒勝家當養子後改姓荒勝。1915年，荒勝文策進入京都帝國大學物理學系就讀，畢業後他留在學校擔任講師，三年後就升任助教授。1923年，荒勝轉任到神戶的甲南高等學校擔任教授。跟其他公立高校不同的是，它強調體育與德育，而且學生人數很少，相對地學費也不便宜，算是當時的貴族學校吧！著名的粒子物理學家坂田昌一就是甲南高校畢業。

　　荒勝在甲南高校沒有待太久，三年後，臺灣總督府任命他為臺灣總督府高等農林學校（後來併入臺北帝國大學）的教授。不過，荒勝並沒有到臺灣，而是以臺灣總督府在外研究員的身分前往歐洲留學，直到1928年10月。在歐洲的這段期間，他曾經短暫在德國柏林大學跟隨愛因斯坦作研究。當時正是波爾與海森堡提出量子力學的哥本哈根詮釋，而愛因斯坦竭力反對的時候。

　　之後荒勝到瑞士蘇黎世聯邦理工學院跟保羅・謝爾（Paul Scherrer）學習有關鋰原子中自由電子分布的研究。這時保羅謝爾對新興的核子物理產生濃厚的興趣，也許這影響了荒勝。所以他接著到英國劍橋大學卡文迪西實驗室，當時這裡可是核子物理的聖地，拉塞福以及他的徒子徒孫正展開一系列的核子物理實驗。這段在歐洲的留學經驗，也使原先立志從事理

論物理研究的荒勝文策，開始對核子物理實驗產生興趣。

〰 衝破原子核

1928年臺北帝大正式成立，起初只有文政學部、理農學部；之後在文政學部增設四個講座、理農學部九個講座，其中就包括荒勝文策的物理學講座。荒勝文策成為臺北帝國大學物理學講座的首任教授，並開設普通物理與原子論等相關課程。在帝國邊陲的荒勝忙著繼續研究在歐洲學習的光譜學，沒料到他的人生即接迎接一個大轉折，將他帶往人生的高峰。

1932年4月，英國劍橋大學卡文迪西實驗室的考克饒夫與沃爾頓利用新造的高壓直線加速器將質子加速，然後去撞擊鋰原子，結果得到兩個α粒子。這在當時被譽為是現代煉金術。之前大家只能用天然的放射源，放射出來的α粒子能量不足以將鉀原子核撞裂，而高壓直線加速器的發現讓物理學家搖身一變成了現代的鍊金師。他們將結果刊登在《自然》雜誌，一篇簡單介紹他們的新加速器，另一篇介紹裂解鋰原子的實驗結果。

荒勝閱讀這兩篇論文之後，就向助手木村毅一[1]說：「這是個大變局，我們也來試看看，你看如何？」於是荒勝將物理學講座全部的資源全部集中到這個計畫，他們在臺北帝大二號館101室[2]開始建造高壓直線型加速器。

1934年7月25日晚間（因為白天太熱）他們成功了！這是亞洲第一次，也是世界第二次的分裂原子核的實驗。他們這次的實驗重現並證實了$^1H_1+^5B_{11}\rightarrow 3^2He_4$反應，並發現用高速氘離子撞擊鋰也能使鋰同位素產生$^1H_2+^3Li_6\rightarrow 2^2He_4$反應。這個研究結果在當時轟動整個日本的物理學界。

1935年，荒勝文策在臺北帝國大學舉辦的日本學術協會第十次大會的物理學會議中報告他的研究成果，仁科芳雄在場聽了之後非常激賞，很快便邀請他回京都帝國大學任教。1936年11月荒勝轉任京都帝國大學教授，接任物理學第四講座；他的助手木村毅一、植村吉明也一同轉任京都帝國

大學，專長為重水製造及分光學的太田賴常則留在臺灣。

荒勝把加速器的主設備攜回日本，繼續進行核子物理研究；同時在京都帝大重新建造高壓直線型加速器，並建造回旋加速器。1939年，荒勝與萩原德太郎利用該加速器，測定出平均每次一個鈾235原子核分裂會釋出2.6顆中子。除了利用加速器進行實驗，荒勝也曾與木村和植村一同利用宇宙射線進行高能物理研究，並將其實驗結果發表至1937年8月的《自然》雜誌上。另外，他也開設實驗原子核物理學與量子力學等課程，甚至湯川秀樹[3]也去旁聽他的課程。

∿ F計畫

1941年，荒勝成功利用鋰原子與質子反應產生的伽瑪射線，使鈾原子與釷原子產生核分裂反應，這使得荒勝註定要跟原子彈計畫結緣。日本海軍一開始對原子彈深感興趣，但是在得知需要投入大量資源，而且可行性不高後就放棄了。但是中途島海戰後，失去許多主力艦的海軍，回頭開始重新思索，希望開發新武器來扭轉戰局；也有一說是一開始海軍只是因缺石油想利用核能，後來才想回頭考慮製作原子彈；總之最後艦政本部的磯惠人佐找上荒勝文策。戰後各方證言對F計畫何時開始是眾說紛紜，從1942年10月到1944年9月各種說法都有，在盟軍佔領當局GHQ[4]的文獻則說是1943年5月；這個就留給專業史家來決定了。

F計畫跟二號計畫最大的不同是，荒勝一開始就決定採用離心機來提煉鈾235，而不是熱擴散法。他估計需要每分鐘旋轉十萬次以上的離心機才能將較輕的鈾235與較重的鈾238分離。當時日本國內專做船舶引擎的北辰電機與東京計器頂多只能做到每分鐘三到四萬轉，受制於高速旋轉產生的摩擦現象。當時東京計器與荒勝的實驗室都想將空氣壓縮再灌倒扇葉上產生高速旋轉。同時荒勝也找古屋的住友金屬工業，因為離心機要承受相當於10萬G的壓力，但是住友金屬沒多久就被炸成廢墟了！所以一直到戰

爭結束，荒勝都沒有蓋出他需要的離心機，F計畫是徹底地F掉了。倒是以小林稔為首的附屬理論部門，算出鈾235的臨界質量，據說他是用機械式計算機去解擴散方程式得到答案。

1945年8月6日，美軍在廣島投下原子彈，造成廣島死傷慘重。為了明白災情，海軍大臣米內光政委任荒勝文策與京大醫學部的杉山繁輝教授共組原爆災害調查班，並到廣島調查爆炸受害區域，以了解原子彈的影響力；為了取樣，荒勝在毫無防護設備的情況下進入原爆災區。當天他與仁科芳雄都參加大本營的會議，會中他們一致認定丟在廣島的是原子彈。

當晚荒勝回到京都，8月12日，他在完成對廣島土壤的貝他射線的測量後，翌日又到廣島做更一步的調查。8月15日他對海軍提出完整的調查報告，更精確地指出爆炸時的高度與位置，並得出閃光時間約在1/5秒至1/2秒之間。數據計算之精確，震驚世界。據說他還跟木村毅一說，快去比叡山架好觀測臺與偵測器，因為美軍下一個對象是京都。對核子物理學家來說，這是千載難逢的機會。所幸這事沒有成真。

聯合國軍最高司令官總司令部於1945年10月31日下令禁止日本進行有關原子物理的研究，並在11月24日拆除京都大學荒勝研究室的迴旋加速器，將之傾倒入琵琶湖。荒勝的大量報告與研究筆記也遭到沒收，因此而流失了！只殘留部分被保留在廣島縣西南部的吳市海事歷史科學館。為此荒勝表達強烈抗議，他在日記中表示，這次拆除工作是完全不必要的，因為該設施是純學術用途，與原子彈製造根本毫無關係。荒勝文策在日記中描述其研究室成為一片「慘澹的光景」。除了京都大學之外，東京大學與大阪大學的迴旋加速器也被拆除了。荒勝事後曾感嘆地說：「日本原子核物理研究的幼芽就這樣被摘下，令人遺憾！」

面對空盪盪的研究室，荒勝在1950年時也只好自京都大學退休，但隔年就復出擔任私立甲南大學的首任校長。而他在京都大學的核子物理研究室，也在1951年美國解禁日本核物理實驗後重啟，由木村毅一接手。當湯

川秀樹獲得諾貝爾物理學獎時，荒勝說：「晚輩得了諾貝爾獎，一切都值得了！」

　　1973年，荒勝文策於神戶市逝世，享壽八十三歲。日本的加速器研究、核子物理的理論與實驗，現在都堪稱世界一流，不輸歐美先進國家。想來這些明治出生的前輩們，在自己祖國打下一個堅若磐石的科研基礎，令人佩服。

注釋

1. 木村毅一也是京都帝大畢業，1930 年來到臺北帝大。植村吉明生於日本兵庫縣的一個小村莊中。隨後，他與家人一同遷居到臺灣。1929 年，他從臺北的一間技職型高中畢業，並在同年至臺北帝國大學任職，加入荒勝的實驗團隊。還有一位太田賴常，也是畢業於京都帝大，他負責提煉重水。整個團隊都是關西來的。

2. 臺北帝大二號館後來變成臺灣大學物理系館，101 室就在系館穿堂的旁邊。現在二號館 101 室已經改建為臺大物理文物廳，記錄原子核實驗室加速器建造過程以及重建過程，也被拍成科學史紀錄片《衝破原子核》。

3. 湯川秀樹是日本首位諾貝爾物理學獎得主。

4. 聯合國軍最高司令官總司令部。

核磁共振之父拉比

　　伊西多・艾薩克・拉比（Isidor Isaac Rabi，1898~1988）出生於加利西亞地區雷馬努夫（Rymanów，當時屬於奧匈帝國，現今波蘭的領土）一個虔誠的猶太人家庭。1916年拉比拿到獎學金進入康乃爾大學電子工程系，但入學不久後就轉到化學系；三年後他就拿到理學士學位。但當時的學術界和化工業者不喜歡聘請猶太人，所以他經歷了一段黯淡歲月，曾在美國氰胺公司的實驗室待過一陣子，還當過簿記員。經過三年不如意的時光，1922年，拉比回到康奈爾大學繼續攻讀化學博士學位。隔年為了追求心儀的女性而轉往哥倫比亞大學物理系，同時在紐約市立學院當助教，一邊工作一邊攻讀博士。

　　拉比在哥倫比亞大學的指導教授是磁學專家威爾斯（Albert Potter Wills）。當時威廉・勞倫斯・布拉格（William Lawrence Bragg）在哥倫比亞大學演講時提到一種晶體赫頓鹽（Tutton's salts）的電極化率。拉比在聽完後決定研究赫頓鹽的磁化率，1926年7月16日他將《論晶體的主磁化率》的博士論文寄到《物理評論》（*Physical Review*）。

　　1927年拉比到慕尼黑大學跟隨索末菲（Arnold Sommerfeld）做研究。之後他在里茲的英國科學促進會的年會中聽到海森堡的演講，激發了對量子物理的熱情，之後他到哥本哈根自願為波爾作研究。當時雖然波爾在休假，但拉比仍馬上就開始計算氫分子的磁化率；之後波爾就安排拉比到漢堡大學接受包立的指導。

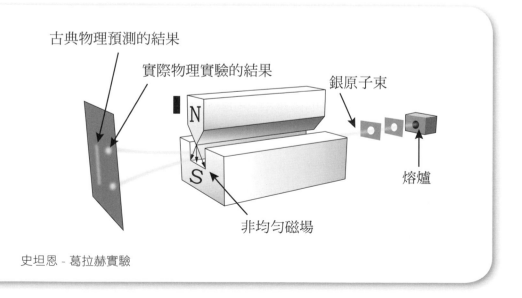

於是拉比又轉到包立的史坦恩實驗室，在這裡他認識了博士後研究員史坦恩（Otto Stern）、蘇格蘭的伏拉舍（Ronald Fraser）以及美國人泰勒（John Bradshaw Taylor），拉比對他們的分子束實驗產生興趣。當時史坦恩實驗室正在用氫原子束取代銀原子做原來的史坦恩-葛拉赫（Stern-Gerlach）實驗。他們的研究用的是不均勻磁場，不容易操作。拉比提出改為在散射角非零的情況下使用均勻磁場，這樣原子束就像光線通過稜鏡時那樣偏轉；這個方法不但容易操作，而且測量結果更準確。在史坦恩的大力支持下，拉比將這個想法付諸實行；後來這項研究結果的論文被刊登在1929年2月《自然》期刊上。4月時又在《物理學報》（*Zeitschrift für Physik*）發表另一篇《論分子束的偏轉法》論文。這是拉比第一次投稿到當時德國一流的期刊，象徵著他的研究已經站上國際的舞臺。

〰️ 分子束實驗室

1929年，拉比返回美國哥倫比亞大學任教。1931年，拉比回頭從事分

古典物理預測的結果

實際物理實驗的結果

銀原子束

N

S

熔爐

非均勻磁場

史坦恩 - 葛拉赫實驗

子束實驗的研究。首先他與布萊特（Gregory Breit）合作寫出「布萊特－拉比（Breit-Rabi）方程式」，給出在磁場下原子核的磁偶矩與電子的磁偶極耦合下，在磁場下造成的電子能階分裂。在維多·柯恩（Victor W. Cohen）的幫助下，拉比製作出哥倫比亞大學第一台分子束儀。接著他們探測鈉原子核的核自旋，實驗得出四條小分子束，由此推論鈉的核自旋為3/2。因為磁場會將分子束分成2s+1個小分子束，s是自旋。

拉比的分子束實驗室開始吸引各方豪傑，當中包括以鋰作為博士研究課題的研究生密爾曼（Sidney Millman）、撒迦利亞（Jerrold Zacharias）、拉姆齊（Norman Ramsey）、許文格（Julian Schwinger）、克羅格（Jerome Kellogg）和庫施（Polykarp Kusch），都是在分子束實驗室開始物理生涯的科學家。他們後來都得到諾貝爾獎。

當時史坦恩在漢堡的研究團隊已經測量質子的磁偶矩，而且發現與狄拉克方程式給出的值不同，問接證明質子不是無結構的基本粒子。同校的哈羅德·尤里（Harold Urey）在不久前才發現氫的同位素氘。尤里不僅提供重水和氘氣給拉比的實驗室，還把從卡內基基金會給他的獎金的一半作為分子束實驗室的專款。

〰️ 拉莫爾進動

1937年荷蘭科學家戈特（C. J. Gorter）訪問拉比的實驗室，並且建議使用振盪磁場來進行實驗。這個實驗的原理是這樣的：將原子核放在外加磁場中，如果原子核磁矩與外加磁場方向不同，原子核磁矩會繞著外磁場方向旋轉，這一現象就是「拉莫爾進動」。

原子核發生拉莫爾進動的能量與磁場、原子核磁矩、以及磁矩與磁場的夾角相關，根據量子力學原理，原子核磁矩與外加磁場之間的夾角並非任意值，而是由原子核的磁量子數決定的，原子核磁矩的方向只能在這些磁量子數之間跳躍，這樣就形成一系列的能階。當原子核在外加磁場中

接受其他來源的能量輸入後，就會發生能階躍遷，也就是原子核磁矩與外加磁場的夾角會發生變化。這種能階躍遷正是獲取核磁共振信號的基礎。用這個方法就可以很精確地測量原子核的磁偶矩。雖然戈特的嘗試沒有成功，拉比的研究團隊卻在1938年首次成功地完成第一次的核磁共振實驗。

〰 核磁子

1939年，拉比、庫施、密爾曼和撒迦利亞使用這種方法量度多種鋰化合物的磁矩。接著他們把這種實驗法應用到氫，發現質子的磁矩為2.785±0.02核磁子，而氘的磁矩結果則為0.855±0.006核磁子。由於氘是由相同自旋方向的一個質子和一個中子組成，所以中子磁矩可由氘磁矩減去質子磁矩所得。如此得到的中子磁矩是約負的1.92 核磁子。

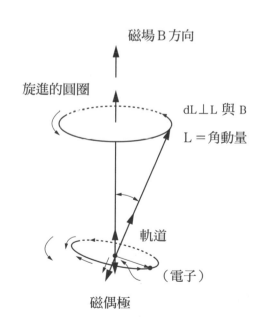

拉莫爾進動示意圖

　　拉比的團隊進一步測量造成D_2與 HD分子在磁場下的共振頻率，發現氘的電四極不為零。這項發現意味著氘的物理形狀非球狀對稱，也表示核子之間的交互作用並非是連心力，也有著張量項。這也表示氘的磁偶矩與質子跟中子的磁偶矩的和其實不完全相等。

　　1940年路易斯・阿爾瓦雷茨（Luis Walter Alvarez）與布洛赫（Felix Bloch，）發展出技術可以直接測量中子的磁偶矩，得到結果是1.93核磁子。直接將質子與中子磁偶矩相加是0.879核磁子，與氘的磁矩的確有微小的差別，由此我們知道氘是S（L=0）態與D（L=2）態的混合，前者佔約96%，後者佔約4%。D態的出現是由張量型態的核力所造成的。

　　分子束磁共振探測法果然是研究原子核的利器，史坦恩憑著分子束實驗獲得1943年的諾貝爾物理學獎。拉比在史坦恩之後也榮獲1944年的諾貝爾物理學獎。

∿ 雷達的核心科技：多腔磁控管

　　當二戰在歐洲打得如火如荼時，英國將一些當時最尖端的科技交給美國，其中的一項是改良過的多腔磁控管（cavity magnetron），它是一種使用電子流和磁場的交互作用來產生微波的高功率裝置。經過伯明罕大學的藍道爾（John Randall）與布特（Harry Boot）改良後成為徹底改革雷達的利器。

　　美國國家防衛研究委員會的羅密士（Alfred Lee Loomis）在麻省理工學院建立一家開發新型雷達的「輻射實驗室」，聘請杜布里奇（Lee DuBridge）擔任實驗室主任。後來，拉比也加入實驗室成為副主任，負責繼續研發多腔磁控管。當時這個裝置仍是最高機密，事後證明美國的電達性能遠勝於德日兩國的雷達，的確對二戰局勢有非常重要的影響。

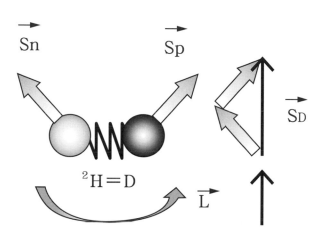

核磁子

質子與中子磁偶矩相加是 0.879 核磁子，與氘的磁矩的確有微小的差別。

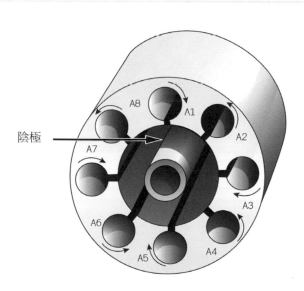

多腔磁控管

孤高的物理學家許文格

朱利安‧西耶爾‧許文格（Julian Seymour Schwinger，1918～1994）出生在紐約市郊區的猶太裔移民家庭。1933年，申請到免學費的紐約市立學院，對手頭拮据的許文格家來講不啻是一大福音。入學後許文格的數學能力讓眾人吃驚，但是他的總體表現卻不怎麼理想，一來他對沒興趣的科目完全提不起勁，再者他畫伏夜出的生活習慣，致使早上的課他一概缺席，但是他在這段時間不僅讀遍許多當時最先進的論文，還親自推導出裡頭所有的方程式，他當時的筆記[1]現在都保存在加州大學洛杉磯分校的「許文格檔案」（Schwinger Archive）中。

這段時間許文格結識了哥哥哈羅德（Harold）在哥倫比亞大學研究所的同學穆茲（Lloyd Motz1）。穆茲對許文格的能力感到十分驚奇，而許文格也不時跑到哥倫比亞大學向穆茲請教，甚至參加哥倫比亞大學的研討會，引起拉比的注意。

有一次拉比找穆茲討論剛登出來的「愛因斯坦–波多斯基–羅森」（Einstein-Podosky-Rosen）的詭論論文；許文格剛好在場，向來害羞沉默的許文格在關鍵處指出：「這裡用的是量子力學的完備性定理」；讓拉比非常驚訝，後來許文格就轉學到哥倫比亞成了拉比的學生。不過許文格畫伏夜出的習性不改，引發不少麻煩。

拉比特地邀請荷蘭的物理學家烏倫貝克（George Uhlenbeck）到哥倫比亞講授統計力學，許多學生、甚至老師都慕名前來，許文格報了名卻

沒來上課，連期末考都缺席。烏倫貝克向拉比抱怨許文格這個「隱形學生」，火大的拉比命令許文格早上十點來補考，結果許文格交上來的答案卷無懈可擊；烏倫貝克跟拉比這麼說：「他不但寫出正確答案，而且還是用我在課堂上教的方法，簡直就像每堂課都有來一樣。」

當時拉比的研究主要是利用原子在磁場下的運動來研究原子的性質，許文格的早期論文也都是以此為主題；拉比很快就發現自己已經沒有東西能教許文格了，所以他幫許文格找到錢，把他送去威斯康辛大學的麥迪遜（Madison）分校。1937年秋天，許文格前往麥迪遜分校一學期，當時物理學家維格納與布萊特都在那裡；但許文格在麥迪遜依然故我，不僅晝伏夜出，加上他個性害羞，面對陌生人不自在，而變得比往常更沉默；在麥迪遜只交出一篇論文，內容是利用散射實驗數據確定中子的自旋是1/2，排除了中子是自旋3/2或更高的可能性。

1938年，許文格回到紐約繼續研究中子與質子之間的張量力，當他在1939年春天拿到哥倫比亞大學博士學位時，雖然才二十一歲，卻已經出了十四篇論文。當時歐洲的戰爭氣氛正逐漸轉濃，醉心於物理的許文格渾然不覺，仍前往加州大學柏克萊分校跟隨大名鼎鼎的歐本哈默（Julius Robert Oppenheimer），之後許文格在柏克萊大學待了兩年。這段期間，他逐漸接觸到當時量子電動力學所面對的大難題，就是出現在高階計算時出現的發散積分。如何去處理乃至於去理解發散積分正是許文格最重要的貢獻，所謂的「再重整化」（renormalization）。不過這是九年後的事。

ᚠᚠᚠ 拉里塔–許文格方程式

1940年，許文格和從紐約布魯克林學院的訪問學者拉里塔（William Rarita）開始一起工作，研究主題是以氘的光解和核的張量作用力為主；兩人合著寫出《關於半整數的粒子之理論》（*On a theory of particles with half integral spin*），這篇論文第一次提出自旋3/2 的粒子的拉格蘭日函

數，以及由此拉格蘭日函數推導出來的運動方程式；這個方程式就是大名鼎鼎的「拉里塔–許文格方程式」。早在1928年狄拉克就提出自旋1/2的粒子的拉格蘭日函數以及由此拉格蘭日函數推導出來的運動方程式，1937年費爾茲（Fierz）與包立提出任意整數自旋粒子的運動方程式，但許文格是第一個研究高半整數自旋粒子的物理學家。

1941年夏天，許文格到印第安納州的普度大學（Purdue University）擔任講師。據說這位年僅二十三歲的年輕講師的教學是場災難，當然不全是學生的錯，舉例來說，許文格寧願教如何利用矩陣利學來解氫原子能階（這個方法是包立在1926年發明的），而不願意解一般的薛丁格方程式。這個對當時的學生應該是十足震撼吧！不過後來許文格逐漸建立起自己的教學風格，讓他的授課成為物理史上的傳奇，顯然他是下足功夫才修得正果。

〰️ 投入雷達研發

1941年底，日本與美國的戰爭爆發了。美國政府將雷達研發團隊全集中在麻薩諸薩州劍橋的麻省理工學院，設立輻射實驗室，從事偵測能力更強大的雷達研發。很快地許文格就被政府網羅，負責雷達研發工作的領導任務。1943年許文格搬到麻州劍橋，住在實驗室附近一家旅館的小房間中，盡全力投入研究工作。

他的工作其實說穿了只是運用馬克士威方程式到波導上，特別是孔徑波導，這裡頭沒有新鮮的物理，但數學卻相當艱難。許文格的計算能力，尤其是對特殊函數熟悉的程度，常常把合作者給嚇壞了！而戰時他所發展出來許多數學技巧更造就了他後來發展完整的量子電動力學過程中最重要的利器呢！這段時間他不僅要從事研究，記錄下大量手稿，還要教會他的團隊成員，研發工作才能進行。當時的許文格還只是未滿三十的小伙子呢！

所以戰爭結束後，許文格已經成為各方挖角的對象，他最後選擇哈佛大學。之後，他在哈佛大學物理系任教二十五年，發表一百二十多篇學術論文，大部分都與量子場論有關；這些論文充滿許文格的獨特風格，行文簡潔優雅但卻不易理解，往往必須咀嚼再三才能體會其中深意，再加上許文格行事低調，所以他的許多貢獻多遭到忽視。

許文格在哈佛培養許多新世代的優秀物理學家[2]，一共有六十八個博士生在他手下畢業，最著名的莫過於參與建構標準模型的諾貝爾物理獎得主葛拉蕭（Sheldon Glashow）。

說起許文格與他的博士生相處也是饒富趣味，根據葛拉蕭的回憶，當時一大堆哈佛學生要跟許文格，結果他把學生全叫進辦公室，給每個人一個問題帶回去做，有問題下周再來討論；問題都非常困難，但討論的時間非常短，然而許文格的建議往往一針見血，切中問題的核心。有這種神人級的指導教授，是吉是凶，應該是因人而異吧！

〰️ 量子場論時代的來臨

許文格最為人所知的貢獻，就是建立完整而且一致的量子電動力學（Quantum Electrodynamics, 簡稱QED），特別是針對理論中出現的發散而發展出再重整化的程序，使得量子電動力學能夠做出非常精確的預測，這不但標示著量子電動力學的成功，更是宣示「量子場論」時代的來臨。今天的粒子物理與凝態物理都是建立在量子場論的基礎上。

重整化的量子電動力學出現時有兩個完全不同的樣貌，其中一個是許文格所開創，以「量子場的創生與毀滅算子」為核心概念的相對性量子場論；另一個則是由理查·費恩曼（Richard Phillips Feynman）所開創，以「粒子與波」為基礎的相對性量子力學為基礎發展出來的「費恩曼圖」。雖然今天的學生都是學習費恩曼的方法，然而許文格的方法在當時可是一面倒受到物理界的青睞。

　　沒過多久，就有人指出雖然這兩種方法表面看來完全不同，但是許文格與費恩曼的方法存在著一一對應的關係，無怪乎它們總是給出相同的答案。而在二戰時期，日本年輕物理學家朝永振一郎，也發展出一套與許文格相近的方法。

　　十年之後，許文格、費恩曼與朝永振一郎，一起分享諾貝爾的榮耀；但是對他們三人而言，量子電力學的成功都只是他們輝煌事業的起點；尤其是許文格，在之後的二十年，對於量子場論以及粒子物理有許多了不起的貢獻。

　　從1965年起，許文格開始醉心於建構所謂的「源理論」（source theory），雖然許文格對這個理論非常自豪，無奈整個物理界的反應冷淡。相較於一般利用費恩曼圖的作法，源理論顯得又複雜又古怪，自然得不到眾人的青睞。許文格在六〇年代末不斷使用源理論處理各種問題，企圖說服物理界它的優越性，無奈是白忙一場。就在這樣的氣氛下，許文格在1971年應加州大學洛杉磯分校的邀請，離開了哈佛大學。

　　許文格到達洛杉磯當天就遇上規模6.6的地震，似乎不是個好兆頭呀！雖然許文格持續使用源理論來處理各種問題，對當時的粒子物理的發展也持續在關注，但過去的榮景不再，好漢空有一身絕妙武功，就是無法再度轟動武林。

　　許文格的文章十分嚴謹，向來以難懂著稱，常讓人不得其門而入，但他的授課卻是非常著名，幾乎成了傳奇。據說他可以滔滔不絕，在黑板寫滿方程式，仍讓學生聽得如癡如醉；他別出心裁的授課，依著他獨特的思路，引導聽眾深入課程的核心；還有人回憶他上課時，除了粉筆在黑板上的聲音以及沙沙的抄筆記聲外，一片寂靜。

　　雖然他一直嘗試要將他的電動力學以及量子力學的授課筆記寫成書，但是都沒有完成，因為許文格都不滿意，一直修改，最後只好放棄。然而今天我們還是可買到這些許文格眼中未完成的殘稿，因為在許多人眼中，

它們已經是寫得很完美的書了。只能說許文格這位物理學大師真的是一位性情中人，也是一位無可救藥的完美主義者。

　　許文格在加州大學待了二十三年，於1994年7月16日因胰臟癌在洛杉磯過世，享壽七十六歲。

注釋

① 當時都是國防機密，戰後才逐漸出版。有些筆記甚至沒有出版，而是以筆記的形式在學界流通。

② 他們分別是 2005 年的諾貝爾物理獎得主格勞伯（Roy Glauber），因為量子光學的貢獻而得獎；1975 年諾貝爾物理獎得主莫特生（Benjamin Roy Mottelson），因為原子核的研究而得獎；與 1998 年諾貝爾物化學獎得主沃特‧柯恩（Walter Kohn），因為發展密度泛函理論而得獎；三人領域天差地別，也是一絕。

東洋的粒子物理先驅
坂田昌一

坂田昌一（1911~1970）是日本知名的物理學家。1929年進入京都帝國大學物理系就讀，那一年湯川秀樹與朝永振一郎兩人剛從京都大學物理學系畢業，並留校當助理，坂田因此結識這兩位日本物理界後來的巨人。1933年坂田從京都大學畢業後，先到理化研究所加入朝永與仁科的團隊，隔年搬到大阪帝大跟隨湯川秀樹；大阪帝大以湯川為中心形成一個活力旺盛的研究群，而其中坂田扮演相當吃重的角色。

⋀⋀⋀ 湯川粒子理論

坂田在湯川的影響下，很快就成為介子理論的研究主力；他們兩人開始利用湯川的介子理論研究電子捕捉過程，就是質子捕捉一個電子產生一個微中子與中子的弱作用。坂田與湯川也採用包立與魏斯考夫（Victor Frederick Weisskopf）之前所發展自旋為零的量子場論架構來描述介子。

1938年1月《自然》刊登印度科學家巴巴（Homi Jehangir Bhabha）的一篇短文，提到新的粒子不但負責傳遞核力，而且會衰變成電子與反微中子。湯川與坂田討論後，與湯川的學生武谷三男合寫第三篇「湯川粒子」的論文，估計湯川粒子的平均壽命；接著與朝永振一郎的學生小林一起又寫了第四篇「湯川粒子」的論文，主張除了帶正負單位正負電荷的湯川粒子之外，還有不帶電的湯川粒子。

　　湯川的研究群以「湯川粒子理論」為中心，研究的觸角延伸到原子核作用，原子核β衰變以及宇宙射線的性質，而坂田是研究群的靈魂人物之一。不過時局日益緊張，武谷三男在1938年9月被捕入獄，坂田偷渡了論文讓武谷三男在獄中讀；坂田等人也是活在特高的監視下吧。

　　1939年，湯川秀樹回到京都大學擔任物理系的教授，坂田也跟隨湯川到京都大學擔任講師。這段時間坂田的研究以湯川粒子的衰變性質為主。他在1941年的5月以「關於介子自發衰變的理論」取得京都帝國大學理學博士的學位。這段時間他最重要的主張是不帶電的湯川粒子會衰變成兩個光子的主張。

〰 發現新粒子

　　隔年坂田轉到名古屋帝國大學任教。在名古屋的第一件重要的工作是他與井上健提出「二中間子論」，他們是第一組懷疑在宇宙線發現的新粒子——中間子，可能並不是湯川秀樹所提的湯川粒子，而且他們認為湯川粒子會衰變成一個安德生（Anderson）發現的中間子與一個微中子。這個理論是坂田等人與湯川秀樹的學生谷川安孝討論之後得到靈感的，主要的原因是這個中間子的穿透性太強，與原子核的作用不夠強。從這個工作可看出坂田擺脫湯川與朝永的陰影，走出自己的道路了。

　　1947年的6月召開的庇護島（Shelter Island）會議，馬雪克（Robert Marshak）提出之前在宇宙線發現的粒子並非湯川粒子，並懷疑真正的湯川粒子尚未被發現，與坂田的二中間子理論若合符節；但是當英國的布里斯托（Bristol）大學實驗組發現湯川粒子（現在稱之為π介子）時，一般都只提到馬雪克，而忘了坂田研究群的功勞。不帶電荷的π介子後來於1950年在伯克萊的回旋加速器中被觀測到了。正如坂田所預測的，這個不帶電的π介子真的衰變成兩個光子。

　　二戰結束後，新的粒子接二連三地被發現；像是許多核子的共振態，

如Δ（1230）就是在π介子與核子碰撞時被發現的。之後科學家逐漸發展出粒子的分類，不參與強交互作用的粒子被稱為「輕子」，參與強交互作用的粒子則稱為「強子」；自旋為整數的強子稱為「介子」，K介子與π介子的自旋都是零；後來又陸續發現自旋為一與二的強子，而自旋為半整數的則稱為「重子」。

透過研究粒子的衰變，科學家逐漸知道這些新粒子的自旋以及量子數，如奇異數以及重子數；也發現重子數會守恆，意即反應前後不變，但弱作用時奇異數會改變一個單位。面對這個不斷膨脹的粒子名單，坂田提出他的扛鼎之作「坂田模型」。

⋀⋀⋀→ 坂田模型

1949年在慶祝湯川秀樹獲得諾貝爾獎時，坂田就曾引用楊振寧與費米發表過的《介子是基本粒子嗎？》（*Are Mesons Elementary Particles?*）寫過一篇文章，文中主張π介子是核子與反核子的束縛態。這對坂田來說不是新鮮事，早在他在研究湯川粒子的β衰變時，為了與費米的理論結合，他就試用將π介子連結核子圈圖再衰變成電子與反微中子。（見圖一），事實上這個想法正是他主張π^0衰變成兩個光子的基礎（見圖二）。

但是坂田真正認真嘗試將強子當作複合粒子，是1954年他去哥本哈根的波爾研究所訪問時開始的。當時他的一位學生田中正（Sho Tanaka）在研究如何用相對性量子力學來計算核子與反核子的束縛態。當他從歐洲回來之後，田中正報告他的研究遇到瓶頸，就是要怎樣引入奇異性，如果強子都是核子與反核子所組成，那麼奇異性只能是核子反核子系統的激發態，但是如此一來，就無法滿足著名的中野-西島-葛爾曼關係式。

中野 - 西島 - 葛爾曼關係式
1953 年由日本物理學家西島和彥、中野董夫首先提出，1956 年由美國物理學家葛爾曼（Murray Gell-Mann）獨立提出關於強子的電荷 Q、同位旋分量 I_3、重子數 B、奇異數 S 所滿足的關係：
$Q=I_3+（B+S）/2$

　　這個問題引起坂田的興趣，他們討論到深夜，隔天早上坂田在黑板上寫下將超子中最輕的Λ粒子與質子、中子一樣當作「基本」粒子，並寫出其他強子如何由這三種粒子組成。介子像是$π^+=（p\bar{n}）$，$K^+=（p\bar{Λ}）$，而重子則是$Σ^+=（p\bar{n}Λ）$，$Ξ^-=（\bar{p}ΛΛ）$。如此一來就可以滿足中野-西島-葛爾曼關係式了！這個就是坂田模型的濫觴。坂田在1955年的日本物理年會發表這個想法，論文則於1956年刊登在日本的期刊上。

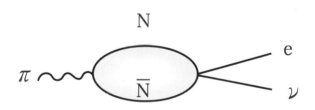

圖一

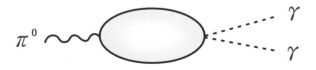

圖二

　　如同核力幾乎與核子的同位旋無關一般，很快地大家也注意到強子之間的強交互作用力似乎與奇異性關聯也不大，與質子 、中子相差不遠，所以坂田的研究群開始研究坂田模型中的對稱性；但是坂田模型拿來推算重子卻遭到困難，此外隨著愈來愈多的重子在加速器實驗中被發現，科學家慢慢理解到自旋二分之一的重子有八個，自旋二分之三的重子也陸續被發現；坂田模型顯然難以描述重子的組態。

　　1963年，兩位科學家葛爾曼和紐曼獨立提出「八正道理論」。即使到現在我們也沒有量到帶著分數基本電荷的粒子，所以就連葛爾曼也不敢宣稱新粒子真的存在。但1964年在美國的布魯海文（Brookhaven）國家實驗室找到奇異數為-3的新粒子後，八正道理論取代了坂田模型是大勢所趨。

〰️ 二十一世紀粒子物理的顯學：微中子振盪

　　不過這時候坂田桑早就將目光轉移到新目標，微中子。1962年美國的萊德曼（Leon M. Lederman）、施瓦茨（Melvin Schwartz）和施泰因貝格爾（Jack Steinberger）發現伴隨緲子產生的（反）微中子與電子不會產生反應，證明緲子微中子與電子微中子的確是不同的粒子，這引發坂田的興趣。之前義大利出身後來投奔蘇聯的科學家龐蒂科夫（Bruno Pontecorvo）在1957年就提倡微中子振盪的理論，當時他假設的是由微中子變成反為中子。

　　但是坂田認為緲子微中子到電子微中子的振盪是有可能的，甚至他們從當時證明緲子微中子不是電子微中子的實驗去估算，發現只要兩種微中子的質量差在10^{-6}百萬電子伏特以下，當時的實驗無法察覺到微中子的振盪。

　　坂田與名古屋研究群的牧二郎、中川昌美、一起建構出描寫微中子混合的公式，現在稱為「PMNS矩陣」，其中P是龐蒂科夫（Pontecorvo），M是牧二郎（Maki Jiro），N是中川昌美（Nakagawa Masami），S就是

坂田。原本的矩陣是2x2，後來發現第三個輕子τ，PMNS矩陣自然變成3x3。微中子振盪可以說是二十一世紀粒子物理的顯學。

　　1969年的諾貝爾物理學獎單獨頒給葛爾曼，而未授予啟發夸克模型的強子模型先驅坂田昌一；事後，評委之一的沃勒（Ivar Waller）曾私下對湯川秀樹表示「對坂田落選感到遺憾」。而隔年9月，湯川為坂田寫了諾貝爾獎推薦信，並在給沃勒的信件中提到「坂田已身染重病」。三週後，坂田不幸病逝，永遠與諾貝爾獎絕緣，因為諾貝爾獎只頒給活人。

重力波的前世今生

　　雷射干涉重力波天文台（LIGO）在2016年2月11日正式宣布他們量到重力波，雖然這個謠言在網路上傳了快半年，但還是造成一股熱潮；因這個發現意義重大，它一方面證實重力波的存在，另一方面證明黑洞的存在。而黑洞與重力波的理論根據都是廣義相對論，但愛因斯坦對於重力波存在與否一直游移不定，而重力波這個詞竟然是在廣義相對論問世前就有了，就讓我們來一探重力波的前世今生吧。

　　在牛頓的系統中，重力是瞬間作用的力，換言之其傳遞速度是無窮大。第一個挑戰這個想法的是人稱法國牛頓的拉普拉斯侯爵，他之所以會萌生如此奇特的想法肇因於哈雷考諸過去的天文紀錄，赫然發現古代的一個月比當時的一個月來的長。於是拉普拉斯假設重力傳遞的速度是有限的，如此一來，月球受到的重力是由先前的地球所發出，指向先前地球的位置，如此一來月球在切線方向就會受力而加速；不過當他把數字套進去得到的速度居然是光速的七百萬倍！後來拉普拉斯找到別的原因來解釋月球加速，有限的重力傳遞速度的這個想法就被束之高閣了。

　　後來科學家又遇到另一個大難題：牛頓力學可以說明水星軌道的近日點會有進動的現象，但仍有每世紀四十三秒的進動無法得到解釋。當時的大數學家龐加略（Jules Henri Poincaré）就注意到水星是太陽系中跑最快的行星，所以如果質量像電荷一般加速運動會輻射出能量，水星照理會放出最多的能量，使得水星因失去能量而向內縮的現象會比其他行星明顯。

所以他造了「重力波」這個辭。

當時另一個更受歡迎的解釋是，水星內側還有一顆未知的行星，被取名叫「華肯星」（Vulcan）。這些主張在愛因斯坦提出廣義相對論出現後都成了明日黃花，因為廣義相對論可以輕易地解釋這個每世紀四十三秒的進動。[1]

愛因斯坦為何對重力波存在與否會舉棋不定呢？1916年1月，他在給史瓦西的信中表示，新的重力理論跟電磁理論不同，不會產生偶極矩的輻射，所以他不認為類似電磁波的重力波會存在。

幾個月後，愛因斯坦在威廉·德西特（Willem de Sitter）的建議下改用「調和坐標」（Harmonic coordinate）；依此他將廣義相對論非線性的場方程線性化。當時愛因斯坦犯了些數學錯誤，幸虧在諾斯特朗姆（Gunnar Nordstrom）的提醒下，他改正錯誤後找到三個平面波TT型、LL型與TL型的解，T代表的是橫向（Transverse），L代表的是縱向（longitudinal）；還進一步發現相應的四極矩輻射公式。

> **調和坐標**
> 當坐標函數都是調和函數時，這組坐標稱之為調和坐標。調和函數是指函數滿足拉普拉斯方程式：$\nabla^2 f=0$
> 利用調和坐標可以簡化愛因斯坦方程式，讓數學家更容易找到重力波的解。

當時的大天文學家愛丁頓（Arthur Stanley Eddington）對這結果卻頗不以為然，經過一番推敲，他在1922年指出愛因斯坦發現三個平面波的解中，只有TT型的確是以光速前進，至於LT與LL型的波速居然跟坐標選擇有關，愛丁頓幽默地表示，這些波以「思想」的速度傳播。之後沒多久愛因斯坦就了解LT與LL型的平面波解可以被坐標條件給消解掉，所以看來重力波的存在似乎確立了，是嗎？好戲還在後頭呢！

1936年，愛因斯坦與他的助手羅森（Nathan Rosen）送了一篇論文

到《物理評論》（*Physical Review*），這一次他們找到重力場方程式的嚴格的平面波解，但卻發現這個解有奇點，而且用盡方法也無法消解這個奇點，這結果足以證明重力波不存在，因為平面波是不允許有奇點的。沒料到這篇文章被不知名的審稿人退了回來。愛因斯坦大怒之餘，寫了封信大罵《物理評論》的編輯約翰‧泰特（John Tate），並揚言再也不投稿到《物理評論》。[2]

幾個月後，愛因斯坦的新助手英費爾德（Leopold Infeld）再次出擊，提出論證來證明重力波不存在。當時普林斯頓大學教授羅伯生（Howard Percy Robertson）指出英費爾德的論證中有致命的數學錯誤。一番苦思後，愛因斯坦發現他與羅森之前找到的解可以轉換成圓柱波，而它的奇點其實代表波源；換言之，先前宣稱重力波不存在的論證是無效。於是愛因斯坦把更正後的論文投到《法蘭克林研究所期刊》（*Journal of the Franklin Institute*）。經過一番曲折之後，重力波的存在與否似乎已經塵埃落定。

〰️ 重力在物理中扮演的角色

接下來幾年，物理學家不是被叫去做原子彈，就是被找去做雷達、算波導，一時間重力波的問題似乎不再吸引科學家的注意。但到了戰後，愛因斯坦的助手羅森在1955年再次捲土重來，他宣稱即使重力波存在，也無法傳遞能量；換句話說，重力波是量不到的。羅森這個奇怪說法的根據為何呢？

因為羅森依照柱面波解去算它的「類-能量密度張量」，發現答案居然為零，所以才會主張重力波無法傳遞能量。不過類-能量密度張量為什麼有一個「類」字？這個正是眉角所在，因為如果想要定義一個重力場的能量密度張量，馬上會卡關的；依照愛因斯坦的等價原理，我們可以做一個坐標變換，把時空中某一點的重力場給轉換成零，所以要定義重力場

的能量密度張量是有困難的。因為一個張量在某一個點上從一個坐標系看是零，從其他坐標系看還是零，所以只能定義一個「非局所性」的「類張量」來代表重力場的「能量密度」了。

雖然愛因斯坦和俄國物理學家藍道（Lev Davidovich Landau）與他的學生利夫希茨（Evgeny Mikhailovich Lifschitz）定義出不同的類張量來代表重力場的能量密度，但是羅森都得到零的答案，所以他主張重力波無法傳遞能量。

羅森在瑞士伯恩的會議中投下這個震撼彈之後，四方風起雲湧，自然又引起一番脣槍舌劍。年輕的劍橋博士生皮拉尼（Felix A. E. Pirani）把這個問題帶回去給著名的宇宙學家邦迪（Hermann Bondi）。邦迪注意到只有偏離測地線的粒子才會輻射出能量，因為如果一個粒子在測地線上行進，可以換到另一個坐標而看成是自由落體。掌握到這點後，再經過兩年的殫思竭慮，他們終於在北卡羅來納州教堂山一場以「重力在物理中扮演的角色」為主題的會議中，狠狠地回擊了羅森。

皮拉尼利用幾何中的黎曼曲率張量來描述重力波上的粒子如何偏離它們的測地線而輻射出能量。

我們不妨將重力波想像成時空中的一陣漣漪，而兩片飄在水上的花瓣的相對位置會因漣漪通過而改變；所以重力波會傳遞能量，原則上也是量得到的。接下來的問題是，該如何設計可行的實驗來驗證重力波呢？

♒ 重力波的量測

大物理學家理查・費恩曼（Richard Feynman）在聽完皮拉尼的演講後，提出一個假想的實驗；他假設一根棍子串上一顆珠子，當重力波通過時，把棍子擺在與波行進垂直的方向，珠子會在棍子上來回地移動；如此一來棍子與珠子間的磨擦力生熱，這能量就是由重力波來的！天性喜歡做驚人之舉的費恩曼大概沒料到，這個「棍子與珠子」的假想實驗會開啟接

下來近五十年的重力波探索吧！

　　兩年後，邦迪與皮拉尼以及羅伯生（Ivor Robinson）共同發表一篇論文，內容是平面重力波的嚴格解。之後埃勒斯（Jürgen Ehlers）與昆特（Wolfgang Kundt）更發展出系統化求愛因斯坦場方程式的平面波解。這些都成了後續尋求重力波的理論基礎。

　　重力波偵測實驗的祖師爺是約瑟夫・韋伯（Joseph Weber），他是海軍出身的工程師，1951年他拿到美國華府天主教大學的工程博士學位時，已經是微波方面的專家。1955到1956間，韋伯在古根漢獎學金的資助下到普林斯頓高等研究院跟約翰・惠勒（John Archibald Wheeler）做重力波的研究。就在理論物理學家還在為量不量得到重力波而爭吵不休時，韋伯已經摩拳擦掌，準備好好發揮他的本事來「捕獲」重力波了。

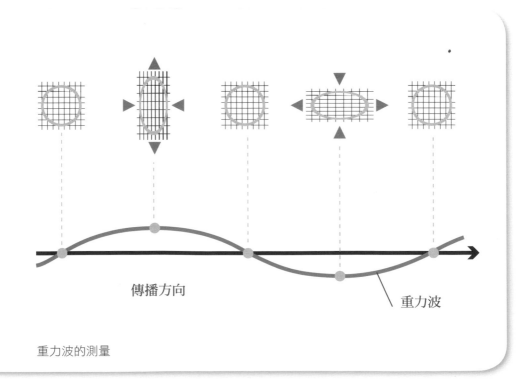

傳播方向　　　　　　　　　　　　　　　重力波

重力波的測量

∿ 韋伯棒

韋伯的實驗其實很簡單，他注意到當重力波通過與波行進方向相垂直的物體時，物體會被先擠壓再藉由物體的彈性而彈回來，因而產生微弱的震波，所以偵測這個震波就好了。問題是怎麼分辨偵測到的是重力波訊號，還是隔壁實驗室小胖打嗝產生的訊號呢？

這不難，只要在一千公里外再放一副一模一樣的實驗器材就可行了，所以韋伯打造兩副兩公尺長、直徑一公尺的巨大鋁製圓柱，然後用鋼索把圓柱吊起來；在圓柱上接上壓電晶體的材料，震波轉成電流訊號，再加以記錄，這就是所謂的「韋伯棒」（Weber Bar）。

圓柱的共振頻率為1660赫茲，一組放在馬里蘭大學，一組放在靠近芝加哥阿貢（Argonne）國家實驗室，藉著比對這兩組器材的記錄就可以找重力波了。

就是靠著這麼簡單的儀器，韋伯在1969年宣布他找到重力波的訊號了！一時之間，韋伯成了風雲人物。但當其他實驗室也紛紛建起類似的韋伯棒，嘗試得到類似的結果時，卻總是空手而還，逐漸地科學界對韋伯的數據分析產生懷疑。雖然韋伯持續為自己的結果辯護，但是寡不敵眾，而且韋伯最初發表的結果後來被發現訊號太大，比理論估算的值大好幾個數量級，這個消息更是雪上加霜。韋伯在2000年病逝，享壽八十一歲。終其一生，他一直相信自己找到了重力波。

∿ 脈衝雙星系統

雖然直接的重力波偵測在七〇年代沒有成功，天文學家倒是發現間接的證據。1974年，赫爾斯（Russell Hulse）與泰勒（Joseph Hooton Taylor Jr.）發現史上第一個位於雙星系統中的脈衝星PSR B1913+16。他們發現這個脈衝雙星系統的公轉周期逐漸變小。根據廣義相對論，一個雙星系統

放出重力輻射而損失能量。儘管這種能量損失一般相當緩慢,卻會使得雙星間的距離逐漸降低,同時降低的還有軌道周期。這個雙星系統公轉周期變化率為每年減少76.5微秒,即其半長軸每年縮短3.5米。這是對愛因斯坦廣義相對論的一項重要驗證,赫爾斯也因此和泰勒一同獲得1993年諾貝爾物理學獎。

〰️ 雷射干涉重力波天文台

　　然而科學家們仍然希望能夠直接偵測到重力波,進一步能夠藉著重力波來證實黑洞的存在,因為黑洞的碰撞與合併會產生強大重力波。

　　1984年,加州理工學院與麻省理工學院同意聯合設計與建造雷射干涉重力波天文台(LIGO)。1990年,美國國家基金會批准LIGO計畫,隔

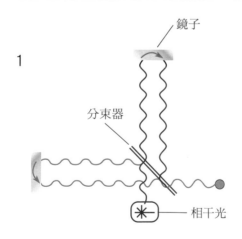
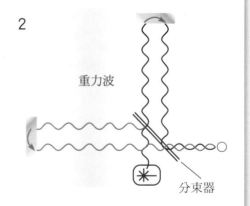

圖1:分束器將相干光分成兩束從鏡子反射的光束;為了清楚起見,僅示出了每個臂中的一個輸出和反射光束。 反射光束重新組合併檢測干涉圖案。

圖2:通過的重力波改變光路徑,從而改變干涉圖案。

年，美國國會開始撥款給LIGO計畫。1992年，選定路易斯安那州的利文斯頓與華盛頓州的漢福德分別建造相同的探測器，彼此相距3000公里；這是為了要利用互相關特性來過濾信息，只有兩個探測器同時檢測到的信息才有可能是重力波的信號。

天文台在1999年完工，2002年正式進行第一次探測重力波，2010年結束蒐集數據；在這段時間內，雖並未探測到重力波，但累積很多寶貴的實際運作經驗，探測器的靈敏度也愈加提升。

ᚠᚠᚠ 確認黑洞存在

在2010年與2015年之間，LIGO又進行大幅度改良，而這一切的努力都在2016年2月LIGO的記者會中得到回報。LIGO科學團隊宣布，人類於2015年9月14日首次直接探測到重力波；所探測到的重力波源自於雙黑洞併合；兩個黑洞分別估計為29及36倍太陽質量。

同年6月15日，LIGO團隊宣布，第二次直接探測到重力波；所探測到的重力波也來源於雙黑洞併合；兩個黑洞分別估計為14.2及7.8倍太陽質量。之後，又陸續確認探測到多次重力波事件。這是科學家第一次確認黑洞存在的證據。

而事件視界望遠鏡合作組織在2019年4月10日所公布的位於室女A星系（M87）的直接取得黑洞事件視界的影像，則更進一步肯定了愛因斯坦重力理論的正確性。

而LIGO後續又量到三次重力波事件，特別值得一提的是，其中之一是兩個中子星併合所產生的重力波事件，由於重力波與電磁波首次同時被觀測到，這標誌著天文學進入新紀元。

巴里‧巴里什（Barry Clark Barish）、萊納‧魏斯（Rainer Weiss）及基普‧索恩（Kip Stephen Thorne）因領導此項工作而榮獲2017年諾貝爾物理學獎。遺憾的是韋伯的墓木早拱，而皮拉尼則是在幾個月前溘然長

逝，沒來及看到LIGO的正式結果發表。但是科學的薪火代代相傳，即使百折千轉之後終究有柳暗花明的一天，從重力波的故事來看應該是最清楚的吧！在可見的未來，我們還可以再看到哪些前所未聞的天文奇觀？等著瞧吧！

注釋

1 〈用廣義相對論解釋水星近日點運動〉（*Erklärung der Perihelbewegung des Merkur aus der allgemeinen Relativitätstheorie*）《普魯士科學院會議報告》，1915（part 2），p831~839。

2 後來愛因斯坦再也沒有投稿到《物理評論》。只有一次例外，那次是回覆別人的批評，《對統一場論批評的評論》（*A Comment on a Criticism of Unified Field Theory*），《物理評論》89，p321。後代學者經過一番抽絲剝繭，發現那個退愛因斯坦的稿件的神祕審稿人是羅伯生！

參考資料與書目：

- 中文、阿拉伯文、波斯文、英文、法文、日文、義大利文、德文、荷文、挪威文維基相關條目。
- 《古蘭經》漢譯，馬堅先生譯本。
- 數學史網站：MacTutor History of Mathematics archive
- Case 報科學網站〈大宇宙小故事〉專欄，葉李華著。
- 《伊斯蘭文明》，Marshall. G. S. Hodgson著，全六卷。
- 《智慧宮：被掩蓋的阿拉伯知識史》，Jonathan Lyons著。
- 《威爾杜蘭：世界文明史（26）智識的探險》，幼獅文化出版社，1977。
- 《文明的躍升：人類文明發展史》（*The Ascent of Man*），布魯諾斯基（Jacob Bronowski）著。
- 《*Planetary Astronomy from the Renaissance to the Rise of Astrophysics*》Part A, Tycho Brahe to Newton（General History of Astronomy）,1st Edition by R. Taton（Editor）, C. Wilson（Editor）.
- 《*François Arago：A 19th Century French Humanist and Pioneer in Astrophysics*》，Lequeux, James，Springer，2016.
- Arago，François，Biographies of Distinguished Scientific Men，BiblioLife，2009.
- Kibata, Y, Nish, I, The History of Anglo-Japanese Relations, 1600-2000: Volume I: The Political-Diplomatic Dimension, 1600-1930，Springer, 2000.
- Pye, Norman and Beasley, W.G，An Undescribed Manuscript Copy of In Ch kei's Map of Japan，in The Geographical Journal Vol. 117, No. 2 (Jun., 1951), pp. 178-187
- 《火藥時代為何中國衰弱而西方崛起？決定中西歷史的一千年》，歐陽泰Tonio Andrade著，時報出版，2017.
- McMurran，Shawnee and V. Frederick Rickey, V. Frederick,The impact of Ballistics on Mathematics，proceedings of the 16th ARL/USMA Technical symposium, New Point, NY, 2008.
- Steele ,Brett, Rational Machanics as Enlightment Engineering: Leonhard Euler and Interior Ballistics，in Gunpowder, Explosives and the State: A Technological History, ed. Brenda J. Buchanan , Ashgate, 2006.
- http://www.giffordlectures.org/lecturers/george-gabriel-stokes
- https://archive.org/details/reflectionsonmot00carnrich
- https://en.wikisource.org/wiki/Scientific_Memoirs/1/Memoir_on_the_Motive_Power_of_Heat
- 〈科學大人物〔科技歷史〕瞧！馬克斯威爾來了〉，英國劍橋大學科學歷史與科學哲學系夏佛（Simon Schaffer）2011/3/17《自然》的專文。
- http://atlantic-cable.com/CablePioneers/Kelvin/
- Sharlin, Issadore, Harold, Lord Kelvin: Dynamic Victorian，Pennsylvania State University Press（1802），1979. page 119.
- 《*New World Encyclopedia*》，New World Encyclopedia contributors, Rudolf Clausius

- 《*Great Physicists: The Life and Times of Leading Physicists from Galileo to Hawking*》, Cropper , William H ,Oxford University Press, 2004.

- 1889 Institution of Civil Engineers: Obituaries of Rudolf Julius Emanuel Clausius.

- Uffink, Jos, "Boltzmann's Work in Statistical Physics", The Stanford Encyclopedia of Philosophy （Spring 2017 Edition）, Edward N. Zalta （ed.）, URL = <https://plato.stanford.edu/archives/ spr2017/entries/statphys-Boltzmann/>.

- Crepeau, John C. "Josef Stefan: His life and legacy in the thermal sciences," Experimental Thermal and Fluid Science, Volume 31, Issue 7, July 2007,s 795–803.

- Gyenis, Balázs, Maxwell and the normal distribution: A colored story of probability, independence, and tendency toward equilibrium

- Lebowitz, J.L., "Statistical mechanics: A selective review of two central issues", Reviews of Modern Physics, 71: S346-S357. 1999

- Uffink, Jos, Compendium of the foundations of classical statistical physics, http://philsci-archive. pitt.edu/2691/1/UffinkFinal.pdf , 2006

- Scientific Papers of Josiah Willard Gibbs, Volume 1/Biographical Sketch

- Murthy, K. P. N., JosiahWillard Gibbs and his Ensembles, Resonance, 2007

- https://www.nobelprize.org/nobel_prizes/chemistry/laureates/1968/onsager-bio.html

- Bhattacharjee, Somendra M., and Khare, Avinash, Fifty Years of the Exact solution of the Two-dimensional Ising Model by Onsager

- 〈隕落在歐戰戰場的兩顆流星〉，《中原大學知識通訊》第六期。

- Rigden, John S, Rabi, Scientist and Citizen. Sloan Foundation Series，（1987）

- J. Mehra and K.A.Milton: Climbing the mountain

- Dresden, M, H.A.Kramers, between tradition and revolution, Springer，1987.

- Schweber,S.S.,QED and the men who made it, Princeton University Press, 1994.

- 《*Yukawa Meson, Sakata Model and Baryon-Lepton Symmetry Revisited，Progress of Theoretical Physics Supplement*》, No. 85, pp. 61-74，MARSHAK , Robert E.,1985.

- 《*Harry，Early History of Cosmic Ray Studies: Personal Reminiscences with Old Photographs*》, Edit by Sekido, Yataro , and Elliot , Springer，1985.

- 《*On Sakata's Scientific Research and Methodology*》,OGAWA, Shuzo,

- 《坂田學派と素粒子模型の進展》by 小川修三。

- 〈Hideki Yukawa and the meson theory〉,Brown, Laurie M., 《*Physics Today*》 39, 12, 55 , 1986.

- LIPKIN, L.B., From Sakata Model to Goldberg-Ne'eman Quarks and Nambu QCD Phenomenology and "Right" and "Wrong" experiments，Progress of Theoretical Physics Supplement, Volume 167, 2007.

- 《*The impact of the Sakata model*》, Okun , L.B, Prog.Theor.Phys.Suppl. 167, 2007.

- 《*Bilenky, Samoil M. Neutrino oscillations: brief history and present status*》, Proceedings, 22nd International Baldin Seminar on High Energy Physics Problems, Relativistic Nuclear Physics and Quantum Chromodynamics,（ISHEPP 2014）: Dubna, Russia, September 15-20, 2014.

國家圖書館出版品預行編目(CIP)資料

愛因斯坦冰箱：從科學家故事看物理概念如何環環相扣，形塑現代
世界 / 高崇文著. -- 初版. -- 臺北市：商周出版：家庭傳媒城邦
分公司發行, 2019.07
　　面；　公分. -- (科學新視野；154)
　　ISBN 978-986-477-665-8(平裝)

1. 物理學 2. 歷史

330.9　　　　　　　　　　　　　　　　　　　　108007431

科學新視野 154

愛因斯坦冰箱

從科學家故事看物理概念如何環環相扣，形塑現代世界

作　　　者／高崇文
企劃選書／黃靖卉
責任編輯／彭子宸
版　　　權／黃淑敏、吳亭儀、翁靜如
行銷業務／莊英傑、周佑潔、黃崇華、張媖茜
總 編 輯／黃靖卉
總 經 理／彭之琬
事業群總經理／黃淑貞
發 行 人／何飛鵬
法律顧問／元禾法律事務所 王子文律師
出　　　版／商周出版
　　　　　　台北市 104 民生東路二段 141 號 9 樓
　　　　　　電話：(02) 25007008　傳真：(02)25007759
　　　　　　E-mail：bwp.service@cite.com.tw
發　　　行／英屬蓋曼群島商家庭傳媒股份有限公司城邦分公司
　　　　　　台北市中山區民生東路二段 141 號 2 樓
　　　　　　書虫客服服務專線：02-25007718；25007719
　　　　　　服務時間：週一至週五上午 09:30-12:00；下午 13:30-17:00
　　　　　　24 小時傳真專線：02-25001990；25001991
　　　　　　劃撥帳號：19863813；戶名：書虫股份有限公司
　　　　　　讀者服務信箱 · service@readingclub.com.tw
　　　　　　城邦讀書花園：www.cite.com.tw
香港發行所／城邦（香港）出版集團
　　　　　　香港灣仔駱克道 193 號東超商業中心 1F E-mail：hkcite@biznetvigator.com
　　　　　　電話：(852) 25086231　傳真：(852) 25789337
馬新發行所／城邦（馬新）出版集團【Cite (M) Sdn Bhd 】
　　　　　　41, Jalan Radin Anum, Bandar Baru Sri Petaling,
　　　　　　57000 Kuala Lumpur, Malaysia.
　　　　　　電話：(603) 90578822　傳真：(603) 90576622　Email: cite@cite.com.my

封面設計／張燕儀
排　　　版／洪菁穗
繪　　　圖／黃建中
印　　　刷／中原造像股份有限公司
經 銷 商／聯合發行股份有限公司
　　　　　　地址：新北市 231 新店區寶橋路 235 巷 6 弄 6 號 2 樓
　　　　　　電話：(02)2917-8022 傳真：(02)2911-0053

■ 2019 年 7 月 16 日初版　　　ISBN 978-986-477-665-8　　Printed in Taiwan
■ 2020 年 6 月 18 日初版 2 刷
定價 420 元

城邦讀書花園
www.cite.com.tw
著作權所有，翻印必究